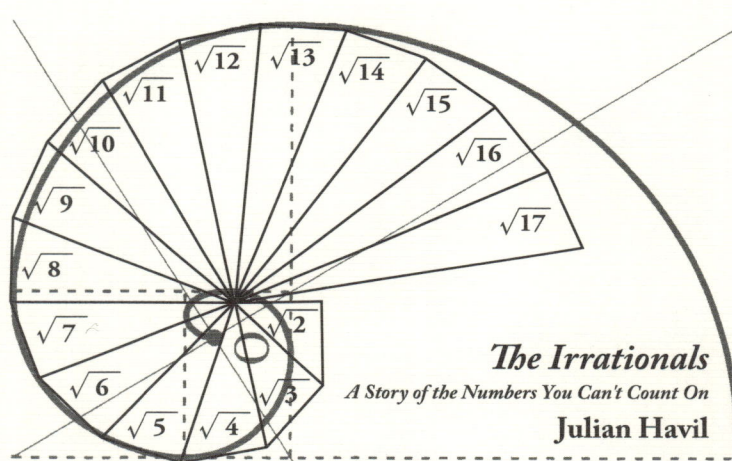

The Irrationals
A Story of the Numbers You Can't Count On
Julian Havil

無理数の話

√2の発見から超越数の謎まで

ジュリアン・ハヴィル [著]

松浦俊輔 [訳]

青土社

無理数の話
　目次

はじめに 9

第1章　ギリシアでの始まり 19

第2章　ドイツへの道 75

第3章　二つの新しい無理数 125

第4章　新旧の無理数 145

第5章　非常に特殊な無理数 179

第6章　有理数から超越数へ 199

第7章　超越数 233

第8章　連分数再び 269

第9章　ランダムさについての疑問と問題　287

第10章　一つの問いに三つの答え　299

第11章　無理数であることに意味はあるか　323

付録A　テオドロスのらせん　347
付録B　円の有理媒介変数表示　354
付録C　連分数の二つの性質　358
付録D　ロジェ・アペリの墓所探訪　363
付録E　等価関係　367
付録F　平均値の定理　373

謝辞　375
訳者あとがき　377
索引　381

無理数の話
$\sqrt{2}$ の発見から超越数の謎まで

本書は、私にとって世界で最も重要な樹木に捧げる。

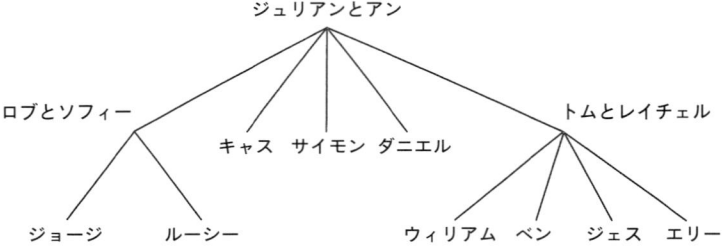

数学者であるということだけでも難しいことだった。何せこの科目について教育を受けた人々さえ、何も、それがどういうものかさえ知らないし、知らないことを自慢しかねないからだ。
　　　　　　　——アンドリュー・ホッジス（アラン・チューリングについて）

数学者は知る対象を次々と小さくして、それについて、もっと、もっとと知ってゆき、最後には無についてあらゆることを知るが、哲学者は知る対象を次々と大きくして、それについて、だんだんわからなくなり、しまいにはすべてのことについて何もわからなくなる。　　　　　　　——不詳

はじめに

> まともではないと非難される根拠のない試み（10字）
> ——『デイリー・テレグラフ』紙、2011年3月1日付
> クロスワードパズル第26,488回、縦のカギ1
> 〔irrational という単語を導くヒント〕

　無理数（irrational numbers）は、2500年ほど前から認識されているが、きちんと理解されるようになったのは、この150年ほどのあいだのことにすぎない。本書は、この長い戦いに関係して画期となる出来事のいくつかについて、その時代や場所をめぐるツアーをする。

　この歴史物語は、まず紀元前450年頃のギリシアの時代と地理から始めなければならない。純粋数学の礎石が据えられたのは、この時代、この地域だったからだ。ただ、その礎石の一つは、あまりにも時代に先駆けすぎていて、崩れる定めにあった。最初に名を挙げるのは、サモスのピュタゴラスという神秘思想家にしなければならない。この人については確かなことがほとんどわかっていないが、純粋数学を広めた最古の人物と目される。一般に（あまねくではないが）根本的な無理数と認められるのは、ピュタゴラスの名で呼ばれることもある定数 $\sqrt{2}$ で、そのため、この数こそが、数学・哲学の、正の整数が世界を定めているという土台となる思想を崩したという共通了解もある。とはいえ、その古代ギリシア人たちは、私たちが認識しているようなものとして無理数を発見していたわけではないし、ましてや $\sqrt{2}$ という表記もなかった（それが登場するのは1525年になってから）。古代ギリシア人が明らかにしたのは、正方形の辺と対角線を、同時に同じ間隔の目

盛の物差しでは測れない、つまり別の言い方をすると、対角線は辺を測るいかなる単位とも通約不能（incommensurable）ということだった。そこで、この通約不能なものと無理とをつなぐことが、最初の課題となる。

　すると、その話は予想どおりのところから始めなければならないし、また場合によってはその進み方も予想どおりとなるが、それでも未踏の道やとっくの昔に放棄された道、生い茂る数学書の下草に隠された道を進む紆余曲折もある。話を進める中で、無理数の歴史を形成してきた無数の成果のうちいくつかについて詳細を明らかにするが、それらは偉大でもありささやかでもあり、有名なものも無名のものもあって、また現代のものも古典的なものもある——古典については、手間もかかるかもしれないが、もとの形に近いものを示すようにしている。数学の世界は、G. H. ハーディ以上の偉大な審美家を知らないが、そのハーディのよく引用される文句の中に[*1]

　醜い数学に長居のできる場所はこの世にはない。

というのがある。確かにないかもしれないが、初期の証明は往々にして見栄えが良くないのも、またものごとの自然な流れだ[*2]。とはいえ、それは失われるべきものではなく、この稀有な機会をとらえ、そのいくつかを集め、少し形をほぐし、後から出てきた数学の概念を利用できる点で有利な他の人々の通る道筋に置いておく。

　旅路が終わる頃には、純粋数学の発展にとって無理数がどれほど重要であったかについて[*3]、読者が見通しを得られればと願っている。また時には無理数によって、どれだけ大きな課題がつきつけられてきたかについても。その課題の中には片づいたものもあれば、いまなおセイレーンの声となって数学者を引き寄せているものもある。

　さて、それでは「無理数」とはどういう意味だろう。もちろん答え

はすぐに出て来て、

　二つの整数の比として表せない数

あるいは、

　小数で表すと、終わりも繰り返しもない数

のことだ。それでもいずれの場合にも、無理数の無理数たるゆえんを、たとえば「奇数とは偶数ではないもの」と言うのにも似たような言い方で定めている。さらに深刻なことに、この答えは限界だらけだ。たとえば、二つの無理数が等しいと言ったり、それらどうしで加減乗除する方法を定めたりするとき、この定義をどう使えばよいのだろう。この二つの定義はおなじみの、お手軽で無難な定義ではあっても、実際に使うにはほとんど使えない。無理数が、その本質としてではなく、それがもつ性質の一つで定義されている。そもそもそれが存在すると誰が言えるだろう。目新しいところで、別の、あまり知られていない方式を採用してみよう。

　あらゆる有理数 r は
$$r = \frac{(r-1) + (r+1)}{2}$$
と書けるので、有理数はすべて、他の二つの有理数（この場合は $r-1$ と $r+1$）から等距離にある数である。ゆえに、他のすべての有理数からの距離がすべて異なるような有理数はない。

このことをふまえて、無理数をこんなふうに定義してみよう。

あらゆる有理数からの距離が異なる実数〔同じ距離にある有理数がない実数〕の集合

　この新奇な定義を認めても、定義の限界と言えることは、少なくとも前と同じくらい挙がる。整数なるものを認めてしまえば（それさえ認められないこともあるが）、有理数の厳密で使える定義は実に単純なものになるが、そこから無理数へ移るのは、まったく別の規模(マグニチュード)の問題となる——文字どおりにも、もののたとえとしても。つまり、有理数の集合と整数の集合の大きさは同じだが、無理数はそれよりもはるかに多い。この問題だけでも、何世紀かにわたる大問題で、解析学はその解決をじれったい思いで待っていたが、19世紀の厳格主義者は、2000年以上前のエレア派のゼノンに倣って、さらにやっかいな問題や、さらに困惑する矛盾を提示した。結局その解決は、議論の余地なくドイツ的で、いろいろなドイツ人数学者が、遅れているバスが続けてやって来るのにも似て、ほぼ同時に三つの答えを出した。これについては終わりから2番めの章で述べるが、どんなに懐疑的な人でも納得するほど詳細には述べられない。そんなことをしようとしたら、本はあまりにも厚くなり、うんざりするほどの校正が必要になるからだが、はしょるのは進んでよいということだと確信していただきたい。

　この話はどういう人に向けてのものだろう。まず、実変数の微積分や、それに関係する極限や級数はできるという読者。そういう人なら、この本は歴史の本を読むように、頭から尻尾まで、通して読んでくれそうだ。しかし、それほど数学はできないけれど、好奇心と熱意は負けず劣らずあるという人々にも向けられている。そういう読者なら、おなじみのものと新しいものを行き来して、ジグソーパズルを解くように隙間を埋めていってくれるのではないか。結局パズルは未完成に終わることがあっても、描かれている絵はそれとわかるだろう。難しい概念を説明しようとすれば、書き手が手間をかけるぶん、読者も手

間をかけなければならなくなるのを認識しておかなければならない。プリンストン大学の元学長、ジェームズ・マコッシュの言葉を借りれば、

　読むべき本とは、自分の代わりに考えてくれる本ではなく、考えさせてくれる本だ*4。

事情に通じた読者なら、たとえば φ 進法（黄金比を定義する等式を利用している）や、ファレイ数列、フォード円など、いくつかの内容が省かれていることにがっかりされるかもしれない。うっかり落ちたものも、きっとたくさんあるだろうが、歴史も深みも広大で、もともとが難しいテーマの代表的なところだけをねらった、わかりやすく希釈した本を書くという高い理想によって、意図して割愛している。以下の各章は、それぞれ一つだけでも、何巻にも分かれる本が書けてしまうほどのものだ。

　誤植であれ何であれ、著者が以下で使えるかぎりの細かいふるいをくぐり抜けてしまった誤りがあればお詫びして、読者がエリック・ベイカーのこんな意見に同意してくれるのを願うばかりだ。

　校正は刊行後のほうがよくできる。

註
*1　*A Mathematician's Apology* (Cambridge University Press, 1993).〔柳生孝昭訳『一数学者の弁明』、みすず書房、1975年〕。
*2　もちろん、ハーディもそうだった。
*3　それを表す一般に認められた記号はないとしても。

＊4　ベイカーはこう続ける。「その点で、聖書に勝る本はない」。それを認めたうえで、その感覚をもっと広いものと考える。

最後に年金詐欺で投獄された人々（gaoled men）の中庸（6字＋4字）
　　　　──『デイリー・テレグラフ』紙、2011年3月16日付
　　　　　クロスワードパズル第26,501回、縦のカギ3
〔golden mean（＝中庸の徳／黄金分割）という語句を導くヒント
　　　　　（とくに gaoled men に注目のこと）〕

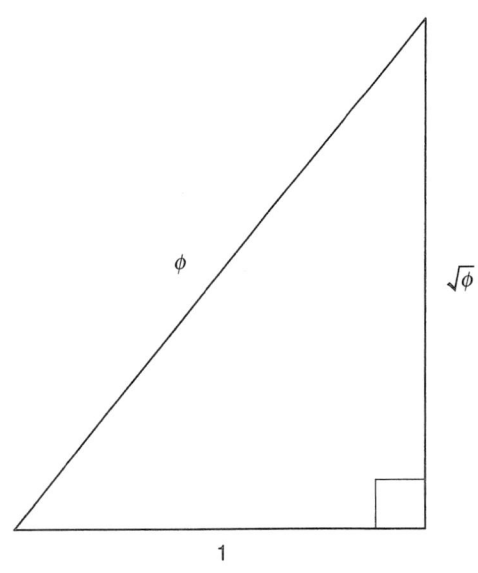

世界でいちばん無理な数

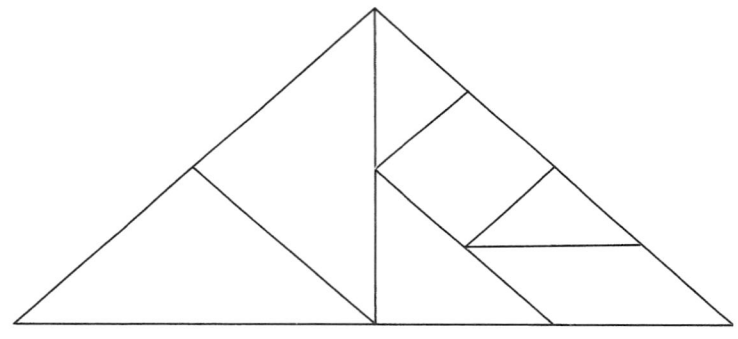

ピュタゴラス、√2 とタングラム
〔並べ替えて正方形を作る〕

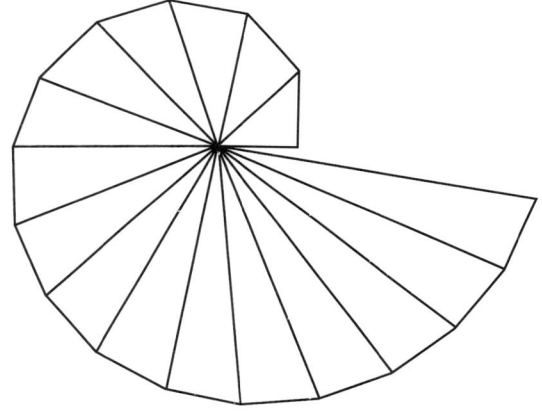

テオドロスのらせん

$$\lim_{m \to \infty} \lim_{n \to \infty} \cos^{2n}(m!\pi x) = \begin{cases} 1: & x \text{ が有理数のとき} \\ 0: & x \text{ が無理数のとき} \end{cases}$$

第1章　ギリシアでの始まり

> どんなにとるに足らない事実でも、それが真実であることを明らかにするのに必要な調査の量がどれほどになるか、考えると恐ろしくなる。
>
> ——スタンダール

典拠と弁明

　無理数の誕生は、ヨーロッパ数学のゆりかご、つまり紀元前何世紀かのギリシアでのことだった。このことを確信するなどの多くのことについて、私たちは当時のパピルスによるわずかな断片、あるいはそろってはいてもずっと後の時代の手稿本、さらには多くの専門家の、互いに、時には根本から見解が異なる学識に依拠しなければならない。中でも重要なのは、次のようなくだりだ。

　タレス[*1]はエジプトに旅して、初めてギリシアにこの学問（幾何学）を紹介した。自分でも多くのことを発見し、他にも多くのことについての原理を後継者に教えた。一般的な解き方で考えた問題もあれば、もっと経験的な方法を用いたものもある。タレスの次はマメルコスという、詩人ステシコロスの弟で、幾何学の研究に身を投じたことで記憶されている人物である。エリスのヒッピアスは、マメルコスがその方面で評判を得たことを記録している。そうした人々に続いて、ピュタゴラスが数学的な哲学を教養教育の体系に組み換えて、その原理を至高の原理から始めて上から下まで調べ、その定理を物にとらわれない（＝抽象的）知的方法で研究した。比例の原理

と秩序ある図形の構造を発見したのはこの人だった*2。

「エウデモス概史」はそのように始まる。これはプロクロス（西暦411-485）が書いた『エウクレイデスの原論巻Ⅰ注釈』の二つある序論のうちの第二序論の一部をなす。プロクロスは、認められているフルネームはプロクロス・ディアドコス、つまり後継者プロクロスという。その理由はすぐ後で明らかにする。このくだりでは、古代ギリシア最後の大哲学者プロクロスが、ミレトスのタレス（紀元前624-546）という、たぶん最初の哲学者にして、最初の純粋数学者とも言うべき人物について述べている。またサモスのピュタゴラス（紀元前580-520）についても述べている。こちらは第二の純粋数学者で、今の段階で手にしうる証拠によれば、無理数の話もこの人から始めるのが適切らしい。プロクロスに依拠するのは*3 目新しいことではなく、故人となった高名な博識のイギリス人、アイヴァー・バルマー=トーマスに即して、しかるべき歴史的見通しを示しておこう*4。

> それ（「エウデモス概史」）は、パップス集成、エウトキオスによるアルキメデス注解とともに、ギリシア数学初期の歴史に関する三大典拠の一つである。プロクロスはしめくくりに、（エウクレイデスによる『原論』の）残りの巻も同じように調べられるという希望を表明している。プロクロスが実際にそれを行なった証拠はないが、巻Ⅰには、その後のすべての根底をなす定義、公準、公理が収められているので、私たちは、プロクロスが言わんとしたことの中でもいちばん重要なところを手にしていることになる。

こうした古代のことについて、信頼できる主要な情報源として私たちが手にしているのは、そこで述べられている出来事から1000年も後に書かれたほんの数頁の見解だ。しかもそれは、別の優れた典拠の一

部に対する注釈という形をとっている。これまで書かれた数学書の中でも、最も影響を残し、最もよく調べられ、写本も最も多く[*5]、広く読まれたこの典拠は、エウクレイデスの『原論』だ。皮肉なことに、残っている文書が乏しいのは、少なからずこの巨大な存在があったせいで、この著作がなかったら、古代ギリシア数学に関する私たちの知識も、ずいぶん貧しいものになっていただろう。ギリシア時代の記録媒体はパピルスだった。これはナイル川河口の三角州地帯を原産とする植物から作られたもので、当然分解されるものであり、またその進み方が速い場合も多い。とりわけ、比較的湿気の多いギリシアの気候ではそうなりやすい。この地の気候では、パピルスは長期保存可能な記録媒体にはなりえない。腐蝕してしまうのだ。相当の費用をかけても保存するに値すると見なされた著作は、写字職人によって筆写された。忠実な複製もあっただろうが、適切と思われた変更が加えられることもあった。それ以外の著作はただ腐蝕するに任された。あらためてアイヴァー・バルマー゠トーマスの言葉を、先と同じ資料から引くと、

> エウクレイデスの『原論』はたちまち大当たりしたので、先行する他の本を退場させてしまった。

『原論』が傑出していたので、それに先行する成果の大半が価値をなくしてしまい、そうした著作は闇に追いやられて忘れられることになったという、単純な事実だ。ダーフィト・ヒルベルトが19世紀について述べた、

> 学術書の重要性は、その本によって余剰となったそれ以前の刊行物の数で量れる

という見解は、確かにこの事情をぴったりと要約している。

この章でも後で『原論』を大いに必要とすることになるが、あらためて私たちは二次的な典拠に依拠せざるをえないことを明瞭にしておくべきだろう。当時の形のものが今も残っているということはないからだ。実際、現存する『原論』最古の写本は、ヴァチカンと、オックスフォードのボドレー図書館にあるが、これは9世紀、つまりエウクレイデスより1000年も後のものだ。もっとも、断片ならそれよりずっと古いものも見つかっている。エジプトでは、紀元前225年頃の陶片に書かれたものが見つかっているし、紀元前100年のパピルスも何枚か見つかっている。陶片のほうには巻XIIIにある二つの命題に関する注釈があり、パピルスのほうには巻IIの一部が収められている。

　つまり、ギリシア時代の記録媒体は致命的に不十分であること、『原論』がそれ以前の、どれだけあるかもわからない著作を無意味な存在に追いやったこと、これほど長い年月の経過に伴う神の摂理のなせるわざを考えると、そこから導かれる歴史的な困難を受け入れざるをえない。実際には、この困難は、紀元前450年頃までは、知識を口承で伝えるというギリシアの習慣とともに始まり、後の注釈家が大物の貢献を誇張したがる傾向とともに続き、最終的にはアレクサンドリアに集まっていた学術の宝庫が見せしめに破壊されたことに行き着く。ローマ人は、50万巻の写本を蔵していたと推定されるアレクサンドリアの大図書館を破壊し（紀元前48年のことらしい）、キリスト教徒は、たぶん30万巻の写本を擁するアレクサンドリアのセラピス寺院を略奪し（紀元後392年）、最後には、イスラム教徒が、さらに何万という本を焼いた（640年頃）。さらに、すべての成果を教祖のものとするピュタゴラス派の習慣が加わる。ピュタゴラス自身は何も書き残さなかったらしく、教徒は沈黙の掟に厳格に従っていて、私たちが手にしているのは、数学史家からすれば悪夢の素だということになる。残っているわずかな証拠の正確さや客観性を判断する責任がきちんと

負えるのは、わずかな専門家だけ。ここでの話はそういう人々に依拠せざるをえない。

たとえば、ピュタゴラスに関して得られている知識について、現代古典学のカール・ハフマン教授が示す見通しは暗い[*6]。

> ……ピュタゴラスの生涯について編まれる年譜は、どんな布よりもすかすかの織物となる。

ピュタゴラスはタレスの弟子だったかもしれないし、プロクロスには、重要な資料をさらに加えてもよいだろう。たとえば、プラトン（紀元前428-347）は、紀元前380年頃のものとされる『国家』第X巻で、ピュタゴラスのことを立派な教師として取り上げている。伝記も3種類ある。ディオゲネス・ラエルティオス（紀元後200-250）による伝記は、ギリシア哲学者の生涯を取り上げた『ギリシア哲学者列伝』〔加来彰俊訳、岩波文庫〕という10巻からなる本の一部として書かれている。残りの二つはカルシスのイアンブリコス（紀元後245-325頃）による『ピュタゴラス的生き方』〔水地宗明訳、京都大学学術出版会、2011年〕と、その師にあたるポルピュリオス（紀元後234-305）による『ピュタゴラスの生涯』〔水地宗明訳、晃洋書房、2007年〕で、いずれもピュタゴラスの時代よりも800年ほど後に書かれている——それでも少なくともこれらは残っている。現代の論考の決定版は、間違いなく、ドイツの古典学者ヴァルター・ブルケルトのものとしなければならない[*7]。関心と熱意のある読者にはぜひ参照することを勧めておいて、ここでは以下にピュタゴラス思想に関する簡略な印象を記すだけにする。それで本書のささやかな目的にはかなう。

「万物は数」——これがピュタゴラス派の哲学の中心にある教えだった。当時の人々にとって、数と言えば、一つ、二つと離散的に続く正の整数で、1がすべての数を数えるもとになる単位だった。つま

り、どんな数をとっても、それは単位の倍数で、どんな二つの数の組合せでも、単位によって「通約可能」〔同じ単位の整数倍で表せる〕となる。それとは対照的に、長さ、面積、体積、重さなどは連続量で、この「量」（マグニチュード）が、古代ギリシア人にとっては実数に相当するものとして使われていた。離散的な整数の比は概念として確実なもので、大きさのほうの比も、関係する二つの値が同種のものなら考えることができた。さらに、現代風に書くと

$$A : B = C : D$$

という命題も意味をなした。等式のそれぞれの辺には、それぞれ同じ種類の量がある。つまり、一方の辺には長さどうしがあり、もう一方の辺には面積どうしがあってもよい。このことの使い途については、少し後でその一端を見る。さらに、ピュタゴラス派は音階を調べ、哲学的な調和は音楽的な調和〔和音〕に合致し、弦楽器の音の調和は弦の長さの比で表されることを明らかにした。たとえば、1オクターブの違いは弦の長さが2対1であることに相当し、完全五度は3対2となるなどのことだ。これもピュタゴラス派の人々にとっては連続量が離散的な数によって測れることの証拠だった。アリストテレスはこの事情を次のようにまとめているが[*8]、それももっともなことだ。

　これらの哲学者やそれ以前の哲学者と同じ頃に、いわゆるピュタゴラス派は初めて数学を取り上げ、その研究を前進させただけでなく、その中で自らも成長して、その原理があらゆる事物の原理であると考えた。その原理のうち、数の原理こそが本来的に第一のものであり、数の中に、現に存在する事物や、これから生まれる事物との類似を——火や土や水の中に見る以上に——見ていたらしい（ある数は「公平さ」に置き換えられたり、また別の数は「魂」や「理性」に置き換えられたり、また「機会」に置き換えられたりする——同様にしてほとんどすべ

ての事物が数で表せる)。また、その表すものや音階の比は数で表せると見た——すると他のすべての事物も、本来的に数をもとに象れ(かたど)るようであり、数が自然全体で第一のものらしいので、ピュタゴラス派の人々は、数の要素を万物の要素だと想定し、天全体を音階と数であると見た。数と音階のあらゆる性質は、その属性や天の一部や全配置とも一致することを示すことができて、それを集めては自分たちの枠組みにはめ込んだ。どこかに隙間があれば、すぐに足し算をして、理論全体の首尾が通るようにした。たとえば、十という数は完全と見なされ、完全な数による世界を構成するために、天をめぐる天体は十個だと言った。ただし目に見えるのは九個だけで、十個に合わせるために、もう一つ——「反地球」を考え出した。

ピュタゴラス派の教義によって、「真に論理的なスキャンダル、ギリシア数学の危機」*9 として繰り広げられる、今なお続いている長いシリーズもののドラマの、おそらくは第1回の舞台は整った。

　入手可能な典拠があり、この遠い昔についての頼れる証拠の埋まった史料をあさる学者がいるのだが、ここまで来れば、読者には歴史に内在する複雑さをしかるべく認識する力がついていて、与えられている年代はおおよそのものにすぎないことがあり、発言は、受け入れられた知識という妥協が伴う根拠で言われていることを認めてもらえるものと期待してよいだろう。

　もう一つだけ強調しておくと、20世紀初頭のオランダ人数学者、J. G. ファン・ペスフによる学問的労作*10 に依拠すると、タレスとピュタゴラスをプロクロスにつなぐ鎖について、いくらか見通しが得られる。ペスフの業績には、プロクロスが明示的に自分で依拠したと言っているかどうかとは別に、本人が直接に入手できて、自ら使ったと考えられる文献に関する詳細な研究が含まれている。図1.1〔次頁〕はその結果として得られた人々の年表で、おなじみの名もそうでない名

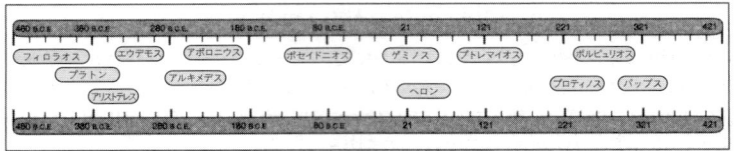

図 1.1

もあり、だいたいの時代ごとにまとまっている。何より特筆すべきことに、ロードス島のエウデモス（紀元前350-290）の名が見える。この人は紀元前335年〔エウクレイデス直前の年代〕までの時代をカバーする、とうに失われたギリシア数学史を書いたとされる歴史家で、とくにファン・ペスフ（など）は自信をもって、プロクロスはこの形成期の著作を手許に置いて要約したと考えている。だからこそ「エウデモス概史」なのだ。

それでもファン・ペスフの表には二人の名が欠けている。この二人については、いつ頃の人かがまったくわからないからだ。一人はアンティオキアのカルポス、またの名を「技術者カルポス」という人物で、プロクロスは、「角はそれをはさむ直線や平面の間の距離を表す量である」という定義を、この人によるとしている。またカルシスのイアンブリコスによって、古代三大問題の一つである円積問題〔与えられた円の面積に等しい面積の正方形を作図する〕が解けないことを解き明かしたピュタゴラス派の一人だとも言われている。この人物は紀元前200年から紀元後200年までのいずれかの時代に生きていたらしい。

もう一人はアレクサンドリアのシュリアノスで、この人はプラトンやアリストテレスの注釈をしていて、この人を通じて他ならぬプロクロスについていささかのことが知れる。プラトンのアカデメイアがプルタルコス（紀元後46-120）の指導で復活すると、重要な学者がアテネにやって来た。そういう人々の中に哲学者シュリアノスと、プロクロスという名の20歳くらいの前途有望な青年がいた。その有望さとい

えば、老齢のプルタルコスが亡くなる直前、例外的にプロクロスを指導したほどで、プルタルコスが亡くなると、シュリアノスが後継となり、プロクロスを指導する立場も引き継いだ。さらにその次にはプロクロスがシュリアノスを継いでアカデメイアの学頭となった。そのためプロクロスの名にはディアドコス（後継者）が加えられている。プロクロスとシュリアノスの関係は、知的にも心情的にも大いに近しいものとなり、プロクロスは亡くなるとき、すでにシュリアノスが埋葬されている墓所に自分を埋葬するよう遺言している。墓は、アテネを見渡す高さ 300 メートルほどの、観光客もよく訪れる石灰岩の山、リュカベットスの丘の斜面にある。二人の関係は、プロクロスが二人の眠る場所に次のような墓碑銘を刻むよう命じたことからも容易に判断できる。

　私プロクロスは、リュキア人にして、隣のシュリアノスがその教えの後継者として育てた。この一つの墓は、われら二人の遺体を収めるもの。一つの場所がわれら二人の魂を迎えんことを。

他の多くの墓と同様、この墓もとうの昔に失われている。

継承される遺産

　プロクロスの権威によれば、ギリシア七賢人の筆頭タレスは、幾何学をエジプトからギリシアへもたらした。『注釈』のプロクロスは、とくに以下の幾何学の成果四つがタレスのものだとしている。

1. 円はどの直径でも二等分される。
2. 二等辺三角形の底角は等しい。
3. 交わる二直線がなす角〔対頂角〕は等しい。

4. 二つの三角形の二つの角と一辺が等しければ、その三角形は合同である。

ささやかな成果に見えるが、単純な見かけの奥に重みが隠れている。演繹というギリシア哲学の根源が、数学の手順にも及んでいるところを見せているからだ。もっと古いエジプトやバビロニアの文明は、公理を立てることも、抽象化あるいは一般化も考えておらず、数学の成果と言えば、どうしてそうなるのかよくわからないがこうすれば解けるという、解法の形をしていた。そういう知識は高等ではないというのではない。ただ、私たちが純粋数学の根幹をなす部分と考える演繹的方法が、まったくなかったということだ。逆説的なことに、ギリシアよりも古いエジプトやバビロニアの文明については、史料がたくさんある。古代エジプト人もパピルスを使っていたが、その地の気候はギリシアよりもパピルスに優しかった。バビロニア人は粘土板に楔形文字を書きつけていて、それは何万と残っている。

　タレスが踏み出した一歩の大きさを見通すために、ひと手間かけて、当時の例を、それぞれの文明から一つずつ、合わせて二つを取り上げて注釈をつけてみよう[*11]。紀元前1850年頃のものとされるモスクワ・パピルスから、エジプトの問題を一つ。

　⏢を計算する方法
　⏢の高さが6、下底が4、上底が2と言われたら、
　4を2乗すると16が生じ、
　4に2をかけると8が生じ、
　2を2乗すると4が生じ、
　16と8と4を足すと28が生じ、
　6の$\overline{3}$〔6/3〕を計算すると2が生じ、
　2に28をかけると56が生じ、

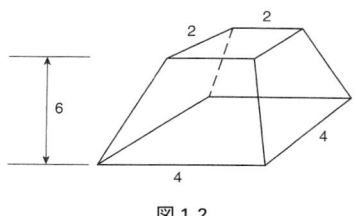

図 1.2

見よ、得られるのは 56。
今求めたものが正解。

ここにある $\overline{3}$ は、私たちの言う $\frac{1}{3}$ のことで、ここに示された計算は、$\frac{1}{3} \times 6 \times (4^2 + 4 \times 2 + 2^2) = 56$ ということになり、これは底面が正方形の四角錐による角錐台の体積を求める一般式、$V = \frac{1}{3} h (a^2 + ab + b^2)$ の、図 1.2 に示した形についての個別例となっている。

次は紀元前 2000 年から 1600 年頃のバビロニアの粘土板にあったもの[*12]。

円は 1 00〔1 00 = (60 × 1) + 0〕。

そこから 2 ロッド入る。

分割線（達したところでの）はいかほど？〔現位置を通る半径に現位置から引いた垂線の円周までの部分〕

汝──《汝は》2 を《平方せよ》〈2 倍せよ〉。

汝 4 を見るであろう。

分割線〔もとの円の直径〕20 から 4 を取り去れ《汝見るであろう》。

汝 16 を見るであろう。

分割線 20 を平方せよ。

汝 6 40〔を見るであろう〕〔6 40 = (60 × 6) + 40〕。

第 1 章　ギリシアでの始まり

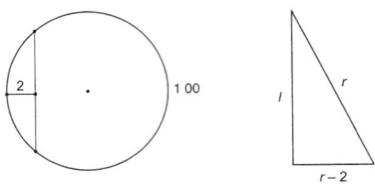

図 1.3

16 を平方せよ。
汝 4 16 を見るであろう。
6 40 から 4 16 を取り去れ。
汝 2 24 を見るであろう。
平方して 2 24 になるのは何か。
12 の平方がそれ、すなわち分割線。
これが手順である。

バビロニア人は 60 進法を使っていた。この点を頭に入れた上で言えば、この指示は図 1.3 のようなことを言っている。円周が 60 進法で 1 00 ということは、10 進法では 60 ということで、円から 2 単位分の長さ内側の弦（達したところでの分割線）の長さを計算する手順が述べられている。いきなり出てくる 20 とは、円の半径を r とすると、$2\pi r = 60$ で、π を 3 と考えれば、$2r = 20$ ということになる（$\frac{25}{8}$ という近似値も使われていた）。

現代の私たちが使っている表記で言えば、弦の長さを $2l$ として

$$(2l)^2 = (2r)^2 - (2r - 2^2)^2$$

ということで、これは次のように簡単にできる。

$$l^2 = r^2 - (r - 2)^2$$

これはピュタゴラスの定理を応用したものにほかならない——ピュタゴラスより少なくとも1000年は前のことだ。

両文明ではこれが普通のことで、根底にある原理はまったく明らかにされておらず、一般的な解き方が見えていたことをうかがわせるものもない。18世紀ドイツの大哲学者イマヌエル・カントは、エジプト＝バビロニア式の解法集からギリシア数学への移行を、次のようにまとめている[*13]。

> 人間の理性の歴史が及ぶ範囲で最古の時代には、数学はかの素晴らしい民族、ギリシア人の間では、すでに学の確実な歩みに乗っていた。……二等辺三角形の性質を証明した最初の人物（タレスであれ他の誰かであれ）の頭に新しい光がひらめいた。真の方法とは、この人物が見てとったところでは、図形やそれについての裸の概念の中に識別したものを調べ、そこから言わば、その特性を読み取ることではなく、自分が先験的に形成していて、自分で自分に対して提示した作図による図形にこめられていた概念に必然的に包含されるものを明らかにすることである。

これによって、数学の前進の方向は、一つの学の方向として決まった。「妥当な」前提から論理的な帰結を演繹するのだ。エウクレイデスの悪名高い「平行線公準」は、そういう、先験的に作っていた複雑な部分を内部に隠している前提の第2の例だ。第1のほうは、どんな数も通約可能であるという前提だった。

口にできない通約不能数

カントが「学の王道」と呼ぶものに則って数学を始めたのはタレスかもしれないが、伝統的には、数学をその道に沿って進めたのはピュ

タゴラスと言われ、その道筋からさほど遠くないところに、「通約不能」の概念が散らばっている。今なら「無理数性」と呼ばれるものについてのギリシア人による理解のしかたである。

　ピュタゴラス派にとって、すべては数、つまり正の整数か、その比で表せることを思い出そう。さらにピュタゴラス派は、「すべて」という言葉に、長さ、面積、体積のような連続量も含まれると確信していたことも思い出そう。つまり、しかるべく押さえられた弦をはじくことによって和音ができるだけでなく、その音を出す弦も作れるということだ。それは、任意の二つの長さは互いに通約可能だが、この場合、両者を測るのは単独の単位ではなく、もっと不可解な、特定されない可変の単位となるということだ。つまり、異なる長さの２本の直線（二つの異なる大きさ）があれば、ピュタゴラス派にとっては、両者を完全に割り切る第３の直線があって、その長さが二つの長さの共通単位にならなければならなかった（もちろん、その第３の線をさらにどう等分しようと、やはり単位となる）。現代風の表記をすると、一方の直線の長さを l_1、他方の長さを l_2 とし、共通単位を u とすると、$l_1 = n_1 u$ かつ $l_2 = n_2 u$ となるような整数 n_1 と n_2 が存在しなければならないということだ。その結果、任意の二つの量の比は、二つの整数の比となって、$l_1 : l_2 = n_1 u : n_2 u = n_1 : n_2$ となる。そして、哲学上の便宜をはるかに超えるものがこの結果にかかっていることは、後で見る。

　不運なことに、量のこのような扱い方に論理的な断層があるのが明らかになるには、さほど長い時間はかからなかったようだが、誰がどうやって明らかにしたかは、学問的な論議の的になっている。

　一つの可能性は、二つの数の中間(ミーン)という概念に対するピュタゴラス派の関心から、その目が１と２の幾何平均(ミーン)〔相乗平均〕の性質に向いたことだ。１はあらゆる数を生み出す単位で、２は対(つい)となり、最初の女性の象徴にもなる。一般論として扱えば、二つの数 a と c を考え、

$a \leq b \leq c$ となる中間の第3の数 b を定義する。要所は $b-a$、$c-b$、$c-a$ がいずれも ≥ 0 であり、これらを組み合わせた対の比が、もとの数による対の比と同じになることだ。基本的な三つの例を現代の表記法で記すとこうなる。

- $\dfrac{b-a}{c-b} = \dfrac{a}{a} = \dfrac{b}{b} = \dfrac{c}{c}$ から $b = \dfrac{a+c}{2}$ が得られ、算術平均〔相加平均〕となる。

- $\dfrac{c-b}{b-a} = \dfrac{b}{a} = \dfrac{c}{b}$ から $b = \sqrt{ac}$ が得られ、幾何平均となる。

- $\dfrac{c-b}{b-a} = \dfrac{c}{a}$ から $b = \dfrac{2}{1/a + 1/c}$ が得られ、調和平均となる。

幾何平均の式を、

$$\frac{b}{1} = \frac{2}{b}$$

として使えば、$\sqrt{2}$〔1と2の幾何平均〕が出てくる。

　ともあれ、ピュタゴラス派の理念を崩した張本人は、当の教団の信徒の一人だったと伝えられている。メタポントムのヒッパソスという、ピュタゴラス派では断固として排斥された人物だった。通約可能という概念を崩したとして責められただけでなく、この恐ろしい話を秘密結社のようなピュタゴラス教団の外で口にしたとされる——また、正十二面体が球に内接できることを発見したときも同じことをしたとも言われる。プロクロスにも相当の影響を与えることになって、先に名も挙げたカルシスのイアンブリコスの権威に訴えれば[*14]、

　　通約可能と通約不能という性質を、この知識に与るに値しない人々に最初に知らせた人物は、他のピュタゴラス派の人々からひどく憎

まれるようになった。この人物は教団から追放され、すでに死んでいるかのように霊廟が建てられた。かつては友であったのに。ある人々は、ピュタゴラスの教えを洩らしたとして神々も怒っていると言った。またある人々は、十二面体が球に内接できることを明らかにした人物は、悪人のように海で死んだと言った。さらにまたある人々は、無理数や通約不能について他人に話す者には同じ不運が降りかかると言った。

ピュタゴラス派は、アリストテレスの言う、自分たちの宇宙観に合わせるために「反地球」を考えることはできたかもしれないが、通約不能についてはそう簡単に処理はできなかった。二つの量の比は今や必ずしも定義できないことになり、それはつまり、相似という根本的な幾何学の道具が教徒に対して認められないということだった——これから見るように、すべての成果はその道具を使うことにかかっていた。

プラトンは対話篇のいくつかでこの現象に言及していて、それが興味深い言葉の展開を示している〔以下、各対話篇については、岩波書店刊の『プラトン全集』などの邦訳がある〕。『ヒッピアス（大）』（著者が本当にプラトンなら）や『国家』では、通約不能は $αρρετος$、つまり「口に出せない」と言われているが、後の対話篇、『テアイテトス』や『法律』では、$μχειοσμμετροι$、つまり「通約不能」に変化している。これが「不尽根数」（$surd$）〔有理数に開けない累乗根〕となることは、すぐ後で見る。

通約不能を発見したのがヒッパソスなのか、他の誰かなのか、それが平均の研究を通じて発見されたのか、わかってはいない。証明の方法もまた謎だが、ヒッパソスは、ピュタゴラスの定理を1辺の長さが1の正方形に応用し、その対角線の長さ $\sqrt{2}$ が辺の単位とは通約不能であることをどうにかして示した、というのがよく知られた伝承だ。そのような論証が、『原論』巻X、付録27に出てきて、次のような

形で出てくる*15。

　ABCDを正方形とし、ACを対角線とする。ACの長さはABの長さと通約不能である。それが通約可能だと仮定しよう。すると、同じ数が偶数であり同時に奇数となってしまうことを述べる。AC上の正方形〔ACを1辺とする正方形〕はAB上の正方形の2倍であることは明らかだ。それから（仮定により）ACはABと通約可能なので、ACとABの比は整数と整数の比となる。それをDE : DFとし、DEとDFは、この比になる数の中で最小のものとする。するとDEは1ではありえない。DEが1で、DFとの比がAC対ABと同じ比率なら、ACはABより大きくなければならないので、1としたDEが整数DFより大きいことになり、それはありえないからだ。したがってDEは1ではなく、(1より大きい) 整数である。さて、AC : AB = DE : DFなので、$AC^2 : AB^2 = DE^2 : DF^2$ でもある。ところが $AC^2 = 2AB^2$ なので、$DE^2 = 2DF^2$ となる。DE^2 は偶数となるので、DEも偶数でなければならない。奇数なら、その平方は奇数となるからであり、それは奇数を何個足そうと、その個数が奇数になるなら、結果もまた奇数になるからだ。したがって、DEは偶数である。DEを点Gで二等分しよう。DEとDFは、同じ比を表す中では最小の数なので、互いに素となる。ゆえに、DEが偶数なので、DFは奇数となる。DFも偶数なら、DEもDFも、互いに素だというのに、ともに2で割り切れることになり、これはありえない。したがってDFは偶数ではなく奇数である。さて、DE = 2EGなので、$DE^2 = 4EG^2$ となる。ところが $DE^2 = 2DF^2$ なので、$DF^2 = 2EG^2$ となる。ゆえに DF^2 は偶数でなければならず、したがってDFも偶数でなければならない。ところがすでにDFは奇数でなければならないことは明らかにしたので、これはありえない。ゆえに、ACはABと通約可能ではありえない。これが証明すべき

ことであった。

簡単な略図とわずかな忍耐があれば、論証は明らかになる。これは現代の代数式を用いれば、おなじみのものだ。

$\sqrt{2} = a/b$ とし、a と b は既約の整数とする。すると $a^2 = 2b^2$ なので、a^2 は偶数であり、したがって a は偶数である。$a = 2k$ と書くと、$a^2 = 4k^2$ なので、$2b^2 = 4k^2$ であり、したがって $b^2 = 2k^2$ となる。すると b は偶数であり、二つの数が既約という仮定と矛盾する[*16]。

幾何学的な形式では、論証に内在する美しさは隠れてしまうが、素数が無限にあることの証明とともに、数学でもすっきりとした初歩的証明の双璧をなす一方である。どちらも、G. H. ハーディが『一数学者の弁明』〔柳生孝明訳、みすず書房、1975年〕という著書で選んだものだ。

ただ、この証明がエウクレイデスらしく整然としているのは、『原論』が提示するのがオリジナルの扱い方ではなく、後になってからの扱い方だということを示す一例だとも言える。そこで今度は、ピュタゴラス派の通約可能性を否定するに至る、別の道をたどってみよう[*17]。

危険のきざし

注釈家が昔から、ピュタゴラス派が一部の図形に付与した神秘的な意味に注目しているのは、意外なことではない。たとえば、『オックスフォード英語辞典』初版にある、1908年に書かれた Pythagorean の項では、有名な編集者のジェームズ・マレーが、ギリシア文字の大文字のウプシロン（Υ）は、ピュタゴラス派にとっては善と悪の二つに分かれた道を表していたとしている。やはり権威のあるアメリカで編纂された『センチュリー辞典』では、1906年に書かれた Hexagram〔六芒星形＝正三角形を二つ逆向きに重ねた形〕の項に、正六角

A　　　　E　　D

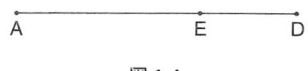

図 1.4

形とそれに関係する六芒星形をピュタゴラス派の神秘主義に結びつけた記述がある。これら出版物の現代の版や、それに類する他の出版物は、こうした傑出した先駆者の見解に沿っている。大古典学者のトマス・ヒースは、五角形とそれと関連する五芒星形をピュタゴラス派を識別するしるしだとする典拠として、サモサタのルキアノス（紀元後125-180）を引いているが、そのルキアノスはそれよりずっと前のアリストパネス作の芝居『雲』を参照している。

　正方形、五芒星形、六芒星形、いずれにせよ、そこにはピュタゴラスの定理を待たずとも、通約可能を待ち受ける宿命が隠されている。この教団の神聖な象徴が、その哲学が崩壊することの先触れとなっているのだ。

　この点を考えるには、まず、通約可能の定義から直接導かれる帰結を見ておく必要がある。この帰結は『原論』では相当に使われている。

　図 1.4 で、AD と AE が通約可能なら、AD と AD − AE も通約可能とならざるをえない。

この結論は自明で、証明もたいしたことではないが、ばかにしないで次のことを見ておこう。AD と AE はある単位 u と通約可能だということは、AD $= Nu$ かつ AE $= nu$ で、AD − AE $= Nu - nu = (N - n)u$ となって、これはつまり、AD と AD − AE が単位 u によって確かに通約可能だということを意味する。

　さて図 1.5〔次頁〕に示した正方形を考えよう。直線 AED が対角線で、点 E は次の作図の最初のところで定義される。

　対角線 AD 上に、AE = AB となるように点 E をとり、垂線 EF を

図1.5

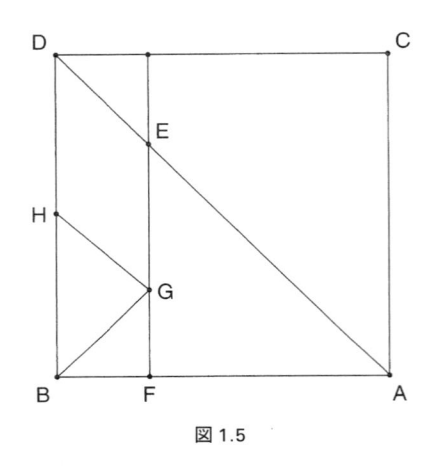

下ろす。さて、線分 ED を考え、それと同じ線分 GH を、DEGH が平行四辺形になるように真下に移動させ、∠BGH の大きさがどうなるかを考える。最初、GH が ED に重なっているときは、∠BGH = ∠BED > 90°で、最後に G が F に重なると、∠BGH = ∠BFH < 90°となる。この過程は連続しているので、途中に∠BGH = 90°となるような GH の位置がなければならない。その位置が図に示されているとして、直角二等辺三角形 BGH を考えよう。AD が AB と通約可能なら、AE とも通約可能で、先に見たことから、AD は AD − AE = ED = GH とも通約可能となる。GH を第2の正方形の対角線とし、この手順を続ければ、どこまでもさらに小さな三角形ができて、通約可能のもとになる単位は存在しえないことになる。つまり、長さを求めるためにピュタゴラスの定理を使うことを考えなくても、AD は AB と通約不能だということにならざるをえない。

つまり、ピュタゴラス派が神秘的意味を与えた正多角形の筆頭たる正方形だけでも、通約不能を崩す手段を隠し持っている。今度は次の正五角形を見よう。ピュタゴラス派のしるし、一般には五芒星形（ペンタグラム）を生

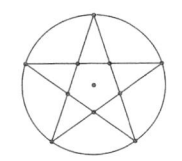

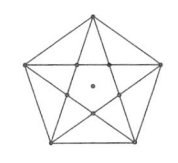

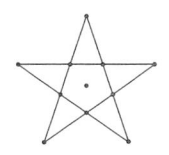

図 1.6

む、隠れた意味を偲ばせる図形である。

　ペンタグラムは、ペンタルファ、ペンタングルともいわれる星形五角形で、人類の歴史でも有数の、根強い強力な象徴だ。キリスト教以前のローマの土着宗教、古代イスラエル人、キリスト教徒、呪術師、魔術崇拝など、多くの教団が用いてきた。トマス・マロリーは、自分が書いたアーサー王物語の登場人物ガウェインに、その紋章としてこの形を採用させ、盾に描かせた。ダン・ブラウンの『ダ・ヴィンチ・コード』〔越前敏弥訳、角川文庫、2006 年〕では、瀕死のルーブル美術館長ジャック・ソニエールが、犯人を特定する手がかりとして自分の血で体にこれを描いている。これを描くには、図 1.6 からわかるように、この形のもとになる五角形やそれに外接する円があってもなくてもよい。数学者にとっては、これは星形多角形のいちばん単純な例だ。等間隔の頂点それぞれが、星形をなす辺で別の頂点とつながり、一般的に言うと、n 個の点のうち、m 番目〔$m-1$ 個とばし〕とつながっていて、その結果できる図形を、一般には $\{n/m\}$ という記号で表す。常識的にも、また美的な面からも、たいてい、m と n は互いに素で、$n > 2m$ であり、点は図形の自明な中心から等距離にあるものとされる。この表記を使うと、五芒星形は $\{\frac{5}{2}\}$ と表される。他にも例を挙げると、図 1.7〔次頁〕に、$\{\frac{8}{2}\}$、$\{\frac{7}{3}\}$、$\{\frac{6}{2}\}$ が示されている。$\{\frac{6}{2}\}$ は、すぐ後であらためて注目する。

　ペンタグラムをもとになる正五角形とともに考えると、いくつもある合同あるいは相似の二等辺三角形や、入れ子になっている正五角形

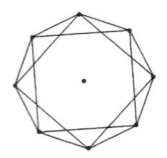

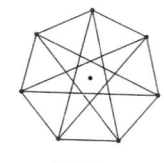

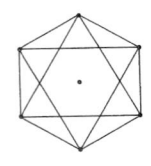

図 1.7

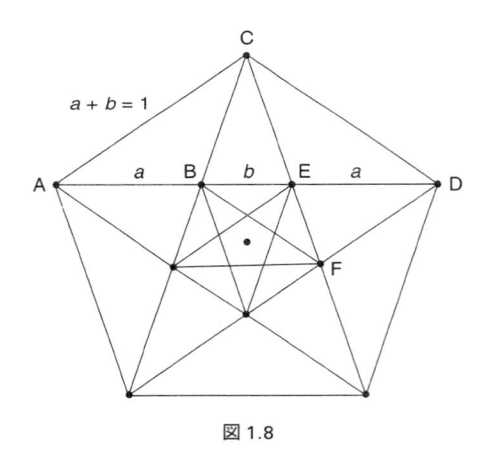

図 1.8

に目が行く。交互に反転し、同じことが無限に繰り返されることもうかがえる。図 1.8 には次の段階が示されている。ここでも正方形の場合とだいたい同じようにして、矛盾に追い込むことができる。ここでは五角形の対角線として AED をとり、大きい五角形の対角線 AD と辺 AC が通約可能と仮定する。AD − AC = AD − AE = ED = AB、かつ、AB = BC = BF となり、BF は内側の五角形の対角線である。AD と AD − AE = AB = BF は通約可能なので、もとの五角形の対角線 AD は、入れ子になった小さいほうの五角形の対角線 BF と通約可能となる。ここでもこの手順はどこまでも続けられるので、AD と AE の両方の共通単位となると想定されるものが何であれ、いずれ入

図 1.9

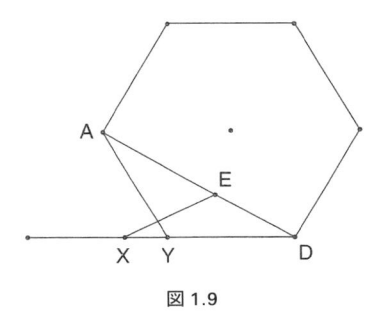

れ子になった五角形の対角線よりも大きくなってしまう。必然的に、想定された共通の単位はありえないことになる。

最後に（すぐ後で述べるが、最後にならざるをえない）、かの $\{\frac{6}{2}\}$ 星形多角形、正六角形が、同じ無限回の手順を生成するために使える。それに対応する二つの重なった正三角形、六芒星形も、やはり太古から、ソロモンの封印、ダヴィデの星、インドではシャトコナ、ヘブライでは、「セフィロトと7文字の神の名アラリタ（Ararita）が司る七曜星の動き」と呼ばれ、いずれにせよ、広く霊的なシンボルとして使われた。またダン・ブラウンは先と同じ小説でこれを使っている。ここでは対角線の長さが同じではなくなり、長いほうは明らかに辺と通約可能で2倍の長さとなるが、短いほうの対角線はどうなるだろう。図1.9にあるように、この短いほうの対角線をAEDとして、EはAE = AYとなるよう定める。DY上に点Xを、∠AEX = 60°となるようにとると、XEDは、DXを短いほうの対角線とする小さい六角形となる。ADがAYと通約可能なら、AEはADと通約可能となるので、最初の方法を、EDを新たな正六角形の辺として用いると、無限回の手順がまた始まり、通約可能という仮定を崩すことになる。

現代的な言い方をすれば、辺の長さが1の正方形の対角線 $\sqrt{2}$ は無理数で、正五角形の対角線も、正六角形の短いほうの対角線も無理数

第1章 ギリシアでの始まり

だ。正五角形と正六角形に出てくる無理数がどんな数かは次のようにして見定めることができる。

あらためて図1.8の表記と五角形の対称性を使うと、長さ1の辺 AE = AC = $a + b$ = 1 で、二つの三角形 ABC と ACD は相似となる。つまり、

$$\frac{\text{AC}}{\text{AD}} = \frac{\text{AB}}{\text{AC}} \quad \text{したがって} \quad \frac{1}{a+1} = \frac{a}{1}$$

であり、これは $a^2 + a - 1 = 0$ となって、$a = \dfrac{-1+\sqrt{5}}{2}$ となり、対角線の長さは、

$$2a + b$$
$$= 2a + (1-a) = 1 + a = 1 + \frac{1}{2}(-1+\sqrt{5}) = \frac{1}{2}(1+\sqrt{5}) = \varphi$$

つまり黄金比となり、これは1と2の、

$$\frac{c-b}{b-a} = \frac{a}{b}$$

と定義されるギリシア的平均（33頁で触れた）で表すこともできる。この「中間にして極致の比への分割」が、ギリシア数学と、どうやらギリシア建築の多くで重んじられていたのに、それがその最古の数学的信条が崩壊する中心にあったというのは、これまた皮肉なことだ。

もう一つ、1辺の長さ1の正六角形の短いほうの対角線の長さが $\sqrt{3}$ となることは、すぐにわかる。

特筆大書すべきことに、この論証は、これ以後は成り立たない。つまり、辺の数が6を超える正多角形で無限回の繰り返しに持ち込もうとしても、失敗する定めにある。このことはE. J. バルボーが美しくも長い論証で明らかにした[*18]。

つまり、以上のピュタゴラス教団の重要なシンボルは、その内部に通約不能という大事な理想を破壊するのに必要なことすべてを備えて

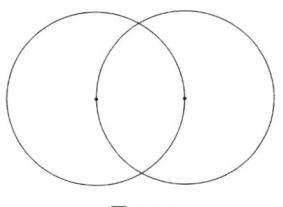

図 1.10

いた。それだけでは足りないかのように、また別のものが出てきて破壊する。*Vesica Piscis* つまり「魚の器」と呼ばれる尖卵形は、ピュタゴラス教徒にとっては宇宙全体に生命を与える、象徴的な子宮だった。この形は、図 1.10 にあるように、同じ半径の二つの円を重ねて、それぞれの円周が相手の中心を通るようにしてできるもので、円の半径が 1 とすると、図の中にはすぐに、$\sqrt{2}$, $\sqrt{3}$（さらに $\sqrt{5}$）の長さの線が見つかり、そのうちの二つの長さを足すことができれば〔コンパスで測りとればできる〕φ もできる。

　もちろん、ピュタゴラス教団の通約可能という理念を崩したのがヒッパソスだったのか、対角線が正方形、五角形、六角形、その他いずれのものだったのか、確実に知ることはできないが、誰が、どういう方法で立てたかはともかく、どういう方法によろうと、このことは、数学の王道を巨石で塞ぐような暴露となった。巨石は 1 世紀にわたって迂回できなかった。

前進のきざし

　プラトン（紀元前 429-347）。ソクラテスの弟子にして助手。アリストテレスの師で対話篇の著者。アカデメイアの創始者にして、『スタンフォード哲学百科事典』によれば、

どう評価しようと、西洋の文芸の伝統では最高クラスのそびえ立つ著述家で、浸透力、範囲の広さ、影響力の点でも哲学史上最高の部類に入る

とされる。すでに、対話篇のいくつかで通約不能のことがそれとなく言われていることには触れた。それが書かれた年代は議論の的になっているものの、紀元前399年にソクラテスが自殺した後に始まったことはすぐにわかるし、プラトンが亡くなったのが紀元前347年なので、かなりの幅を見なければならないことははっきりしている。議論をまたないのは、対話篇にとってのソクラテスの重みで、実際、対話篇は大哲学者ソクラテスの主な資料となっている（クセノポンの『ソクラテスの思い出（メモラビリア）』〔佐々木理訳、岩波文庫〕とともに）。ピュタゴラスについては、本人が書いたものはまったく何もない。対話篇の正確な年代には疑問が残っても、順番についてはそれなりの見解の一致があり、ここでは言うなれば初期、中期、後期から3点を調べ、無理数に関する前進の様子を探してみる。

初期の『ヒッピアス（大）』からわかるのは、有理数と無理数の算術的性質の面である程度の前進があったことだ。ソクラテスがヒッピアスに訊ねる[*19]。

> するとヒッピアスよ、美しいものはあなたにはどの群に属しているように見えるのか。あなたが挙げたものの群か。私が強く、あなたもそうなら、私たちはともに合わせて強く、私が公平で、あなたもそうなら、私たちはともに合わせて公平で、両方が合わせてそうなら、それぞれも個別的にもそうで、私が美しく、あなたもそうなら、私たちはともに両方合わせて美しいのか、また、両方が合わせてそうなら、それぞれも個別的にそうなのか。それとも与えられたものが、両方合わせて偶数の場合、個々には奇数のこともあれば、偶数

のこともある場合や、個々には無理でも、合わせれば有理であることもあったり、無理であったり、私の心の前に現れた他の無数の場合のようなことは、何も妨げないのか。

そして後の初期から中期への変わりめに位置する『メノン』では、ソクラテスがメノンの奴隷である少年に、もとの正方形の2倍の面積がある正方形の、辺の長さの求め方を訊ねている。その後のソクラテスと少年のやりとりは、ソクラテス的教育方法の見本で、少年は、求める辺はもとの正方形の2倍だという最初の間違った考えから、最後にはもとの正方形の対角線の長さだという正しい答えに導かれている。この対話では、現代の私たちなら2の平方根と呼ぶものが認識されている。

けれども、ここで最も重要なのは、後期への移行期にある対話篇『テアイテトス』で、ここでは具体的な前進の明瞭な証拠があるだけでなく、やはり限界もあることもうかがえる。この時期の二つの対話篇のうち、当時は亡くなっていたテアイテトスを登場させるこの本は（もう一つは『ソピステス』）、プラトンの弟子だったアテネのテアイテトス（紀元前417-369）をプラトンが高く評価していたことも、雄弁に物語っている。当然のことながらソクラテスも重要な登場人物だが、もう一人、キュレネーのテオドロス（紀元前465-398）という、かつてプラトンとテアイテトス両方の師でもあった人物も出てくる。

『テアイテトス』の最初のほうに、通約不能が何度か出てくるところがあって、少々変則的だが、それなりの理由もあって、ひとまずもとのギリシア語で引いておく。

Περὶ δυνάμεών τι ἡμῖν Θεόδωρος ὅδε ἔγραφε, τῆς τε τρίποδος πέρι καὶ πεντέποδος [ἀποφαίνων] ὅτι μήκει οὐ σύμμετροι τῇ ποδιαίᾳ, καὶ οὕτω κατὰ μίαν ἑκάτην προαιρούμενος μέχρι τῆς ἑπτακαιδεκάποδος ἐν δὲ παύτη πωςἐνέσχετο.

訳は

> テオドロスは私たちのために、3や5の根などの、根に関すること を書いてみせ、それが単位とは通約不能であることを示した。17 まで他の例を選び、そこでやめた。

プラトンが、ソクラテスと知識の本性について議論するテアイテトス の口から出たものとして記した言葉だ。テアイテトスはソクラテスに、 $\sqrt{3}$ から $\sqrt{17}$ までの（暗に）整数の平方でない数の根の通約不能を明ら かにするテオドロスを回想して語っている。

それまでの何年かの間に進歩があったのは明らかだが、どの程度の 進歩かは明らかではない。とくに目立つのは、テオドロスが通約不能 を確かめる一般論的な方法を手にしていないという含みだ。そうでな かったら、どうして個々の整数について繰り返して実際に示してみせ たりしたのか。

引用部分の最後は、やっかいで、別の訳もある[*20]。

> 17フィートの根まで行って、そこで何かがテオドロスの手を止め た（あるいは、そこでテオドロスはやめた）。

さらにこんな訳もある[*21]。

> 17平方フィートまで行き、その地点で何かの理由でテオドロスは 止めた。

ギリシア語の原文は曖昧に見える。テオドロスは17まで行ってやめ

たのか、その手前でやめたのか。この問題に対する答えがどうであれ、どうしてそこでやめたのか。またこの打ち切りは、テオドロスが通約不能を証明するために使った方法について、何かを示唆しているのか。

当然、こうした問題は学者の関心を集め、また当然のことながら、学者どうしで意見は一致しなかった。確かに、この頃には$\sqrt{2}$が通約不能であることはよく知られていて、認められていた。先の『メノン』では暗黙に言われていることが、プラトンがある学生の保証人に学生をアカデメイアへ受け入れないことを伝える手紙に出てくる見解によって、強く支持されている。

> 正方形の対角線が辺と通約不能であるという事実を知らない者は、本学の学生たるに値しません。

それでも対話のほうでは、プラトンはなおテアイテトスに語らせる[*22]。

> 数えられない根があるので、それをすべて一つの名あるいは区分のもとにまとめようという考えが浮かんだ。

となると、17がそこで止まるべき自明の地点とは言えないことが明らかになる。17まで行こうと、その手前であろうと、そこでやめた理由については、ときに巧妙に、また当然のことながらいろいろな形で、学者が論じてきた。中にはG. H. ハーディとE. M. ライトによると[*23]

> テオドロスは疲れてしまったということもありうる。

とはいえ、とくに興味をそそる説明がある。ピュタゴラス教徒（テオドロスもその一人）にとって、数の偶奇性は最大の分かれめだったこと

は、確立した事実で、数学者にして数学史家のバルテル・ファン・デル・ヴェルデン（前掲書）も強調するところだが、この説明はそこに訴えている。

　ピュタゴラス教徒にとって、偶数か奇数かは単に数論の基本概念であるだけではなく、実は世界全体の基本原理だった。

ピュタゴラス派による偶数と奇数の定義はこうなる。

　偶数は、1回の同じ演算で、最大かつ最小数（の部分）に分けられるものである。大きさでは最大〔二等分〕だが、数では最小〔三つでも四つでもなく二つに分けるということ〕である。これに対して奇数は、そのように取り扱えず、二つの均一でない部分に分けられるものである。

要するに、$\sqrt{2}$ が無理数であることを確かめた先の偶数奇数による扱い方には一般論があるということだ。ドイツのアマチュア数学者 J. H. アンデルフープによる手に入りにくい論文[*24]で述べられ、そこから始まったらしく、後にウィルバー・クノールが、出版はされていない博士論文で明るみに出し、後で本人が増補して高価な本にした[*25]。歴史的な含みについては、さらに後でロバート・L. マッケイブが取り上げた[*26]。

　主旨は、17が $8m+1$ と表せて、かつ、整数の平方とはならない最初の数で、この形の整数については、偶数奇数による論証が成り立たないということだ。つまり、テオドロスは17の手前で止まり、自分のやり方では、それ以上は進めなかったことになる。この説の背後にある推論の形は次のようになる。

　正の整数は $n = 0, 1, 2, \cdots$ について、$4n, 4n+1, 4n+2, 4n+3$ のい

ずれかで表せるので、それぞれの区分を別個に考えることですべての正の整数を扱える。

（1） $4n$ 型の整数なら、その平方根は $\sqrt{4n} = 2\sqrt{n}$ で、n であるとして扱うことができる。

（2） ひとまず $4n+1$ の場合は飛ばして、整数が $4n+2$ 型だとして、$\sqrt{4n+2} = a/b$ としよう。a と b は互いに素の整数とする。すると $a^2 = (4n+2)\,b^2$ となり、これは a^2 が偶数であり、したがって a は偶数だということを意味する。$a = 2k$ とすると、$a^2 = 4k^2 = (4n+2)\,b^2$ となって、$(2n+1)\,b^2 = 2k^2$ となり、したがって b^2 も偶数となり、b も偶数ということになって、これは当初の仮定と矛盾する。

（3） 今度は整数が $4n+3$ 型とし、a と b を互いに素として、$\sqrt{4n+3} = a/b$ と書く。すると $a^2 = (4n+3)\,b^2$ となる。さて、a と b がともに偶数ということはありえないので、少なくともその一方は奇数とならざるをえず、その平方は奇数だということになる。それがいくつであれ、得られた等式から、もう一つのほうの平方も奇数とならざるをえず、したがってその数も奇数でなければならない。したがって a も b もともに奇数でなければならない。$a = 2k+1$ とし、$b = 2l+1$ とすると、$(2k+1)^2 = (4n+3)(2l+1)^2$ となって、これは

$$4k^2 + 4k + 1 = 16nl^2 + 16nl + 4n + 12l^2 + 12l + 3$$
$$2k^2 + 2k = 8nl^2 + 8nl + 2n + 6l^2 + 6l + 1$$

となる。明らかに左辺は偶数で、右辺は奇数なので、やはり矛盾。

（4） 最後に整数が $4n+1$ 型だとする。n は偶数か奇数か、いずれかである。n が奇数だとすると、$2m+1$ の形をしているので、この型の

整数は $4(2m+1)+1 = 8m+5$ となる。あらためて先の論証を行なって $\sqrt{8m+5} = a/b$ とし、a と b は互いに素とすると、$a^2 = (8m+5)b^2$ となり、これはやはり a と b がともに奇数でなければならないことを意味する。そこで $a = 2k+1$、$b = 2l+1$ とすると、$(2k+1)^2 = (8m+5)(2l+1)^2$ となって、これは

$$4k^2 + 4k + 1 = 32ml^2 + 32ml + 8m + 20l^2 + 20l + 5$$
$$k^2 + k = 8ml^2 + 8ml + 2m + 5l^2 + 5l + 1$$
$$k(k+1) = 8ml^2 + 8ml + 2m + 5l(l+1) + 1$$

二つの連続する整数の積は偶数とならざるをえないので、左辺は偶数だが、右辺は奇数となる。これまた矛盾する。

残ったのは $4n+1$ 型で $n = 2m$ の場合であり、この形の整数は $4(2m)+1 = 8m+1$ となり、今度は同じ論法が成り立たない。a, b を互いに素として $\sqrt{8m+1} = a/b$ とすると、$a^2 = (8m+1)b^2$ となり、やはり a と b は奇数でなければならない。$a = 2k+1$、$b = 2l+1$ と書くと、$(2k+1)^2 = (8m+1)(2l+1)^2$ となって、これは

$$4k^2 + 4k + 1 = 32ml^2 + 32ml + 8m + 4l^2 + 4l + 1$$
$$k^2 + k = 8ml^2 + 8ml + 2m + l^2 + l$$
$$k(k+1) = 8ml^2 + 8ml + 2m + l(l+1)$$

となって、両辺とも偶数なので、今度は矛盾にはならない。

検算のために、$\sqrt{17}$ について偶数奇数論法を試してみても、どうにもならない。

$\sqrt{17} = a/b$ と書き、a, b を互いに素とすると、$a^2 = 17b^2$ で、これは a, b がともに奇数であることを意味する。$a = 2k+1, b = 2l+1$ とすると、

$$4k^2 + 4k + 1 = 17(4l^2 + 4l + 1)$$

$$k^2 + k = 17l^2 + 17l + 4$$
$$k(k+1) = 17l(l+1) + 4$$

矛盾はなく、k と l について偶数奇数の場合をとっても、これ以上の展開にはならない。

　テオドロスが実証をやめた理由がこのことかどうかはおそらくわからないだろうが、可能性としては考えるに値する。1942 年、アンデルフープはもっと実際的な、単純で、訴求力があるが、歴史的にはあてにならない根拠を提示した。テオドロスが実証するとき、砂箱〔紙の代わりに使われた、計算・図解用の道具〕に本書冒頭の 17 頁に示したような図を描いていたとしたら、最後の三角形の斜辺が $\sqrt{17}$ となり、その後は図が重なってしまい、それ以上は実証できなくなる。直角をはさむ辺の長さが 1 の直角二等辺三角形の斜辺の上にもう一つ直角三角形が描かれると[*27]、その第二の辺の長さは 1 で同じことが繰り返され、最後の三角形の斜辺が $\sqrt{17}$ となり、

$$\sum_{r=1}^{16} \tan^{-1}\left(\frac{1}{\sqrt{r}}\right) = 351.150\ldots° \quad \text{と}、\quad \sum_{r=1}^{17} \tan^{-1}\left(\frac{1}{\sqrt{r}}\right) = 364.783\ldots°$$

が得られる〔いずれも直角三角形の中心角の和を求めている〕。この論証に関係する（さらにそれ以上の）テオドロスの名がついたらせんの数理は、後にフィリップ・J. デーヴィスらが調べている[*28]。

相似性の喪失

　こうして、哲学的には受け入れがたい通約不能の概念は、ピュタゴラス教団の世界に入り込み、それを通じて古代ギリシア世界一般にも入り込んでいた。その登場は、ただちに、数（正の整数）は幾何学の

図 1.11

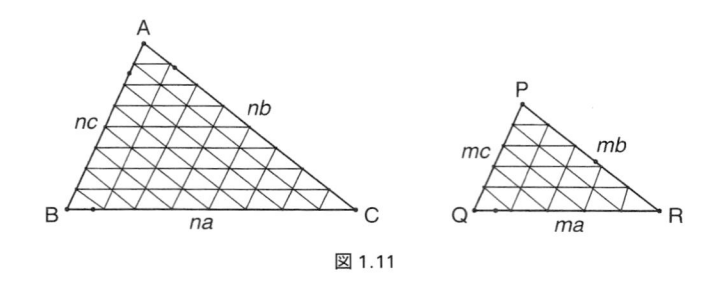

侍女であるという、大事にされていた思想の死亡宣告をもたらした。ここで見たような、作図による長さが通約不能になる事態は、算術的な比の概念（正の整数の比率でなければならない）と、作図可能な幾何学的な量とを分離した。幾何学なら、算術ではできないような扱い方をして、$\sqrt{2}$ のようなものを処理できた。つまり、私たちが今無理数と呼んでいるものの第一の重要な含みは、数学の探究は幾何学的な探究となるということだ。この方向はヨーロッパ数学全体に浸透し、18世紀がかなり進むまで続く。もう一つの含みは、相似図形の比較というおなじみのことも——それに依存するすべての証明も——なくなるということだ。

　この点を見るために、今なら二つの相似な三角形と呼ばれるもの、つまり対応する角が等しい三角形を考え、それを図1.11に示すように、ABC、PQR としてみよう。対応する三つの比を導きたい。その際、ピュタゴラス派的な、通約可能に依拠する以外の選択肢はないものとする。そこで、辺 BC と QR は共通の単位 a と通約可能とする。さらに、BC はこの単位 n 個分で、QR は m 個分とする。したがって、それぞれ n 個と m 個の、長さ a の等しい線分に分けられる。△ABC で、各線分の右端から、AB に平行な直線を引いて辺 AC と交わらせ、同じことを AC の対応する点で行ない、辺 BC に平行な線を引く。つまり、AC が長さ b の n 個の等しい線分に分けられるということで、

図1.12

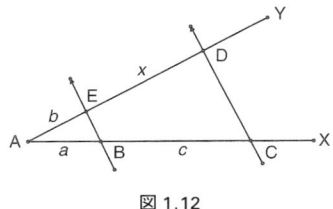

AB も長さ c の線分 n 個に分けられ、△ABC には各辺が a, b, c の合同な三角形の網目ができる。さて、相似な三角形 PQR のほうへ移ろう。同じ手順で、こちらも同じ合同な三角形の網目ができ、辺の比は、

AB : PQ = BC : QR = AC : PR

$(= nc : mc = na : ma = nb : mb = n : m)$

となる。相似な三角形の辺の長さは、二つの整数の比となる。実にピュタゴラス的だ。

さて今度は、このように幾何学へ脱出しても、単に別の数学の区画へ逃げ込むだけであることを明らかにする。

一例として、今なら単純な1次方程式 $ax = bc$ と書くものの解き方を考えよう。ギリシア式のやり方は『原論』巻Ⅵの命題8と9にまとめられているが、現代の文字式を使えばもっと簡単に扱える。図1.12では、直線 AX が引かれ、A から a と $a+c$ の距離のところにそれぞれ点 B と C がある。AX に対して適当な角度で直線 AY が引かれ、A から b のところに点 E を記す。直線 BE を引き、C を通り BE に平行な直線を引き、AY との交点を D とする。DE の長さを x とする。

この手順を現代流で見れば、△ABE と △ACD が相似で、したがって、

図 1.13

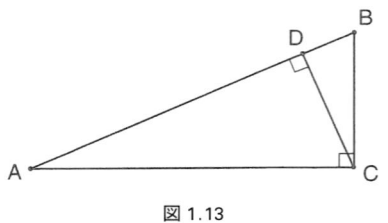

$$\frac{a}{b} = \frac{a+c}{b+x}$$

であり、それはつまり $ax = bc$ だということを意味する〔つまり、x はこの作図で示された量という形で求められている〕。

もう一例としては図 1.13 を考えよう。直角三角形 ABC で、C から AB に垂線を下ろし、交点を D とする。この作図で相似な直角三角形が三つできる。頂点の対応を考えて、この三角形を ABC, ACD, CBD とし、相似であることを使うと、

$$\frac{BD}{BC} = \frac{CB}{AB} \quad \text{かつ} \quad \frac{AD}{AC} = \frac{AC}{AB}$$

となり、したがって、

$$BD = \frac{BC^2}{AB} \ , \ AD = \frac{AC^2}{AB}$$

ゆえに、

$$\frac{BC^2}{AB} + \frac{AC^2}{AB} = BD + AD = AB$$

したがって、

$$BC^2 + AC^2 = AB^2$$

すでに触れたように、ピュタゴラスやピュタゴラス派が有名なピュタゴラスの定理を証明した方法(それがあるとして)がどんなものかはわ

かっていないが、一つ確かなことがある。ピュタゴラス教徒が単純な相似による論法を使っていたとすれば、通約不能の発見は、とてつもない打撃となっただろう。

通約不能な量をきちんと扱えるようになり、そうして幾何学的方法も相似的に救出できるようになるには、古代ギリシアの大思想家の一人による傑出した洞察が必要となる。

エウクレイデスと体系化

数学史での『原論』(エレメンツ)の影響力については、肯定的な意味でも否定的な意味でもすでに言及した。その13「冊」(ブックス)は、それまで調べられていた、幾何学と数論両面でのギリシア数学の合理的体系化の決定版となり、それがたどった道は長く苦難に満ちていたものの、一般に、私たちに伝えられている内容が整っていることについては大いに信頼されている。

残念ながら、エウクレイデス本人はどういう人かと尋ねると、そのような安心感はあっさり消えてしまう。この人については確かなことはほとんど何もわかっていない。確かにいろいろな古代の著述家がエウクレイデスの名を挙げているが、その記述には、プロクロスに認められるような信用はない。あらためて「エウデモス概史」から引こう。

> これらの人たち（プラトンの弟子たち）よりもそう年下ではないのがエウクレイデスで、こちらは、「要素」(エレメンツ)をまとめ、エウドクソスの定理の多くを順を追って整理し、テアイテトスの定理の多くを完成させ、それまで先行する人々によっておおざっぱにしか証明されていなかったことに、文句のつけようのない証明をもたらした。この人物が生きていたのは、プトレマイオス1世〔アレクサンドリアのあったエジプトの王〕の治世だった。というのは、プトレマイオス1世の

直後の時代のアルキメデスがエウクレイデスに触れており、さらに、プトレマイオス王がエウクレイデスに、『原論』よりもてっとりばやく幾何学を勉強する方法はないのかと訊ねたことがあり、それに対してエウクレイデスは、幾何学には王道はないと答えたという話が伝えられているからだ。したがってエウクレイデスは、プラトン周辺の人々よりは若いが、エラトステネスやアルキメデスよりは年上である。この二人は、エラトステネスがどこかで言っているように同年代に属する。エウクレイデス本人の意図としてはプラトン主義者で、この派の哲学に共鳴していたので、『原論』全体のしめくくりに、いわゆるプラトン図形の作図を取り上げている。

これに、エウクレイデスがアレクサンドリアにあるプトレマイオスの一流大学で教えていたと確信されていること、『原論』が紀元前320年頃に書かれていたことを加えてもよいかもしれない。また現代の著述家による、次のようなエウクレイデスについての言葉が、推察に少々別の色合いを加える[*29]。

要するに、『原論』はいやになるほど重箱の隅をつつくうるさ方の著作であるという説を否定することは、ほぼ不可能だ。

無理数の理解が前進した証拠を探すために参照しなければならないのは『原論』であり、その目的のためには巻Vと巻Xに集中しなければならない。巻Vはクニドスのエウドクソスの業績とされるもので（巻XIIも同じ）、巻Xは、すでに触れたテアイテトスの成果を取り上げる。エウドクソスの業績をエウクレイデスが体系化するところから話を始めよう。

シラクサのアルキメデス（紀元前287-212）が古代最大の数学者だったとすれば、クニドスのエウドクソス（紀元前408-355）は、天文学で

の研究でまず名が挙がるものの、数学者としても第2位につける。本人が書いたものは残っていないが、(とくに) ディオゲネス・ラエルティオス、プロクロス、それに他ならぬアルキメデスによる信頼できる証言があり、巻Vの二つの定義を組み合わせると、通約不能についてのピュタゴラス派の問題を、将来を先取りするような形で処理できることが、そのことの十分な証拠となる。その点には読者も同意してくれるだろう。この処理は、第9章で述べるように、19世紀になって、ドイツの数学者リヒャルト・デデキントが手を加えて自身の無理数の定義にしたほどのものだった。出てくる内容の一部は実に傑出しているが、一方では一見すると理解しにくい。この点は、19世紀のイギリスの数学者、オーガスタス・ド・モルガンによって、その説明に充てた著書の序文で明瞭に認識されている[*30]。

幾何学は算術抜きではあまり先へ進めず、そのつながりが最初につけられたのは、エウクレイデスの巻Vによる。これはきわめて難解な推論で、初めて読む人はそこを飛ばすか、読んでも理解できないか、いずれかになる。それでもこの巻は、アリストテレスの論理とともに、史上でも最大の異論の余地のない、文句のつけようのない論考の双璧をなす。

ここでの目的はこの巻全体を理解するというような壮大なものではなく、エウクレイデスがエウドクソスの通約不能の扱い方をどのように提示し、その扱い方が通約不能によってもたらされた問題をどう効果的に処理しているかを明らかにすることだ。そのためには、この巻にある25の命題は一つも必要なく、18ある定義のうちの二つと、巻Iと巻VIからとったいくつかの命題だけがあればよい。

第1章 ギリシアでの始まり

角状角

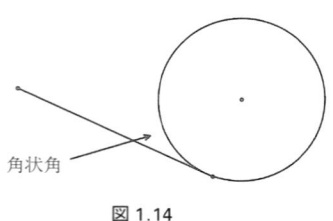

図 1.14

エウドクソスの公理（アルキメデスがエウドクソスのものとする）
『原論』巻 V、定義 4

量（マグニチュード）が互いに対して可能な比をもつと言われるのは、一方の倍数が他方を超えるときである。

ここでの「可能な〔英訳で capable〕」は「意味をなす」と解すべきで、一見すると、この定義は何も言っていないように見える。どんなに小さな量でも、ある十分に大きな倍数なら、大きいほうの量を超えることは必ずできるではないか。ところがそうではない。まず、有限の直線と無限の直線というよくある比較を考えてみよう。有限の線分が直線全体を超えるほど大きくなるような倍数は見つからない。次に、この定義は、たとえば長さと面積など、比較できない量の比をとろうとすることも禁じている。そしてもう一つ、さらに絶妙なことに、エウドクソスは、今では角状角（つのじょうかく）と呼ばれているものの概念について知っていた。これは直線と曲線の間にできる角で、図 1.14 に示したようなものだ。エウクレイデスはこの概念を、名前ではなく、そのありようとして、次の箇所に記録している。

巻 III、命題 16

円の直径の端から直径に対して垂直に引いた直線は円の外に出て、その直線と円周の間の空間（スペース）には別の直線が挿入できず、さらに、そ

の半円の角度は、どんな鋭角の直線角よりも大きくなり、残りの角は小さくなる。

　最後の強調した文言は、角状角はどんな直線角よりも小さいことを言っている。したがって、角状角の量を何倍しようと、直線角の量より大きくなることはなく、ここでも先の定義が効いてくる。それによって、横目で無限小に触れられている。ほんの何行か後で、定義4の歯が、しっかりかみ合わされて重要な結果に至る。それによって、任意の数の対について、通約可能でも通約不能でも、条件を挙げなくても、整数だけを使わなくても、比較が可能になる仕掛けを手にすることになる。たとえば、$\sqrt{3} > \sqrt{2}$ であり $2\sqrt{2} > \sqrt{3}$ であることは証明できるので、$\sqrt{2}$ と $\sqrt{3}$ という数は、比で比べられる。同様に、通約可能数と通約不能数も比で比べられる。たとえば2と $\sqrt{2}$ なら、明らかに $2 > \sqrt{2}$ であり、$2\sqrt{2} > 2$ でもあるからだ。

　これで、比較可能な二つの数の比の意味が得られた。今度は次の定義を見てみよう。エウドクソスは、何とも圧倒的な洞察を明らかにする。通約不能に関連するあらゆる問題を脇にどけてしまう——つまり、それを無視することによって。それに続くのが、通約不能でもそうでなくても、任意の二つの量の比を定義することだ。ギリシア幾何学が、通約不能という泥沼での1世紀にわたる停滞を経て、そこから前進することを可能にする定義だった。

巻V、定義5

　量が、第一対第二、第三対第四について「同じ比」にあると言われるのは、第一と第三を任意に等倍し、第二と第四を任意に等倍数すれば、前の等倍数は、後のほうの等倍数に対して同じように、順に、超える、等しい、下回る場合である。

言葉遣いは一見するとややこしいが、現代的な文字式を少々使えばもっと明瞭になる。この場合、エウドクソスは、(暗黙のうちに、先の定義4にあるような比較できる量について)、比 $a : b = c : d$ は、あらゆる正の整数 m と n について、

$$na > mb \text{ なら、} nc > md$$
$$na = mb \text{ なら、} nc = md$$
$$na < mb \text{ なら、} nc < md$$

のときに意味をなすということだ。そしてこれはたぶん、それを次のように手を加えると、さらにもっともなことになる。

実数 x と y について、その間の等式 $x = y$ は、便宜的に正の整数を用いて、あらゆる正の整数 m と n について、

$$x > \frac{m}{n} \text{ なら、} y > \frac{m}{n}$$
$$x = \frac{m}{n} \text{ なら、} y = \frac{m}{n}$$
$$x < \frac{m}{n} \text{ なら、} y < \frac{m}{n}$$

であると論じれば定義できる。つまり、あらゆる正の整数 m と n について、

$$nx > m \text{ なら、} ny > m$$
$$nx = m \text{ なら、} ny = m$$
$$nx < m \text{ なら、} ny < m$$

なら、$x = y$ であるということだ。

さて、任意の実数 a, b, c, d について、

$$x = \frac{a}{b}, y = \frac{c}{d}$$

とする。すると、あらゆる正の整数 m と n について、

$$n\frac{a}{b} > m \text{ なら、} n\frac{c}{d} > m$$
$$n\frac{a}{b} = m \text{ なら、} n\frac{c}{d} = m$$
$$n\frac{a}{b} < m \text{ なら、} n\frac{c}{d} < m$$

のとき、

$$\frac{a}{b} = \frac{c}{d}$$

である。これはもちろん、

$$na > mb \text{ なら、} nc > md$$
$$na = mb \text{ なら、} nc = md$$
$$na < mb \text{ なら、} nc < md$$

となる。a と b が同種の量である必要があり、c と d についてもそうだが、それぞれが同種どうしでなくてもよいことに注目しよう。たとえば、a と b は長さで、c と d は面積でもよい。

エウドクソスの公理はここでさらに使える。上の中段の条件は影響がないことが示せるので、不等式だけが残り、さらにそれを次のような満足できる形にまとめることもできる[*31]。

> 二つの比が等しいのは、両者の間に有理分数がまったくない場合である。

ここで簡単に、2種類の証明を比較してみよう。一方は通約可能性を使い、もうひとつはエウドクソスの方式を使う。そのために、次のことを取り上げる。

第1章 ギリシアでの始まり

図 1.15

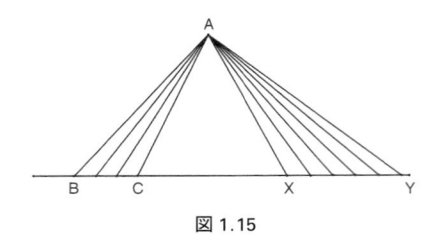

巻 VI、命題 1
三角形や平行四辺形の高さが等しいとき、互いの比は底辺の比になる。

三角形に話を限ると、同じ高さの三角形の面積比は、底辺の長さの比になるということだ。どちらの証明も、その前に出てくる、通約可能の問題には影響されない次の命題による。

巻 I、命題 38
底辺が等しく、同じ平行線の中にある三角形は互いに等しい。

つまり、底辺と高さが等しい三角形の面積は等しいということだ。
　まず、通約可能を前提にした論証を考えてみよう。
　図 1.15 にあるように、△ABC と △AXY があると、BC と XY が通約可能なので、両方を測りとる共通の単位 u がある。BC=nu、XY=mu としよう。それぞれの底辺は、それぞれ n 個と m 個の等しい長さの線分で区切られ、A と結んでそれぞれ n 個と m 個の三角形ができる。それぞれの高さは共通で、底辺も等しい。したがって、△ABC は面積が等しい n 個の三角形に分けられ、△AXY は面積が等しい m 個の三角形に分けられる。ゆえに、△ABC : △AXY = n : m = BC : XY となる。

図 1.16

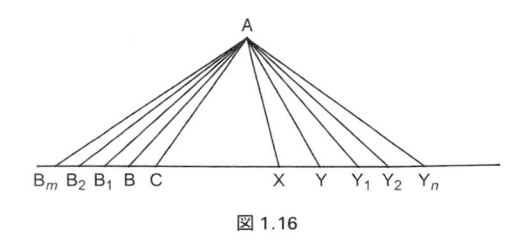

さて、今度は通約可能が前提されていない論証だ。

取り上げる三角形を ABC と AXY とし、図 1.16 にあるように、m と n を任意の正の整数として、CB を m 回延長して、m 個の等しい線分を区切り、A と結ぶ。同様に XY を n 回延長して、n 個の線分で区切り、A と結ぶ。

すると、$B_{m-1}C = mBC$ で $\triangle AB_{m-1}C = m \triangle ABC$ であり、$XY_{n-1} = nXY$ で $\triangle AXY_{n-1} = n \triangle AXY$ である。$>=<$ という記号を使って、エウドクソス条件をまとめると、次のようになる。すべての正の整数 m, n について、$B_mC >=< XY_n$ に従って、$\triangle AB_mC >=< \triangle AXY_n$、また $mBC >=< nXY$ に従って $m \triangle ABC >=< n \triangle AXY$。

ゆえに、命題が求めるとおり、$\triangle ABC : \triangle AXY = BC : XY$ となる。長さが通約可能かどうかは出てこず、整数比もない。

最後に、通約不能と、それに伴って相似に基づく結果が危うくなることの影響力の大きさを量るとすれば、他ならぬピュタゴラスの定理を調べるのがよいだろう。先に、相似に基づく整った導き方を見た。『原論』でエウクレイデスは、この結果を、巻 I の命題 47 として登場させている（例によって、誰のものとも言わずに）。ところがエウクレイデスの体系化は、巻 II に始まる著作全体にある他のいくつもの命題のために、この定理を必要とするのに、そのすべては巻 V のエウドクソス的な扱い方よりずっと前にある。この定理が必要でありながら、

第 1 章　ギリシアでの始まり　　63

図 1.17

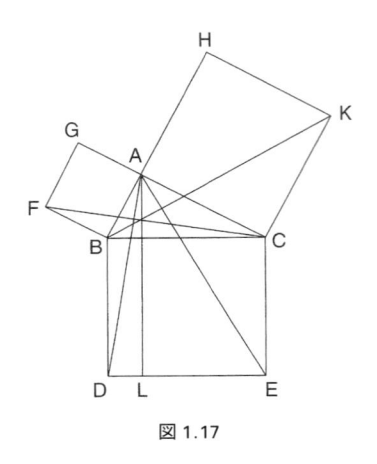

相似の考え方を使ってそれを証明することはまだできなかったので、有名な「花嫁の椅子」論法を示した。これは（プロクロスらによって）、エウクレイデス本人が考えたものとされている。この際、読者にその比較的に入り組んだ詳細のことを思い出してもらおう。

巻I、命題 47

直角三角形において、直角の対辺上の正方形は、直角を含む辺上の正方形の和に等しい。

「花嫁の椅子」は図 1.17 に示した。論証は以下のように進む。
BC 上に正方形 BDEC と、BA、AC 上に正方形 BFGA と AHKC を描く。A を通り BD に平行な直線 AL を引き、AD と FC を結ぶ。
　∠BAC、∠BAG はともに直角なので、CA は AG と一直線をなす。同じ理由で BA も AH と一直線をなす。
　∠DBA は∠FBC に等しい。∠ABC は共通で、それぞれの残りは直角だからである。

BDとBCは等しく、BFとBAは等しいので、2辺ABとBDは、2辺FBとBCにそれぞれ等しく、∠ABDと∠FBCは等しいので、底辺ADは底辺FCに等しく、△ABDと△FBCは等しい。

さて、長方形BLは△ABDの2倍となる。底辺BDは等しく、同じ平行線BDとALでできているからだ。正方形BFGAは△FBCの2倍となる。やはり底辺は同じFBで、同じ平行線FBとGCでできているからだ。

故に長方形BLは正方形BFGAに等しい。

同様にして、AEとBKを結ぶと、長方形CLは正方形ACKHに等しいことが証明できる。ゆえに、正方形全体BDECは、正方形BFGAと正方形ACKHの和に等しい。

また正方形BDCEはBC上に描かれ、正方形BFGAとACKHはそれぞれBA上とAC上に描かれている。

したがって、BC上の正方形とBAおよびAC上の正方形の和は等しい。

ゆえに、直角三角形において、直角の対辺上の正方形は、直角を含む辺上の正方形の和に等しい。

うまい。けれどもかかっている手間からすると、必要になる前から結果を得ようとして、高い対価を払っている。巻VIを調べると、この結果は、直角三角形の辺それぞれの上に長方形を立てることで命題31に一般化されている——しかも証明は相似に基づいている。

量の通約不能を認め、手なずけて、巻Xに移ろう。13巻ある中でいちばん長く（『原論』全体の4分の1ほどを占める）、いちばん歯ごたえのある巻で、通約不能数の算術をまとめるのに充てられている。

この成果に対する反応は様々で、オーガスタス・ド・モルガンは、それについて、「この巻には他の巻のいずれも（巻Vさえ）豪語できない完全さがある」と言い、トマス・ヒースは、巻Xは『原論』全巻

の中で、たぶんいちばん目立っていて、形式において最も完全である」と言うが、20世紀の一流の古代数学史家で、故人となっておおいに惜しまれたスタンフォードの碩学、ウィルバー・クノール（「テオドロスのらせん」の研究にも貢献した*32）の見解が対抗する。

> エウクレイデスの巻Xに、その長さとわかりにくさの中に数学の宝が隠れていると期待して取り組む学生は、がっかりすることになりがちだ。すでに見たように、数学的なアイデアはわずかしかなく、そこで与えられている説明よりもずっと明瞭な説明ができる。巻Xの本当の価値、決して小さいものではないと思うその価値は、古代数学哲学者が一貫してたたえていたような、とことん詳細な演繹体系の特異な標本となっている点にある。特定の幾何学の問題を解く形式を体系化し、その解き方の中で明らかになる方向の性質について基本的な集合を明らかにすることだ。たとえば、巻Xを勉強すると、その著者が幾何学上の発見の総体を数学的知識の体系に換えようとした様子についてわかるという有益なことが学べる。

学者は幸運にも、この著作に関する『パップスの注解』という信頼できる写本（もとはアラビア語）を利用できる。パップスの権威によって*33、テアイテトスの名がその成果に結びつけられている。

ここでの目的は、最初の四つの定義の支柱を記し、それを長い命題の列の最初のいくつかについてたどることで達せられる。

巻X、定義1
同じ尺度〔単位量〕で測れる量は通約可能と言われ、いかなる共通の単位量もないものは通約不能と言われる。

通約不能な量の存在が避けられないことが認められている。

巻X、定義2

直線は、その上の正方形が同じ面積で計れるとき、平方で通約可能と言い、その上に立てられる正方形に共通の単位量となる面積をとれないとき、平方で通約不可能と言う。

この区別は、2種類の通約不能数、それ自身では通約不能でも、平方すると通約可能となるものと、そうでないものとの間に立てられる。この概念は、たとえば、$\sqrt{2}$ と $\varphi = \frac{1}{2}(1+\sqrt{5})$ とを区別する。$\sqrt{2}$ は、$(\sqrt{2})^2 = 2$ なので平方で通約可能だが、φ は $\varphi^2 = \varphi + 1$（15頁を参照のこと）なので、平方で通約可能ではない。

巻X、定義3

以上の仮説によって、通約可能な直線と通約不能な直線がそれぞれ無数にあることが証明される。あるものは、指定された直線について、長さだけでそれが言えるが、またあるものは平方するとそれが言える。そこで指定された直線を「有理」と呼び、長さであれ平方であれそれと通約可能な直線、あるいは平方のみで通約可能な直線を「有理」と呼び、それと通約不能なものを「無理」と呼ぶ。

巻X、定義4

指定された直線の上の正方形は「有理」と呼び、それと通約可能な面積は「有理」と呼ぶが、それと通約不能なものは「無理」で、それをもたらす直線は「無理」と呼ぶ。面積が正方形の場合、辺そのものだが、それ以外の直線図形の場合、それに等しく描かれる正方形の辺である。

この定義によって、通約不能数と通約可能数は、少々混乱するとは

いえ、それぞれ無限にあることがわかる。

次に、エウドクソスによる別の貢献を。

エウドクソスの取り尽くし法
巻X、命題1

二つの等しくない量をとり、大きいほうからその半分より大きい量を引き、残ったものからその半分より大きい量を引き、この手順を続けて繰り返すと、小さいほうの量より小さい量が残る。

『原論』にあるもとの証明を再現するよりも、同等の、エウドクソスの公理の別の使い方を証明する。

大きいほうの量を AB、小さいほうを CD とすると、公理は mCD > AB、つまり、CD : AB > 1 : m となるような正の整数 m があることを教えてくれる。$2^n > m$ となるような正の整数 n があることも明らかだ。ゆえに、CD : AB > 1 : 2^n、つまり、$1/2^n$ AB < CD となるような n がある。この不等式の左辺は、AB から n 回切り取った後に残る長さの上限となる。ゆえにこの量は、求められるとおり、CD より小さい。

やはり、この結果の力は一見しただけでは明らかではないかもしれないが、量 CD は、望むだけ小さいように選ぶことができる。現代風の表記で言えば、文字 ε がそれを表すとして、それを選べば、現代では繰り返し言われていることが簡単に導かれる。

……$\varepsilon > 0$ とすると、「n によって決まるしかじかの量」が ε より小さくなるような n が存在する。

そして、右辺に、きわめて役に立つ極限の手順が得られる。たとえば、アルキメデスは、よく文通をしていたエラトステネスへのある手紙で、

この手法を使ってエウドクソスが円錐と角錐の体積は、同じ底面と高さの円柱や角柱の3分の1になることを最初に証明したことを伝えている。デモクリトスも知っていたものの、厳密には確かめられなかったことだ。アルキメデスは、この手法を展開して、「求積法」による重要で見事な成果をたくさんあげることになる。積分法には2000年ほど先立っている。

さて、それに続く命題を見よう。

命題2

二つの等しくない量のうち小さいほうが、大きいほうから次々と引かれるとき、残ったものが一つ前を決して量らない(ネバー)なら、その二つの量は通約不能である。

これは通約不能の基準を与えるものだが、その一般的な有効性は、どこまで行けば「ネバー」となるのかという疑問の余地がある。

それから、通約可能を規定するいくつか命題がある。

命題5

通約可能な量は、互いに対して、ある数が数に対してもつ比をもつ。

命題6

二つの量がある数が数に対してもつ比を互いに対してもつなら、その量は通約可能である。

命題7

通約不能な量は、ある数が数に対してもつ比を互いに対してもたない。

命題 8

二つの量が、ある数が数に対してもつ比を互いに対してもたないなら、その量は通約不能である。

通約不能がこのように定義された後、それ自身は通約不能だが平方において通約可能な与えられた二つの量 a と b から生成される、異なる通約不能数が挙げられ、最初はまごついてしまう。両者の「中間」(メディアル)、つまり平均比（幾何平均）$\sqrt{ab}$、二項(バイノミアル) $a+b$、「アポトメー」$a-b$（$a > b$ として）である。ここでもパップスに依拠すると、

> テアイテトスは、長さの通約可能なべき乗を、通約不能なものと区別し、不尽根数の中でもよく知られた線を、平均(ミーン)に従って区別して、メディアルの線を幾何学に、二項を算術に、アポトメーを和声学に割り当てた。逍遥派のエウデモスが伝えるところである。

対話が展開すると、エウクレイデスは、今なら

$$\sqrt{\sqrt{a} \pm \sqrt{b}}$$

という式で書くような、ありうる量を体系的に取り上げる。

そしてこれが無理数の発達についての最初の章を終えるべきところだ。この量についてはもっと多くのことが言われているし、それについてなされた成果もあるが、大きな影響のあるものはない。通約不能は発見されて、それを扱うべき場所は幾何学と見られ、算術は通約可能数の中にしっかりと碇を下ろしていた――その後何世紀にもわたって事態はそこにあった。無理数はまだ生まれていなかった。

註

*1　もとは「トゥハレース (Thales)」。

*2　Glenn R. Morrow, *Proclus, A Commentary on the First Book of Euclid's Elements* (Princeton Univerrsity Press, 1992) の英訳より。

*3　ハワード・イヴズによれば、「プロクロスとエウクレイデスの関係は、ボズウェルとジョンソンとの関係と同じである」という〔ボズウェルはサミュエル・ジョンソン伝を書いた人物〕。

*4　Ivoor Bulmer-Thomas, 1972, Proculus on Euclid I, *The Classical Review* (New Series) 22: 345-47.

*5　珍しいところでは、オリヴァー・バーンの特筆すべき版を見るのもよいかもしれない。これは今復刻版で手に入れられる。Werner Oechslin, 2010, *Byrne, Six Books of Euclid*, ed. Petra Lamers-Schutze (Harper Paperback).〔邦訳は中村幸四郎ほか訳『ユークリッド原論』(共立出版) など〕。

*6　Huffman, Carl, 1993, *Philolaus of Croton Pythagorean and Presocratic: A Commentary on the Fragments and Testimonia with Interpretive Essays* (Cambridge University Press), pp. 1–16.

*7　*Lore and Science in Ancient Pythagoreanism*, translated by Edwin Minar (Harvard University Press, 1972).

*8　アリストテレス『形而上学』巻1 (1)。W. D. Ross による英訳が、http://ebooks.adelaide.edu.au/a/aristotle/metaphysics/complete.html で閲覧可能 (2011年9月19日)。〔邦訳は、出隆訳 (岩波文庫) など〕。

*9　Paul Tannery, 1887, *La Géométrie Grecque* (Paris), pp. 141–61.

*10　*De Procli fontibus*, Dissertatio ad historiam mathemsecs Graecae pertinens (Lugduni-Batavorum, Apud L. Van Nifterik, 1900).

*11　Victor J. Katz (editor), *The Mathematics of Egypt, Mesopotamia, China, India and Islam* (Princeton University Press, 2007).

*12　以下、次のような括弧に関する慣例が用いられている。[失われた語句を復元]、〈偶然の脱落を復元〉、《偶然の記入》、(編集上の注記)〔なお、さらに〔　〕によって本書訳者による補足が加えられている〕。

*13　『純粋理性批判』第2版の序文 (1929年のノーマン・ケンプ・スミスによる英訳より)。〔邦訳は、篠田英雄訳 (岩波文庫) など〕。

*14　John Dillon (editor) and Jackson Hershbell (translator), 1991, *Iamblichus: On the Pythagorean Way of Life. Text, Translation, and Notes* (Atlanta:

Scholars Press).

*15 Kurt Von Fritz, 1945, The discovery of incommensurability by Hippasus of Metapontum, *The Annals of Mathematics* (Second Series) 46(2):242-64.

*16 ただし、等式が二進法で書かれていれば、$a^2 = 2b^2$ の段階で、十分に矛盾が導ける。二進法では、正の整数の 2 乗はいずれも右側が偶数個の 0 で終わらなければならず（0 が 0 個の場合も含む）、2 を掛けると末尾に 0 がもう 1 個つくということだからだ〔右辺に 2 がかかっているということで、両辺の末尾の 0 の個数が合わなくなるということ〕。

*17 Kurt Von Fritz の前掲論文などを参照のこと。

*18 E. J. Barbeau, 1983, Incommensurability Proofs: A Pattern That Peters Out, *Mathematics Magazine* 56(2):82-90.

*19 ベンジャミン・ジョウェットによる英訳。

*20 ファン・デア・ヴェルデン『数学の黎明』の、アーノルド・ドレスデンによる英訳 (Groningen, 1954) より〔邦訳書は、村田全ほか訳、みすず書房、1984 年〕。

*21 T. L. Heath, *A Manual of Greek Mathematics* (London, 1931).

*22 ベンジャミン・ジョウェットによる英訳。

*23 G. H. Hardy and E. M. Wright, *An Introduction to the Theory of Numbers*, 5th edn (Oxford University Press, 1980).〔示野信一ほか訳『数論入門』、シュプリンガー・フェアラーク東京、2001 年〕。

*24 J. H. Anderhub, *Aus den Papieren eines reisenden Kaufmannes* (Joco-Seria, Wiesbaden, Kalle-Werke, 1941).

*25 W. R. Knorr, *The Evolution of the Euclidean Elements: A Study of the Theory of Incommensurable Magnitudes and Its Significance for Early Greek Geometry* (Springer, 1974).

*26 Theodorus' Irrationality Proofs, 1976, *Mathematics Magazine* 49 (4): 201-3.

*27 直角を表す印は美的理由で省略されている。

*28 本書 347 頁の付録 A を参照のこと。

*29 Salomon Bochner, *The Role of Mathematics in the Rise of Science* (Princeton University Press, 1966).〔村田全訳『科学史における数字』、みすず書房、1970 年〕。

*30 *Number and Magnitude. An Attempt to Explain the Fifth Book of Euclid.*

http://www.archive.org/details/connexionofnumbe00demorich で閲覧可能（2011年10月3日）。

*31 Otto Stolz, 1885, *Vorlesungen über allgemeine arithmetik: nach den neueren ansichten* (Cornell University Library).

*32 Wilbur Knorr, 1983, La Croix des Mathématiciens: The Euclidean Theory of Irrational Lines, *Bulletin of the American Mathematical Society* 9(1).

*33 *The Commentary of Pappus on Book X of Euclid's Elements*, William Thomson による、アラビア語からの英訳（Harvard University Press, 1930）。

第2章　ドイツへの道

数学の絶えざる魅力を生む面の一つは、どんなに棘だらけの逆説でも、美しい理論に開花する道があるところだ。

――フィリップ・J. デイヴィス

　第1章では、古代人が通約不能を扱えるようにしようと苦労したことについて考察した。これから話は今終えたところから続き、時間と場所を早送りで進み、古代インドやアラビアや中世ヨーロッパをくぐり抜け、19世紀のドイツまで進んで行く。

　古代ギリシア人は無理数を取り入れず、できるだけそれを避けて、幾何学を使って何とか処理していた。その文明の後継となったローマ人の文明はと言えば、事態をまったく進展させなかった。ローマ人は何をしたのだろう。1979年の風刺映画（おふざけ映画）、モンティ・パイソン『ライフ・オブ・ブライアン』によれば、反体制的なレッジが同じことを問うて、こんな会話に達している。

> **レッジ**　わかった。でも下水道や医療や教育やワインや公的秩序や灌漑や道路や上水道や公衆衛生以外に、ローマ人は何をしてくれた？
> **列席者**　平和をくれた？
> **レッジ**　そうそう平和……んなわけないだろ！

もちろん、ローマ人はユリウス暦ももたらした。とはいえ、レッジが挙げた中にも、もっと網羅したものの中にも、数学的手順の完全さは

見あたらないし、209ましてや単位と通約不能な量があるなどということは出てこない。ローマ人の合い言葉は実用主義であって、純粋数学者のためにはローマ人は何もしなかった。古代ローマ帝国の全期間（紀元前750年頃から、最後のローマ皇帝が廃位された紀元後476年まで）の間、記録の残るローマ人数学者は一人もいないことを認めるだけで十分だろう。それどころか、モリス・クラインはこんなことを言っていた[*1]。

　……数学史でのローマ人の役割は、破壊の担当者という役だった。

もちろん、これは極端な見方で、純粋数学ばかりに目が向いていて、先の台詞にうかがえるような、哲学から工学にいたる幅広い知の領域を覆うローマ人の巨大な貢献が無視されている。それでも、私たちが求めている無理数に関する前進の話となると、数学方面でのギリシア人の後継者は、もっと遠く離れたところを見て、インド文明やアラビア文明に求めなければならない。

ヒンドゥー人とアラブ人

　ヒンドゥー文明は紀元前数千年前にまでさかのぼるが、数学の思考や扱い方に相当の進歩がもたらされたのは、紀元後200年頃から1200年頃にかけての、この古代民族の「最盛期」のことだ。この地の人々が数学を研究した動機は、ギリシア人のような抽象的な純粋さに対する欲求ではなく、実用的なこと（会計学、天文学、占星術）を処理する必要と、理論的なこと（とくに数の体系）を理解したいという欲求が交じったものだった。ヒンドゥー人の貢献と言えば、初めて0と負の数を取り入れたことだし、十進位取り表記体系を初めて導入したのもヒンドゥー人で、平方根をある程度の確信をもって操作したのもヒンドゥー人が初めてだった。これは無理数に関する哲学的な進歩が

あったことを物語るものではない。ただただ、無理数が数として認められ、有理数と同じ扱い方で操作されたということだ。「通約不能」という幾何学的なものが、「無理数」という算術的なものになった。

当時の一流天文学者・数学者の一人、シュリーパティ（1019-1066）が、天文学と算術について書いた『シッダンタセクハラ』という著書で、この問題をどう取り扱っているかを見てみよう[*2]。

> 加算と減算については、「不尽根数」（surds）[*3]は（何かの数を選んで）、平方数になるように賢く（選んで）掛けるのがよい。根の和あるいは差の平方は、その選んだ乗数で割る。（選んだ数を）掛けても平方数にならない「不尽根数」は、まとめておく（並べて）。

古代ヒンドゥー人にとって、「不尽根数」とは平方根のことではなく、平方数ではない正の整数のことだ。そのような整数 a と b については、シュリーパティの指示は次のような結果になる。

$$\frac{1}{c}(\sqrt{ac} \pm \sqrt{bc})^2 = (\sqrt{a} \pm \sqrt{b})^2$$

ゆえに

$$\sqrt{a} \pm \sqrt{b} = \sqrt{\frac{1}{c}(\sqrt{ac} \pm \sqrt{bc})^2}$$

もちろん、みそは何かの係数を導入して完全平方数を作ることで、これができるのは、a と b の素因数が、べき指数の偶奇がそろって出てくるときだけだ。$a=3$, $b=12$ とすると、$c=12$ が得られて、

$$\sqrt{3} + \sqrt{12} = \sqrt{\frac{1}{12}(\sqrt{36} + \sqrt{144})^2} = \sqrt{\frac{1}{12}(6+12)^2} = \sqrt{\frac{18^2}{12}}$$

$$= \sqrt{27} = 3\sqrt{3}$$

のように求めることができる。現代人の目からするとぎこちないが、

確かに洞察力のある考え方だ。

少し後になると、12 世紀の一流数学者の一人、バースカラ 2 世 (1114-1185) による『ビジャガニタ』の貢献が得られる。

二つの不尽根数の和を大きいほうの「不尽根数」とし、積の平方根の 2 倍を小さいほうの「不尽根数」とする。これらの整数のような数の加算と減算も同様である。

つまり、整数の恒等式 $a + b \pm 2\sqrt{ab} = (\sqrt{a} \pm \sqrt{b})^2$ は

$$\sqrt{a} + \sqrt{b} = \sqrt{a + b + 2\sqrt{a}\sqrt{b}} = \sqrt{a + b + 2\sqrt{ab}}$$

ということで、やはり先の（バースカラの）例を使うと

$$\sqrt{3} + \sqrt{12} = \sqrt{3 + 12 + 2\sqrt{3}\sqrt{12}} = \sqrt{3 + 12 + 2\sqrt{36}}$$
$$= \sqrt{15 + 12} = \sqrt{27} = 3\sqrt{3}$$

ヒンドゥー世界の数学のあちこちに、不尽根数の足し算引き算について、これらと同等の指示が出てくる。

$$\sqrt{a} \pm \sqrt{b} = \sqrt{b\left(\sqrt{\frac{a}{b}} \pm 1\right)^2}$$

$$\sqrt{a} \pm \sqrt{b} = \sqrt{\frac{1}{a}(a \pm \sqrt{ab})^2}$$

$$\sqrt{a} \pm \sqrt{b} = \sqrt{c\left(\sqrt{\frac{a}{c}} \pm \sqrt{\frac{b}{c}}\right)^2}$$

これらに従って、不尽根数の和や差がかかわる式の乗算や除算のための指示がいろいろ挙げられ、バースカラ 2 世は次のことを明らかにする。

$$\frac{\sqrt{9}+\sqrt{450}+\sqrt{75}+\sqrt{54}}{\sqrt{25}+\sqrt{3}} = \sqrt{18}+\sqrt{3}$$

あまりにもややこしくて詳説できない方法による。それでは足りないなら、バースカラ2世は $16+\sqrt{120}+\sqrt{72}+\sqrt{60}+\sqrt{48}+\sqrt{40}+\sqrt{24}$ の平方根が $\sqrt{6}+\sqrt{5}+\sqrt{3}+\sqrt{2}$ であることを示し、不尽根数の多項式がそのような平方根を持つかどうかを判断するのに使える基準についてすべてを尽くした説明を与え、「この方法は以前の著述家によって詳しく説明されていない。私はそれを、わかっていない人々に教えるために行なう」と言う。

ヒンドゥー人は、独自の方法で、非平方数整数の平方根の形をした無理数を操作できた。三角比もあって、十進位取り表記方式を使って、驚くほどの正確さで三角関数の値を計算するための数表をも得ていた。サンガマグランマのマードハヴァ（1350-1425）は、三角関数を表す無限級数を示して解析を樹立し（テイラーやマクローリンより何世紀も前）、それによってπの値を小数点以下11位まで正確に求めた。ヒンドゥー人の数学全体、とくに不尽根数となる無理数の操作に対する貢献は、古代ギリシアの数学と、ヨーロッパ・ルネサンスの数学との橋渡しとなったが、そこにはアラブ人の貢献もあった。

イスラム共同体の建設者にしてそれを統治する第2代カリフ、ウマル・イブン・ハッターブ（580頃-644）は、巨大なイスラム帝国へと拡大する歩みを始めた。このカリフには、アレクサンドリアの大図書館を最終的に破壊し、無数の稿本を次のような短評とともに火にかけたという、執拗だが根拠の乏しい伝承がついてまわる。

この書物にコーランにあることが書かれているのなら読むことはないし、コーランにあるのと逆のことが書かれているなら、読んではならない[*4]。

現代の学界は、この点について重大な疑念を投げかけているが、そのカリフとしての治世の重みに対する疑問はまったくない。イスラム帝国の拡張が続き、8世紀になる頃には北アフリカから南ヨーロッパ、中東、インド西端にまで広がるに至った。インドとの接触により、ヒンドゥー人の位取り表記方式など、多くの数学の成果がもたらされることになり、インドに限らず広い接触によって、ギリシア人の主要な著作が新しい帝都バグダッドにもたらされた。カリフ、マンスールがこの首都を創建したのは762年のことで、その治世は学術一般、とりわけそれまで抑圧されていたペルシア人の学問の時代を告げた。後を継いだカリフ、ハルーン・アッ＝ラシッドは、多くのギリシア時代の数学文献をアラビア語に翻訳する態勢を整え（エウクレイデスの『原論』もその中にあった）、その後を継いだ息子のカリフ、マァムーンは、さらに「知恵の館」を建てた。これは科学アカデメイアのようなもので、200年以上続くことになる。ここにはギリシア語やサンスクリット語による学識に満ちた写本と、それを翻訳できる学者が集められた。何年にもわたり、『原論』の翻訳以外にも、ギリシアやインドの重要な数学書の多くが翻訳された。

　知恵の館で仕事をしていた思想家、翻訳家の一人に、アブ・ジャファル・ムハンマド・イブン・ムーサー・アル＝フワーリズミー（780頃-850頃）、略してアル＝フワーリズミーがいた。この人は思想家としても多大な貢献をしたが、数学でふつうに使われている用語のいくつかもこの人による。たとえば *algorithm*〔アルゴリズム〕や *algebra*〔アルジェブラ＝代数学〕がそうだ。「不尽根数（*surd*）」を数学の語彙に加えるのに影響があった点でもこの人の功績を認めなければならないだろう。次のようないきさつによる。

　プラトンの初期の対話篇、『ヒッピアス（大）』（実際にプラトンが書いたとして）と『国家』を見ると、その段階で通約不能量がギリシア語では $αρρετος$ と書かれ、それがラテン語に訳されて *arrhetos*（あるいは

alogos）となった。これは言葉にできないもの、あるいは表せないものという意味だ。アル=フワーリズミーによるこの言葉のアラビア語訳は *asamm*、つまり「聾」で、それが後にたぶんクレモナのゲラルドによってラテン語に訳されたとき、「聾」あるいは「唖」を意味する *surdus, surde, surd* となった。この言葉の現代での意味〔不合理〕とはまったく共通の土台がないことも言っておくべきだろう。$\sqrt{2}$ は確かに *surd*〔不尽根数〕だが、たとえば $1+\sqrt{2}$ や $\sqrt{\pi}$ はどうか。

　無理数の使用を大きく前進させることになったのは代数の発達だが、それは数のタイプどうしの区別がぼやけてきたということでもあった。整数、有理数、無理数は、特定のタイプの方程式の根として扱えて、方程式を扱えば、数を扱うことになる——その数が何であろうとかまわない。そしてアラブ人はその使い方に熟達していた。ただ、その扱い方は言葉によるもので、今なら代数にはつきものと見られている文字式は使っていない。

　次に無視できない（やはり手強い）名前は、アル=フワーリズミーの学問上の後継者、アブー・カーミル・シュジャー・イブン・アスラム・イブン・ムハンマド・イブン・シュジャー（850頃-930頃）、縮めてアブー・カーミルだ。その生涯については、確かなことはごくわずかしかないが、その業績についてはいくらかわかっていて、きわめて複雑な不尽根数の操作ができるだけの傑出した能力に恵まれていたと判断できる。不尽根数を、それが何かの方程式の根だろうと、実は、方程式の係数だろうと、喜んで数として計算していた。

　アブー・カーミルの業績のうち二つだけを検討することにしよう。どちらも「エジプト式計算人」というあだ名も当然と思えるものだ。

　その著作『五角形と十角形』にある例 XVI は、1 辺の長さが 10 の五角形に外接する円の直径を求めていて、アブー・カーミルは、それを次のような指示によって一般化する[*5]。

1. 明らかに以下のようになる。辺の一つにそれ自身を掛けてから、それを2倍して保持する。
2. それからもう一度、辺の一つにそれ自身を掛けたものを掛ける。
3. それから保持したものにそれ自身を掛ける。
4. それから、平方根を求めたもの（足して）の2/5をとる。
5. それから結果を保持したものに足す。
6. その平方根をとる。
7. 残ったものが円の直径である。

辺が a の五角形については、この指示は現代風の表記でこうなる。

1. $a^2 \to 2a^2$
2. $a^2 \to (a^2)^2$
3. $2a^2 \to (2a^2)^2$
4. $\frac{2}{5}\sqrt{(2a^2)^2 + (a^2)^2}$
5. $2a^2 + \frac{2}{5}\sqrt{(2a^2)^2 + (a^2)^2}$
6. $\sqrt{2a^2 + \frac{2}{5}\sqrt{(2a^2)^2 + (a^2)^2}}$

読者は、文字式の計算を少々行なって、これが一般に言われる結果 $\frac{1}{5}a\sqrt{50 + 10\sqrt{5}}$ となることを示してみてもよい——さらにその結果の証明も。

　もう一つの例は現存する『代数学』という著作からのもので、これは先のアル=フワーリズミーによる第2の著作〔『アル=ジャブル』＝『移項と約分』〕を注解し、増補したものだった。アル=フワーリズミーの40問は69問に増補された。この増補は種類を増やすだけでなく、難しくするものでもあった。ここでは、不尽根数が操作される様式を示すものとして、61番を取り上げてみよう。問題や、ましてや解き方

の解説の、もとの言葉による書き方ははしょったほうが賢明だ。すでに述べたように、アラビア数学は当時、すべて言葉で表されていた。現代流では、次の連立方程式を満たす三つの数を問うている。

$$x + y + z = 10$$
$$xz = y^2$$
$$x^2 + y^2 = z^2$$

アブー・カーミルの方法は、「仮位置(フォールス・ポジション)」という、すでにずっと前から使われていた手法だったが、それをアブー・カーミルは、はるかな高みに引き上げた。原理は最初にあてずっぽうで仮の値をとり、それを修正するというものだ。この問題では、まず $x = 1$ としている。これによって、第2、第3の方程式は $z = y^2$、$1 + y^2 = z^2$ となり、y^2 についての2次方程式 $1 + y^2 = y^4$ ができて、その正の解を、

$$y = \sqrt{\tfrac{1}{2} + \sqrt{1\tfrac{1}{4}}} \quad \text{とし、したがって、} \quad z = \tfrac{1}{2} + \sqrt{1\tfrac{1}{4}}$$

とした。さて、第2と第3の方程式については、三つの数の解が得られれば、その倍数の組も解となることに注目しよう〔もとの方程式が満たされるなら、$kx \cdot kz = (ky)^2$, $(kx)^2 + (ky)^2 = (kz)^2$ も成り立つ〕。つまり、最初の解の任意の倍数

$$k\left(1, \sqrt{\tfrac{1}{2} + \sqrt{1\tfrac{1}{4}}}, \tfrac{1}{2} + \sqrt{1\tfrac{1}{4}}\right)$$

も両者を満たす。これでアブー・カーミルは、

$$k\left(1 + \sqrt{\tfrac{1}{2} + \sqrt{1\tfrac{1}{4}}} + \tfrac{1}{2} + \sqrt{1\tfrac{1}{4}}\right) = 10$$

つまり、

$$k\left(1\tfrac{1}{2} + \sqrt{\tfrac{1}{2} + \sqrt{1\tfrac{1}{4}}} + \sqrt{1\tfrac{1}{4}}\right) = 10$$

と書くことによって、確実に第1の方程式が満たされるような k の

図 2.1

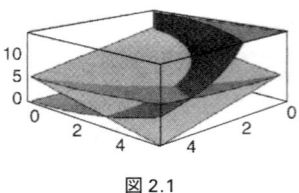

値を求めた。三つの数の組合せ

$$\frac{10}{1\frac{1}{2}+\sqrt{\frac{1}{2}+\sqrt{1\frac{1}{4}}}+\sqrt{1\frac{1}{4}}}\left(1,\sqrt{\frac{1}{2}+\sqrt{1\frac{1}{4}}},\frac{1}{2}+\sqrt{1\frac{1}{4}}\right)$$

が、三つの方程式の解となる。

これを、今ならこんなふうに書かれるような形に単純化する。

$$x = \tfrac{5}{4}\left(4 - 3\sqrt{2(1+\sqrt{5})} + \sqrt{10(1+\sqrt{5})}\right) = 2.57066\ldots$$

$$y = \tfrac{5}{2}\left(1 - \sqrt{5} + \sqrt{2(1+\sqrt{5})}\right) = 3.26993\ldots$$

$$z = \tfrac{5}{4}\left(2(1+\sqrt{5}) + \sqrt{2(1+\sqrt{5})} - \sqrt{10(1+\sqrt{5})}\right) = 4.15941\ldots$$

アブー・カーミルは、図 2.1 にある三つの面の 1 個の交点を求めたことになる。

アブー・カーミルについては、以上のようなわずかに成果を鑑賞するだけで終わりにするが、すぐ後で出てくる、あちこちを旅したピサのフィボナッチの数学的業績の基礎は、(とりわけ) 代数であり、それで代数的な表記と問題の扱い方がヨーロッパにもたらされたのだと考えられる——残念ながら、まだ啓蒙されていない中世だったが。

今度はやはり大学者のアブー・バクル・イブン・ムハンマド・イブン・アル゠フサイン・アル゠カラジー、略してアル゠カラジー (953-

1029頃)に移ろう。工学者にして数学者であり、やはりフィボナッチのよりどころだった。

$$1^3 + 2^3 + 3^3 + \cdots\cdots + 10^3 = (1+2+3+\cdots\cdots+10)^2$$

であることを幾何学的に証明したことは、巧妙さのお手本にもなるが、アル゠カラジーの通約不能の歴史への大きな貢献は、エウクレイデスの幾何学的無理量を、無理数に置き換えることを唱えたことだ。『ヒサーブ[*6]に関する驚異の書』の第6章は、1000年頃にバグダッドで書かれたものだが、そこでアル゠カラジーは、エウクレイデスのメディアル、バイノミアル、アポトメー〔70頁〕について述べ、こう見解を示す[*7]。

　さて私はこれから、これらの項が数に移せることを明らかにし、数がその範囲のせいでヒサーブのためには十分ではないので、これらの項を数に加えることにする。

西洋人の目には複雑に見える何人かの人名を急いで見てきたが、ギャト・アル゠ディン・アブル゠ファト・ウマル・イブン・イブラヒム・アル゠ニシャブリ・アル゠ハイヤミ、つまりウマル・ハイヤーム(1048-1122)にも言及すべきだろう。詩でも数学でも知られ、通約不能な量を苦もなく数と考え、とりわけ『代数の問題の証明に関する論考』という有名な数学書で、哲学的に巨大な飛躍をして、エウドクソスの比例理論の数論版を展開した。本書でもすでに触れて、本章でそこに近づいて行く、19世紀にリヒャルト・デデキントが提示した無理数の厳格な定義に非常に近いものだった。その先見性は、初期の論文で[*8]、ある幾何学の問題を論じ、今ならこんなふうに書かれる3次方程式に導かれたところに見られる。

$$x^3 + 200x = 20x^2 + 2000$$

ウマル・ハイヤームは、この方程式を、補間と三角比の数表を使って数値的に解き、幾何学的には双曲線と円の交点によって解いて、驚くほど洞察力のある見解を述べている。

> これは平面幾何学では解けない。立方があるからである。解くためには円錐曲線が必要となる。

19世紀末の数学についてその特異な部分をとりあげるのは第7章でのこととし、ここでは有名なエドワード・フィッツジェラルド訳による、ウマル・ハイヤームの『ルバイヤート』の四行詩の中でもいちばん有名なものを引いて、この大学者のもとへの束の間の訪問を終えることにしよう。この詩は言うなれば「物書きの嘆き」とでも題をつけられるかもしれない。

> 動く手が文字を書き、書いてしまっても
> さらに動く。あなたの哀れみも機知も
> 半行を取り消すべくそれを導くこともなく
> あなたの涙もその一語も洗い流しはしない

想像力にあふれ、とてつもない影響を残したヒンドゥー人やアラブ人の世界だが、しかたがないとはいえ、不満も残る短い訪問を終え、今度は中世ヨーロッパへと移動し、無理数についてのさらなる話を求めなければならない――当然、ピサのフィボナッチのところだ。

フィボナッチ

アルジェリア北部のベジャイア(いろいろな言い方があるが、イタリア語ではブジア)は、12世紀のイスラム教徒による広大な帝国の一部で、重要な港であり、文化・交易の拠点だった。イタリアの都市国家ピサの商人たちのこの地での利害は、しばらくグイエルモ・ボナッチなる人物が代表していて、その息子レオナルドは、当然そこで教育を受けることになった。それがレオナルド・ボナッチ、あるいはレオナルド・ビゴルロ、あるいはレオナルド・ピサーノ、あるいは現代の目からすればいちばん思い当たりやすい、没後の通称ピサのフィボナッチ(1170-1250) *9 だ。フィボナッチは名詞だが、今ではほとんど形容詞として用いられ、それについてまわる名詞の「数列」を修飾する。これはフィボナッチが立てたウサギの増え方に関する問題の答えに由来する。しかしフィボナッチはそれだけの人物ではなく、4世紀のディオファントスと17世紀のフェルマーのあいだの1300年で最大の数論家と広く見なされている。レオナルド少年はヒンドゥー゠アラビア式の十進数方式について勉強し、後には中東を旅してまわって、さらに数学の知識を身につけた。それは中世のヨーロッパでは知られていないことだった。蓄えた知識をわかりやすく希釈したものが、代数に関する広大な著書で百科事典のような『リベル・アバキ(計算の書)』である。これは1202年に登場し、1228年には第2版が出ている。そこには1, 2, 3, 4, 5, 6, 7, 8, 9とゼフィルム、つまり0(アラビア語のゼフルがラテン語化したもの。このゼフィルムがイタリア語でゼフィロとなり、ヴェネチア方言でゼロとなった)による数の体系の詳細が見られる。今でも使われているローマ式の(ほとんど)非位取り方式の数の体系に代わるこの体系は、算数の実用的な問題に使えて大いに便利であり、そのことを説明する、専門家でなくても読みやすい解説が初めて出回った。同書の第4部は、不尽根数の数値的近似の解説となっており、そ

れによって完全に幾何学から切り離されている。それでもフィボナッチは、セクサジェシマル、つまり六十進法による分数での計算にとらわれていた。フィボナッチによる他の著作、とくに『原論』巻Xに対する注釈が残っていないのは残念なことだ。それが書かれたことも、そこにエウクレイデスの通約不能数の完全な数値的処理が入っていたこともわかっている。いっぽう、『フロス（華）』という別の著作は残っている。1225 年に書かれた、先の本とはうってかわって薄いこの本は、パレルモのヨハネスなる人物によってフィボナッチに出された数学の難問 3 題について述べ、答えを出したものだ。その 1 題がここでの関心の対象となる。フィボナッチの数学者、解説者としての名声は、この頃には確立していて、科学と学問一般の大いなる庇護者、ストゥポル・ムンディ[*10]、神聖ローマ帝国皇帝フリードリヒ 2 世の目にとまったのも不思議ではない。皇帝の宮廷はパレルモにあって、踊り子、ジャグラー、楽師、宦官、異国の動物などでにぎわう[*11]、絵に描いたようなアラビアンナイト風の宮廷だったかもしれないが、芸術、科学両方の大思想家も満ちあふれていて、その一人が哲学者にして翻訳家、パレルモのヨハネスだった。宮廷は、パレルモに本拠はあったものの、あちこちを移動し、1225 年には、大都市ピサに向かっていて、フリードリヒはヨーロッパ第一の数学者に会いたいと思った。フィボナッチの友人で皇帝付き天文学者ドミニクス・ヒスパヌスが紹介したのだった。ヨハネスも友人で、慣例にのっとって、立派な客人に学術的な戦いを挑んだ。それが三つの問題を出すことで、そのうちの第 2 問は、次の方程式の根（実数のみ）を求めることだった。

$$x^3 + 2x^2 + 10x = 20$$

フィボナッチの論証は、すぐにそのような根は整数でも有理数でもないこと、さらに、エウクレイデスの『原論』巻Xに出てくる形のいずれでもありえないことを確認した。つまりそれは新種の無理数、つま

り定規とコンパスでは作図できないもので、ウマル・ハイヤームがこだましている。さらにこんな見解をつけている[*12]。

> この方程式は上記のような他のいずれの方法でも解けないので、この解は近似に帰着させることに努めた。

そうして、根拠は出さず、根は六十進数で近似的に $1;22,07,42,33,04,40$ であることを述べる。十進数で言うと、

$$1;22,07,42,33,04,40 = 1 + \frac{22}{60} + \frac{7}{60^2} + \frac{42}{60^3} + \frac{33}{60^4} + \frac{4}{60^5} + \frac{40}{60^6}$$
$$= 1.36880810785$$

となる。無理数

$$\frac{1}{3}\left(-2 - \frac{13 \times 2^{2/3}}{(176 + 3\sqrt{3930})^{1/3}} + (352 + 6\sqrt{3930})^{1/3}\right)$$

の小数点以下第9位まで正しい有理数近似となっている。文章にはもっと頻繁に無理数が出て来て、その多様性がさらに強まっていることをうかがわせている。258頁では作図できない数について見るが、今は無理数の受容——それにとどまらず、初期の華麗な無理数の使い方——の例に移ろう。

ぴったり重なる年

歴史は、スコラ学者の（ヨハネス・）ドゥンス・スコトゥス[*13]（1266頃-1308）の記憶をいささか雑多に取り上げてきた。繊細な哲学や神学の論証は「精妙博士」の異名をもたらし、文法、論理学、形而上学に関する論考は中世の大学の標準となり、後のカトリック思想に無視できない影響を残すことになる。その教えはルネサンスまで残り、その後、自由思想の人文学者からそしられ、頑固にドゥンスに執着する

人々は、「吠える老いた野良犬」と呼ばれた。このドゥンス派の人々は、ドゥンスメンと呼ばれるようになる。その後 Dunse、さらに dunce となって、頭が鈍いことを意味するようになり、出来の悪い生徒が頭にかぶらされる円錐形の「ドゥンスキャップ」となる。運命のしわざで、今度はローマ法王ヨハネ・パウロ 2 世によって 1992 年に列福され、「福者(ブレスト)」ヨハネス・ドゥンス・スコトゥスと呼ばれる。無理数の話では端役だが、宇宙は周期的に動いているという古典期から続く信仰に対する反論で、(たぶん初めて) 通約不能を用いた。キケロによれば*14、

> 惑星の多様な動きによって、数学者は大年と呼ばれるものを立てた。これは太陽、月、五つの惑星が一巡りして、互いに対する位置が最初に戻って完結する。この周期の長さは熱い論議の的だが、それは必然的に定まった明瞭な時間にならざるをえない。

この大年 (完全な年) は 3 万 6000 年とするのがおおかたの合意で*15、これはプトレマイオスの『アルマゲスト』が春分点が空で移動する進み方を 100 年で角度の 1 度としていることから、それがちょうど一周する 360 × 100 と計算された。待つ時間がどうだろうと、最も極端な信仰では、宇宙、とりわけ地上の生命が、「もとの」状態に戻り、それが何度も繰り返されるとされた。この究極の輪廻は、ある人々 (たとえばストア派や後の信者) にとっては整った都合のよいことだったが、都合が悪い人々もいた (たとえばキリスト教徒)。頭の良いフランシスコ派の神学者スコトゥスの介入は意外ではないが、その介入の内容は斬新だった。

> この見解*16 は、その主張内容の点からも否定できる。ある天体運動は別の運動と通約不能であることが証明できるからだ……すると、

結局、すべての運動は決して同じ状態には戻らないことになる。

スコトゥスは、哲学的な論証の代わりに数学的基準を立てた。天体が周期的であるには、その運動が互いに「通約可能」である必要があり、そうでないことが証明できれば、正確な反復の可能性は成り立たず、したがって大年もないことになる。そして理論的とはいえ、明瞭な例を挙げた。二つの天体が同じ速さで行ったり来たりしていて、一方は正方形の辺、他方は対角線を動いているとしよう（方向の逆転は瞬間的と考えている）。それぞれが同時に同じ角を出発すると、それが同時に戻ってくるには、$n\sqrt{2} = m \times 1$ となるような正の整数 m と n が存在しなければならず、$\sqrt{2}$ が無理数であることから、これはありえない。ただスコトゥスは、この論拠を天体の運動にもっていくには、「大いに議論」が必要となることも認めている。

それは多くの人によって「大いに議論」されたが、中でも重要なのは、イギリスのエドワード3世の聴罪司祭を務め、（短い間）カンタベリー大主教にもなった人物のものだった。チョーサーは『尼寺付きの僧の話』という本の中に、次のようなくだりを書き、この人物を重みのある学者に数えている[*17]。

But I ne kan nat bulte it to the bren
As kan the hooly doctour Augustyn,
Or Boece, or the Bisshop Bradwardyn

この「深遠博士」、トマス・ブラッドワーディン（1290頃-1349）は、有名な科学者でもあり、いろいろな著作の中には、1328年に書かれた『運動の速さの比率に関する論考』があり、ここでブラッドワーディンは、アリストテレスの『自然学』にあるアイデアを取り上げ、それを修正し、拡張した。アリストテレスは、物体に対する力と抵抗

との比は、その力によって達する速さに比例すると信じていて、ブラッドワーディンはその見解に反論して、その比率を平方、立方などすると、「対応する」速さは2倍、3倍などになるという（やはり間違っているが整った）代替説にした。つまり力と抵抗との比は幾何学的に増え、それが速さの算術的な増え方になるというのだ。

文字式で書けば、力 F_1 に抵抗 R_1 がかかり、速度 v_1 を生むとして、比と速さの対応を、$F_1/R_1 \to v_1$ と書くことにする。この比を2乗して、$F_2/R_2 = (F_1/R_1)^2$ にし、ブラッドワーディンに従うと、$F_2/R_2 \to v_2$ が得られ、$v_2 = 2v_1$ なのでこれは $F_2/R_2 = (F_1/R_1)^{v_2/v_1}$ と書ける。

この考え方は、仲間でマートンカレッジにいたオックスフォードの計算師、リチャード・スワインヘッドによって取り上げられ、比の性質が調べられたが（1350年頃スワインヘッドが書いた『計算の書』で）、ここで関心を向けるのは別の学者の考えだ。これまた当時のきら星、ニコル・オレーム（1323-1382）を紹介しよう。学者、翻訳者、哲学者、物理学者、音楽学者、経済学者、心理学者、著述家、国王顧問、数学者、神学者、主教だったニコルは、通約不能の概念に大いに心を奪われていた。また、占星術については、それがもともと天体の正確な位置によっているとして、断固反対していた。

その扱い方はスコトゥスに沿っていて、二つの天体の速さが互いに通約不能なら、等しい時間で移動する距離もそうで、それによって当初の配置に未来のいずれかのときに戻ることは不可能になる。ブラッドワーディンは、（未知の）力と抵抗の比を表す自分の立てた式を使って、速さの比となる指数が無理数になることを期待した。

もちろん、それが厳密に明らかになるようなことが出てくる望みはなく、ニコルはほとんど感動的な信仰の飛躍に訴え、慣れた有限の算術の例をもとに、天体の膨大な複雑さを推論した。その論法が初めて出てくるのは、1350年代の『比の比について』という著作で、そこでは F/R として $\frac{1}{1}$ から $\frac{100}{1}$ までの100個の有理比をとり、有理数乗

で関係がつく対 (つい) の数を数えた。それは数列

$$\frac{2}{1}, \left(\frac{2}{1}\right)^2, \left(\frac{2}{1}\right)^3, \left(\frac{2}{1}\right)^4, \left(\frac{2}{1}\right)^5, \left(\frac{2}{1}\right)^6$$

から始まる。ここで止めるのは、$2^7 > 100$ だからだ。すると、たとえば、

$$\left(\frac{2}{1}\right)^4 = \left(\left(\frac{2}{1}\right)^5\right)^{4/5}、つまり \frac{16}{1} = \left(\frac{32}{1}\right)^{4/5}$$

ということで、もちろん、そうなる組合せは、$\binom{6}{2} = 15$ 通りある。

3についても同様の数列ができ、$3^5 > 100$ なので

$$\frac{3}{1}, \left(\frac{3}{1}\right)^2, \left(\frac{3}{1}\right)^3, \left(\frac{3}{1}\right)^4$$

となり、そうなる組合せは、$\binom{4}{2} = 6$ 通りある。

あと四つの可能性が、次のそれぞれの対、

$$\frac{5}{1}, \left(\frac{5}{1}\right)^2; \frac{6}{1}, \left(\frac{6}{1}\right)^2; \frac{7}{1}, \left(\frac{7}{1}\right)^2; \frac{10}{1}, \left(\frac{10}{1}\right)^2$$

から得られる1通りずつがある。すべて合わせると、$15 + 6 + 4 \times 1 = 25$ 通りがあり、それが有理数 m/n について、式 $a/b = (c/d)^{m/n}$ という式でつながる。ところが、ニコル・オレームは、ありうる組合せは 4950 ($= \binom{100}{2}$) 通りあると論じ、$4950 - 25 = 4925$ 通りについては指数は無理数になり、結果として次の比が得られる。

無理比の対：有理比の対 $= 4925 : 25 = 197 : 1$

そこからニコルは、比の数が大きくなると、有理数による対の割合は減ると推理し、次の論拠で強化される。

数列にどれほど大きな数がとられても、完全平方数あるいは立方数の数は他の数よりもずっと少なく、数列にとられる個数が多くなると、非立方数と立方数、非完全平方数と完全平方数の比は大きくな

る。つまり、いくつかの数があって、それが何かについて、あるいはそれがどれだけ大きいかについての情報があれば、それが大きくても小さくても、まったく未知なら、……そのような未知の数は立方数でも完全平方数でもない可能性が高いということだ〔都合よくたまたま有理数乗になることは考えられないということ〕。

天体の力と抵抗は未知で、もちろんその運動を支配するものはたくさんあるので、どの対の速さの比も無理数になりそうだ。大年は永遠となり、占星術師のほらとなる。同じ典拠から引くと、

> さらに、通約不能はあらゆる種類の連続するものに見ることができ、広い範囲であれ集中的であれ、連続性が想像できるすべての例で見られる。ある量はある量に、角度は角度に、動きは動きに、速さは速さに、時間は時間に、比は比に、程度は程度に、声は声になど、同類の事物いずれについても通約不能だからだ。

この必死の論証も、もちろん大年の考え方を崩すことはできなかったが、私たちはこれを無理数が有理数よりも多いという最初の発言と考えてもよいかもしれない。今度は16世紀へ移り、三角比の値から生じる不尽根数としての無理数を自信満々に扱っている豊富な証拠を見る。

大難問

難問というのは、多項式

$$P(x) = 45x - 3{,}795x^3 + 95{,}634x^5 - 1{,}138{,}500x^7 \\ + 7{,}811{,}375x^9 - 34{,}512{,}075x^{11} + 105{,}306{,}075x^{13}$$

$$-232{,}676{,}280x^{15} + 384{,}942{,}375x^{17} - 488{,}494{,}125x^{19}$$
$$+483{,}841{,}800x^{21} - 378{,}658{,}800x^{23} + 236{,}030{,}652x^{25}$$
$$-117{,}679{,}100x^{27} + 46{,}955{,}700x^{29} - 14{,}945{,}040x^{31}$$
$$+3{,}764{,}565x^{33} - 740{,}259x^{35} + 111{,}150x^{37}$$
$$-12{,}300x^{39} + 945x^{41} - 45x^{41} + x^{45}$$

で、「単に」その根を求めるという問題ではなく、四つの問題になっている。

1. $P(x) = \sqrt{2 + \sqrt{2 + \sqrt{2 + \sqrt{2}}}}$ なら、$x = \sqrt{2 - \sqrt{2 + \sqrt{2 + \sqrt{3}}}}$ であることを示す。

2. $P(x) = \sqrt{2 - \sqrt{2 - \sqrt{2 + \sqrt{2 + \sqrt{2}}}}}$ なら、
$x = \sqrt{2 - \sqrt{2 + \sqrt{2 + \sqrt{2 + \sqrt{3}}}}}$ であることを示す。

3. $P(x)$
$= \sqrt{2 + \sqrt{2}}$
$= \sqrt{3.41421356237309504880168872420969807856696718753755}$

なら、

$$x = \sqrt{2 - \sqrt{2 + \sqrt{\frac{3}{16}} + \sqrt{\frac{15}{16}} + \sqrt{\frac{5}{8} - \sqrt{\frac{5}{64}}}}}$$

$= \sqrt{0.00274093049085225243101588312112683881805}$

であることを示す。

さらに第 4 の部分、

$$P(x) = \sqrt{\frac{7}{4} - \sqrt{\frac{5}{16} - \sqrt{\frac{15}{8} - \sqrt{\frac{45}{64}}}}}$$

のときの x を求めること。

出題者はアドリアーン・ファン・ローメン[*18]（1561-1615）なる人物で、1593 年、『数学思想集』(*Ideae Mathematicae*) という、当時活躍していた重要な数学者の選集を編んでおり、その序文に出てくる。ファン・ローメン自身、ベルギーの相当の数学者で（とくに、幾何学的方法を用いて π を小数点以下 16 桁まで計算している）、当時はベルギーのフランドル地方にあったルーヴァン大学の数学教授だった。「世界中の数学者全員」に向けて出されたこの課題が、あるフランス人によって答えられるとは予想されていなかったらしく、ファン・ローメン自身の名簿には、フランス人の名は一人も見当たらない。そのため、フランソワ・ヴィエタ（1540-1603）の名が抜けることになった。確かにヴィエタは法律家が本職で、数学はアマチュアだったが、能力は相当なもので、1590 年、国王アンリ 4 世のために、スペインのフェリペ 2 世に宛てた暗号の手紙を横取りしたものを解読している。他にもいろいろ重要な数学の成果があるが、1593 年（知られている中ではいちばん早い）の π を無限個の積で表したもの

$$\frac{2}{\pi} = \frac{\sqrt{2}}{2} \cdot \frac{\sqrt{2+\sqrt{2}}}{2} \cdot \frac{\sqrt{2+\sqrt{2+\sqrt{2}}}}{2} \cdots$$

には、複雑な不尽根数式を難なくこなす人物だったことが見てとれる。アンリ 4 世は、ある謁見のとき、オランダ大使から、ファン・ローメンの名簿にフランス人の名がなかったという不愉快な話を聞き、王はかの暗号解読をした人物を召喚した。

ヴィエタは、π の無限個の積による式に到達したのは、幾何学的論

証と、$\cos 2\alpha = 2\cos^2 \alpha - 1$ という三角比の公式とを組み合わせて用いることによっていた——そして、今度の難問でもそれを使うことになり、それによって言われている1個の解だけでなく、ありうる正の解をすべて求めることができた。

現代の表し方を使って、第1の問題の答えを考えてみよう。それをもって、4問全体を代表させることにする——そこで、右辺の

$$\sqrt{2+\sqrt{2+\sqrt{2+\sqrt{2}}}}$$

から始めよう。先の「倍角の公式」は、

$$2\cos\alpha = \sqrt{2+2\cos 2\alpha}$$

と書き換えることができ、そこから以下のように、次々と角度の連鎖が立てられる。

$$\begin{aligned}
2\sin\frac{15\pi}{32} &= 2\sin\left(\frac{\pi}{2}-\frac{\pi}{32}\right) \\
&= 2\cos\frac{\pi}{32} = \sqrt{2+2\cos\frac{\pi}{16}} \\
&= \sqrt{2+\sqrt{2+2\cos\frac{\pi}{8}}} \\
&= \sqrt{2+\sqrt{2+\sqrt{2+2\cos\frac{\pi}{4}}}} \\
&= \sqrt{2+\sqrt{2+\sqrt{2+\sqrt{2}}}}
\end{aligned}$$

等式の右辺を三角関数を使って特定すると、今度は左辺についても同じことをするというもっと大きな課題についても、ヴィエタに倣って行なうことができる。最初はこれも基本的な三倍角の公式、$\sin 3\alpha = 3\sin\alpha - 4\sin^3\alpha$ を使う。

第2章　ドイツへの道

そこから次の結論が導かれる。
- $\alpha = 15\theta$, $\sin 45\theta = 3\sin 15\theta - 4\sin^3 15\theta$
- $\alpha = 5\theta$, $\sin 15\theta = 3\sin 5\theta - 4\sin^3 5\theta$

もう一つ使う三角比の公式は、

$$\sin^5\theta = \frac{5}{8}\sin\theta - \frac{5}{16}\sin 3\theta + \frac{1}{16}\sin 5\theta$$

で、これを上の式と組み合わせると、

$$\begin{aligned}\sin 5\theta &= 16\sin^5\theta - 10\sin\theta + 5\sin 3\theta \\ &= 16\sin^5\theta - 10\sin\theta + 5(3\sin\theta - 4\sin^3\theta)\end{aligned}$$

となり、したがって、

$$\sin 5\theta = 16\sin^5\theta - 20\sin^3\theta + 5\sin\theta$$

となる。ゆえに、

$$\begin{aligned}\sin 15\theta &= 3\sin 5\theta - 4\sin^3 5\theta \\ &= 3[16\sin^5\theta - 20\sin^3\theta + 5\sin\theta] \\ &\quad - 4[16\sin^5\theta - 20\sin^3\theta + 5\sin\theta]^3\end{aligned}$$

となり、そこから

$$\begin{aligned}\sin 45\theta &= 3\sin 15\theta - 4\sin^3 15\theta \\ &= 3\{3[16\sin^5\theta - 20\sin^3\theta + 5\sin\theta] \\ &\quad - 4[16\sin^5\theta - 20\sin^3\theta + 5\sin\theta]^3\} \\ &\quad - 4\{3[16\sin^5\theta - 20\sin^3\theta + 5\sin\theta] \\ &\quad - 4[16\sin^5\theta - 20\sin^3\theta + 5\sin\theta]^3\}^3\end{aligned}$$

が得られる。これはごちゃごちゃしているが、$\sin\theta$ の関数として、$5 \times 3 \times 3 = 45$ 次となっている。

式を $x = 2\sin\theta$ と置き換えて簡単にすれば（コンピュータにさせれば）、

その結果がちょうど $\frac{1}{2}P(x)$ であることがわかる。つまり、

$$x = 2\sin\theta \text{ として、} P(x) = 2\sin 45\theta$$

が得られる。すると仕上げは、もとの代数方程式を解くには、次の三角方程式

$$2\sin 45\theta = 2\sin\left(\frac{15\pi}{32}\right)$$

を解くことで、すると

$$45\theta = \frac{15\pi}{32} + 2k\pi$$

が得られ、したがって

$$\theta = \frac{15\pi}{32 \times 45} + \frac{2k\pi}{45} = \frac{\pi}{3 \times 2^5} + \frac{2k\pi}{45}, \quad k = 0 \pm 1, \pm 2, \ldots$$

となり、x の値に戻れば、

$$x = 2\sin\left(\frac{\pi}{3 \times 2^5} + \frac{2k\pi}{45}\right), \quad k = 0 \pm 1, \pm 2, \ldots$$

となる。この値は近似的に

{0.0654382, 0.342998, 0.613883, 0.872818, 1.11477, 1.33502,
1.52928, 1.69378, 1.82531, 1.92132, 1.97992, 1.99999,
1.98114, 1.92372, 1.82886, 1.6984, 1.53489, 1.3415,
1.122, 0.880662, 0.622182, 0.351593, 0.0741595,
−0.204717, −0.479609, −0.745166, −0.996219,
−1.22788, −1.43565, −1.61547, −1.76384,
−1.87789, −1.95538, −1.99482, −1.99543,
−1.9572, −1.88087, −1.76794, −1.62059, −1.44171,
−1.23476, −1.00378, −0.753257, −0.488076, −0.213396}

と求められる。ヴィエタはすぐに最初の二つの解を見つけ、23個は翌日見つけたが、残りの22個はその手を逃れた。負の数を扱うのは、無理数を扱うのとはまた別の話だったのだ。

関心のある読者は、ヴィエタのたどった筋道を、先の課題の他の三つの部分についてもたどってみたいと思われるかもしれない。右辺はそれぞれ

$$2\sin\left(\frac{15\pi}{64}\right), \quad 2\sin\left(\frac{3\pi}{8}\right), \quad 2\sin\left(\frac{\pi}{15}\right)$$

となることが確かめられる。また、本人による説明も参照したいと思われるかもしれない。これは1595年に発表された『問題について——アドリアヌス・ロマヌスにより出題された円について構成された数学問題集〔Ad Problema. Quod omnibus Math ematicis totius orbis construendum proposuit Adrianus Romanus〕』にあって、容易に入手できる。

この三角比による不尽根数操作の見事な処理能力から離れる前に、この問題を、次のような自明とは片づけられない観察と結びつけておこう。

$$P(x) = \sum_{i=0}^{22=\lfloor\frac{45}{2}\rfloor} (-1)^i \frac{45}{45-i} \binom{45-i}{i} x^{45-2i}$$

これは次のように一般化できる。

$$P_n(x) = \sum_{i=0}^{\lfloor n/2 \rfloor} (-1)^i \frac{n}{n-i} \binom{n-i}{i} x^{n-2i}$$

奇数 n について、$P_n(2\sin\theta) = 2\sin(n\theta)$ が得られる。$\sin\theta$ は周期的なので、$\sin(n\theta) = \alpha$ には、n 個の解があり、$x = 2\sin\theta$ という置き換えで、解の個数の対応がつく。図2.2は、$P_9(x)$ と $P_{45}(x)$ の様子を示している。

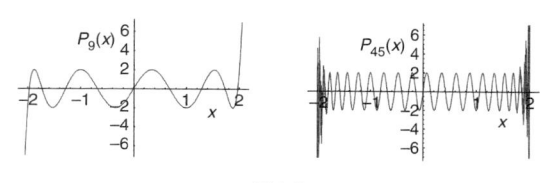

図2.2

無限大の雲

イタリアのフランシスコ派修道士ルカ・パチョーリの『神聖比例論』という著作には、黄金比の研究がある。この本は有名だが、フィボナッチの『計算の書』に依拠していて、既知の事実を集めたものにすぎず、無理数の理解に新たに加えられたものは何もない。次のような抜き書きから、それが本書の話にとってもつ限られた意味について、いくらかわかるだろう。

>……神をきちんと定義することはできないように、また言葉を通じて理解することはできないように、この比は理解できる数を通じて指定することは決してできず、いかなる有理数を通じても表すことができず、どこまでも隠され秘密のままで、数学者からは無理数と呼ばれている。

もっとよくわかるものは、16世紀のドイツの代数学者で、アウグスティヌス派の修道士、ミヒャエル・シュティーフェル（1487-1567）による、混乱しているとも言える見方だ。1544年の著書『算術全書』の中では、こう述べられている。

>無理数は真の数か偽の数かと論じるのは正当なことだ。幾何学図形

を調べるときは、有理数だけではすまず、無理数がしかるべく収まり、有理数では証明できないことを証明する……我々は立場を変え、それは真に数であると認めざるをえないし、それを使って出てくる結果によって、それが存在することも認めざるをえない——我々が、現実の、確実で、不変のものと見る結果だ。他方、別の検討をすれば、無理数がそもそも数であることを否定せざるをえなくなる。すなわち、それを数に従わせようとすると、永遠に逃れるのがわかるし、そのうちの一つとしてそれを正確に把握することはできない。……そのような正確さに欠ける性質をもったものを真の数とは呼べない。……無限大が数とは呼べないのと同じように、無理数も真の数ではなく、無限大の雲のようなものに隠れている。

πについては、

したがって、数学的な円は、無限本の辺がある多角形として正当に表せる。そうすると、この数学的な円の周は、有理数でも無理数[*19]でも、いかなる数も与えられない。

それでも、このきわめて影響力のあった著作が傑出している理由はいろいろあって、現代風の+、−、√などの代数記号の使用など、代数的方法が使われている程度というのも大きな理由の一つだ。さらに、そこには指数の展開と、シュティーフェル流の対数も見られる。さらにまた、『原論』巻Xの無理数を取り入れ、無理数を小数で表すことを考えている。しかしこの人物については、算術に支えられた神秘主義の話で終えよう。シュティーフェルは友人のマルティン・ルターを熱心に支持していて、独自の数秘術を用いて、ローマ法王レオ10世の名が、「獣の数」つまり、『ヨハネの黙示録』に出てくる666を含んでいることを証明した。その方法は、法王の名を都合のよい形で書

き、そこからローマ数字を抽出し、それに都合よく操作して、次のようにすることだった。

$$\text{Leo X} \to \text{LEO DECIMVS} \to \text{LeoDeCIMVs}$$
$$\to \text{LDCIMV} \to \text{MDCLVI} \to 1656$$

そしてそこから謎（*Mysterium*）の頭文字Mを取り去り、Leo XのXを足すと、656+10＝666となる[*20]。こうなると、それこそ無理だ。その数秘術的方法[*21]に従えば、世界は1533年10月19日午前8時に終わることになると予測できたのも、たぶん意外なことではない（それがはずれてシュティーフェルは厳重な監獄に監禁されることになる）。その後シュティーフェルがこれを用いた記録はない。

けれども最後に、オランダの数学者、技術者、会計士、シモン・ステヴィン（1548-1620）による、影響を残した洞察を取り上げるべきだろう。1585年にオランダ語で書かれた『デ・ティーンデ』という本によって、十進数による小数の方式（アラブ人、ヒンドゥー人、中国人の）をヨーロッパに紹介したのはこの人だ。本はすぐにフランス語（『ラ・ディスム』）と英語（『ディズム、10分の1の技法、すなわち十進算術』）に翻訳されて、この考え方は、ヨーロッパの大半に伝わり、小数の位取り方式は数学の中心に収まった。これは制約もあったが（有限の小数しか認められていなかった）、あまねくとは言わなくとも相当程度に、とくに、ジョン・ネイピアが対数表を作るときに取り入れられた。この年はステヴィンには明らかに忙しい年で、（わけても）『算術』という本（フランス語）も出した。これはゆるくつながりのあった薄い本をひとまとめにした著作集で、すべて整数、分数、無理数の算術についての必須の考え方を中心にしていたし、多項式による代数や方程式の理論についてもある程度のことを取り上げていた。ステヴィンにとっては、1は数のうちだったが、0は認められなかった。ただ負の数は許容され

ていたが（相当の疑念とともに）、複素数はまったく受け入れられなかった。さらに、エウクレイデス的な数の考え方は狭すぎで、数は連続的な概念だという説を唱えた。

> ……連続する水が連続する湿気に対応するように、連続する量は連続する数に対応する

あるいはそれほど散文的ではなく、

> 不条理な数も無理数も不規則な数も説明不能の数も不尽根数もない……たしかに $\sqrt{8}$ は算術的な数とは通約不能だが、だからと言ってそれが不条理ということではない……$\sqrt{8}$ と算術的数が通約不能だとしても、それは $\sqrt{8}$ のせいだけでなく、算術的数のせいでもある（し両方の欠点でもない）。

では前に進もう。それに前進は数学が発達するにつれて急を要するようにもなっていた。そこでとくに重要な面について取り上げよう。

孔だらけの面

　フランス人のピエール・ド・フェルマー（1601-1665）とルネ・デカルト（1596-1650）は、生まれた国以外にはほとんど共通点がなかった。フェルマーは遠慮がちな法律家で、アマチュア数学者だったのに対し、デカルトは哲学者で自己中心的な懐疑主義者だった。フェルマーのほうは、その名のついた「最終定理」で広く記憶され、デカルトは「コギト・エルゴ・スム*22」という命題で知られる。同じ時代に生きたが、時期が同じというだけで、会ったことはなく、それぞれが独自に解析幾何学*23 を考えた。二人による手法は、それぞれの人生と同じ

く対照的で、フェルマーは x と y で方程式を書いて、それからそれに対応する曲線を調べるのに対し、デカルトは既知の曲線を選んで、その x, y による方程式を求めた。それでも、二人の著作（翻訳された）を読めば、直交する座標軸の対という考え方が明瞭に形成されていたわけではなく、今でも使われることがある、斜めに交わる方向二つについて行なわれ、やり方も少々斜に構えていたことがわかる。ジョージ・F. シモンズの見解が有益だ[*24]。

　表面的にはデカルトの文章は解析幾何学らしく見えるが、実際はそうではない。フェルマーのほうは解析幾何学らしく見えないが、実はそうだ。

とはいえ、歴史学的な比較は気にすることはない。解析幾何学の出現とともに、対応する幾何学の問題と同等の方程式を解く必要が生じ、そこにはしょっちゅう無理根が出てきた。新しい問題ではなかったが、今や実際的な勢いが大きくなっていた。たとえば、平面上の2点間の距離を求めるという基本的な問題を考えよう。2次無理数〔2次方程式の解となる無理数〕はやたらとあるので、点の座標は有理数でも、両者間の距離 $\sqrt{(x_1 - x_2)^2 + (y_1 - y_2)^2}$ は、たいてい無理数になる。

　そこで、戦術として、無理数は避け、有理点[*25]と有理数の距離だけを考えることにしてみよう。さて、そのような点が三つできて、辺の長さが有理数の三角形ができたとすると、一般的な表し方をした余弦定理

$$\cos A = \frac{b^2 + c^2 - a^2}{2bc}$$

の $\cos A$ は有理数となる。ところが第4章で見るように、A が有理数で単位を度とすると、$\cos A$ の有理数の値は 0 か ±1/2 か ±1 しかない。A として受け入れられる値は 60° か 90° かしかなく、三つの角

図 2.3

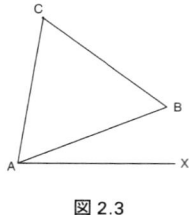

すべてについて同じことが言えるので、A = 60°しか残らず、三角形は正三角形となる。要するに、有理数の辺だけの三角形としてありうるのは、正三角形だけということだ。ところが、三角形の頂点は有理点なので、図 2.3 で辺 AB と辺 AC の傾きが、それぞれ有理数 m_1, m_2 になり、基本的な三角比の公式を使うと

$$\tan \angle \text{CAB} = \tan(\angle \text{CAX} - \angle \text{BAX})$$
$$= \frac{\tan \angle \text{CAX} - \tan \angle \text{BAX}}{1 + \tan \angle \text{CAX} \tan \angle \text{BAX}} = \frac{m_2 - m_1}{1 + m_1 m_2}$$

となる。つまり、tan ∠ CAB が有理数で、これまた第 4 章で見るように、∠ CAB = 45°となる。

逃れようもなく論理と算術の渦に呑み込まれてしまう。三角形は存在しえないのだ。

今度は単位円 $x^2 + y^2 = 1$ を見てみよう。よくある代数的媒介変数表示

$$x = \frac{1 - t^2}{1 + t^2}, \qquad y = \frac{2t}{1 + t^2}$$

を使うと、そこには〔−1 から ＋1 までの間にある〕無限個の有理点があることがわかる。媒介変数 t は有理数全体で変化でき、そこからは有理数が得られるということだ。ところが、円周上には少なくともいっぽうの座標が無理数という点も無限個ある。これは何か問題になるだ

ろうか。$x^2 + y^2 = 1$ と直線 $y = x$ との交点を求めようとすれば、無理数が避けられないことはすぐにわかる。

では円 $x^2 + y^2 = 5$ ならどうだろう。やはり少なくとも一方の座標が無理数になる点は無限個あるが、これまたやはり有理点も無限個あることがわかる。有理点は、媒介変数表示[*26]

$$x = \frac{t^2 - 4t - 1}{t^2 + 1}, \qquad y = -2\frac{t^2 + t - 1}{t^2 + 1}$$

によって、t を有理数とすれば得られることが確かめられる。

では、$x^2 + y^2 = 3$ ならどうか。単に半径の変化を媒介変数表示の変化にすればよいだけだろうか。そういうことにはならない。この円は、無理数がなかったら、デカルト平面にはまったく姿を見せないことになる。そこには有理点は一つもない。有理式による媒介変数表示もない。それを証明することもできる。

円上に有理点 $(p/q, r/s)$ があるとすると、$p^2/q^2 + r^2/s^2 = 3$ で、$p^2 s^2 + q^2 r^2 = 3q^2 s^2$ となり、$(ps)^2 + (qr)^2 = 3(qs)^2$ となって、$a^2 + b^2 = 3c^2$ を満たす正の整数が存在することになる。二つの偶数の和と二つの奇数の和は偶数なので、a^2 と b^2 のいっぽうは偶数で、もう一つは奇数でなければならない〔右辺が偶数の場合は左辺は偶数＋偶数とならざるをえず、2(実質は4) で約せるので、いずれ右辺が奇数の組み合わせに帰着する〕。そこで、$a^2 = 2m$, $b^2 = 2n+1$ と書くと、$a^2 + b^2 = 4(m^2 + n^2 + n) + 1 = 4N + 1 = 3c^2$ となる。c を四つの可能性、$c = 4M, 4M+1, 4M+2, 4M+3$ のいずれかとすると、c^2 はそれぞれ $4N, 4N+1, 4N, 4N+1$ となるので、$3c^2$ は $4N, 4N+3, 4N, 4N+3$ のいずれかになり、先に求めた $4N+1$ の場合がないので矛盾する。フェルマーの二平方定理によると、

　　正の整数 n が二つの平方の和で書けるのは、その数の $4k+3$ の形
　　の素因数が偶数乗になっている場合で、その場合に限られる。

というわけで、問題の円が他にもたくさん存在することが保証される。そしてもちろん、円は、有理点による孔だらけの平面で考えると生じざるをえない問題の、特殊な場合にすぎない。3次曲線 $x^3 + y^3 = 1$ や $x^3 + y^3 = 3$ が消えてしまうのも確実だ。二つの立方数の和として書ける整数の特徴も、幾何学的な対応がつけられるからだ。どこまでも続けて、部分的にでも完全にでも消えてしまう曲線の例をいろいろ出すこともできるが、もう一つだけにしよう。e^x は、1個の有理点 (0, 1) になってしまう。

要するに、無理数についてはほとんど理解されていなくても、デカルト座標と、それによる幾何学の代数化によって、無理数は少なくとも暗黙に、またしばしば明示的に、なしではすまないことになった。それがなかったら、デカルト平面での生活は維持できない。そして、微分や積分がまもなく揺籃期から青年期に達することになる。今度はその揺籃期の部分に目を向けよう。

デカルトによる解析幾何学の手法は、1637年、一般に『方法序説』と呼ばれる有名な本が出版されたときに登場した。その原題が意図を明らかにしている[*27]。厳密に言えば、解析幾何学は、「方法」を応用した成果を明らかにする本論に対する三つの付録の第3、『幾何学』に出てくる。実は『幾何学』がまた3「巻」に分かれ、その第2巻は微積分の先駆けとなっている。そこにはデカルトのいう「法線の方法」というのがあり、これは曲線上の与えられた点での傾きを求める手法だからだ。曲線は、今ならパラメータ方程式と呼ばれるもの二つによる軌跡だが、どんな組合せでもよいわけではない。

……らせん、クォドラティクス、それに類する曲線……

は、「力学的」曲線だからといって無視されていた。「幾何曲線」とは違い、幾何学の世界には属さず、物理的世界——まったく別もの——

図 2.4

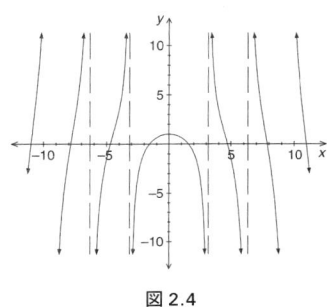

に属しているということだ。たぶん、そうやってクォドラティクスを追放するのは、きわめて公平を欠くだろう。(プロクロスによれば)エリスのヒッピアス(紀元前460頃)が、角の三等分や円積問題という昔からの幾何学の問題(これについては第7章でも触れる)を研究するときに、この曲線を用いているからだ。直線と円から生じない曲線として最初に特定されたものかもしれず、両者に次いで名を与えられた最初のものかもしれない。この曲線は図2.4に掲げておいた。

残念ながら、デカルトによる力学的曲線と幾何学的曲線との区別は少々曖昧で、デカルト自身は力学的曲線を定義する基準を

> ……関係が厳密に決められない二つの別々の運動によって記述されると考えざるをえないから

としている。クォドラティクスのデカルト方程式は、$y = x \cot x$ と書ける。いちばん簡単な媒介変数表示は、$x = t \cot t, y = t$ で、三角関数に依拠せざるをえず、そのため超越関数、つまり代数的方法を超越する関数の例と呼ばれることになる。デカルトは自分の目的のためには代数的方法を必要としていた。もちろん、単位円 $x^2 + y^2 = 1$ には、よくやる三角関数による媒介変数表示 $x = \cos t, y = \sin t$ があ

図 2.5

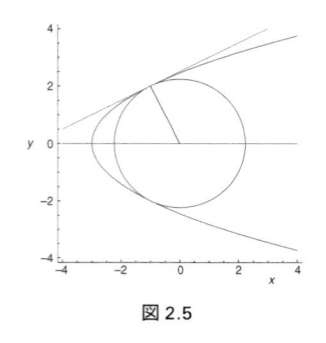

るが、別に代数的な形もあることはすでに見たとおりだ。どうしても非代数的関数に依存せざるをえないかどうかが、2種類の曲線を分ける違いとなる。

ある点での曲線の傾きを求めるための原理は、最初は魅力的に見える。円を（その中心は x 軸上にあると想定される）曲線に合わせて、その曲線に指定された点で接するようにする。円の中心からその点まで伸びる直線（法線）の傾きを計算するのは易しく、したがって、図 2.5 に示すように、それに直交する直線（その点での円の接線であり、曲線の接線）の傾きも求められる。たとえば、デカルトの方法を用いて、媒介変数表示で $x = \frac{1}{2}t^2 - 3, y = t$ と書ける放物線の、点 $(-1, 2)$ での接線の傾きを求めてみよう。

そのデカルト座標での式は、明らかに $y^2 = 2x + 6$ で、題意にかなう円の中心と半径を求めなければならず、そこで、その円の方程式 $(x - a)^2 + y^2 = r^2$ から始めよう。結局、図 2.5 を参照すると、円の半径は $(a, 0)$ と $(-1, 2)$ の間の距離でなければならないことがわかり、これはつまり

$$(x - a)^2 + y^2 = (a+1)^2 + 2^2$$

が得られるということだ。交点で y を代入して

$$(x-a)^2 + 2x + 6 = (a+1)^2 + 2^2$$

が得られ、これを簡単にすると、2次方程式

$$x^2 + (2-2a)x + (1-2a) = 0$$

になり、題意から、重解を持たなければならないので、

$$(2-2a)^2 = 4(1-2a)$$

となり、唯一ありうる値として $a = 0$ が得られる。すると求められる円は、先に見た $x^2 + y^2 = 5$ となる。法線の傾きは $\frac{2}{-1} = -2$ で、当該の点での放物線の接線の傾きは、$\frac{-1}{-2} = \frac{1}{2}$ となる。

　もちろんこの方式は使える。少なくとも理論的にはそうだし、何と言っても、与えられた曲線の曲率を求めるときの原題の方式にも近いが、実践的には限界がある——フェルマーが唱えた代替案よりもずっと限界があった。この例は問題にうまく合うように注意して選ばれていて、デカルトによって出されたものもそうだった。すべて特定の場合に行なわれる計算はすぐにややこしくなる（もちろん無理数がかかわる）、あるいは当時の言い方で事態を表せば、

　脱出がきわめて難しい迷路

になるという不都合な事実は隠していた。フェルマーのほうの方法は、とても厳密で明瞭に説明されているとは言えないが、今なら微積分の初歩でおなじみの文字式に帰着できる。h を「小さい」数として、

$$f'(a) \approx \frac{f(a+h) - f(a)}{h}$$

今ではこの方法の値打ちは明瞭に知られている。デカルトはそれを知らず、フェルマーがその代案を無邪気に発表したことで、ただちにど

ちらが先に発見したかと人格の高潔さに関する不幸な公開論争が始まって、デカルトの相当のエゴが傷ついた。デカルトは、ジェラール・デザルグという、その業績がとくに明晰だったということでは知られていない人物に論争の判定をするよう求めたが、そのとき、デザルグがこんな見解を示したという話がおもしろい。

　デカルト氏は正しいしフェルマー氏は間違っていない。

このきれいな外交的判定は、怒ったデカルトを納得させることはできなかったが、数学では有名な代数曲線の一つ、デカルトの正葉線と呼ばれるものをもたらすことになった。媒介変数表示をすれば

$$x = \frac{3at}{1+t^3}, \quad y = \frac{3at^2}{1+t^3}$$

となり、デカルト座標では、任意の定数 a について

$$x^3 + y^3 = 3axy$$

と書ける曲線だ。典型的なデカルト座標での外観は図 2.6 に示してある。デカルトはフェルマーに、任意の点での傾きを求めるという、自分ではできなかった問題を出した。フェルマーはほぼ即答して、デカルトは最終的にしぶしぶながらフェルマーの方法を認めることになった。受け入れられたとはいえ、それとともに極限という問題も出てきた。それは古代からずっと煮えたぎっていて、注目を求めていたものだった——そして極限をとる手順は連続性を必要とし、連続性は無理数の存在を必要とする。微分が確固たる土台の上に立てられるには、実直線や実平面を細かく見なければならないが、それは 2 世紀あるいはそれ以上の間、得られない。

図 2.6

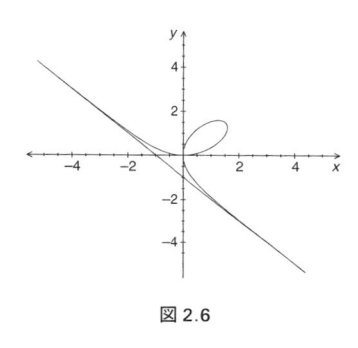

移ろうものを捕らえる

　オックスフォード大学のサリヴァン記念幾何学講座教授をいちばん長く務めたのは、今までのところ、ジョン・ウォリス（1616-1703）で、1649年から亡くなるまでの54年にわたった。今、デカルトとデザルグの争いについて触れたところだが、ニュートン以前に生まれ、ニュートンに影響を与えた中でいちばん有力なイギリスの数学者ウォリスについては、これまたある争いのことばかりが知られている。哲学者トマス・ホッブズとの20年にわたる論争だ（「円積問題」に関する様々な見方をめぐってのもの）。それでもここでは、微積分学のもう半分、「求積」、今なら積分と呼ばれるものに対する迫り方に絞ろう。まだ続いている無理数の危うい理解に関係する問題のさらに重要なエピソードとなる。ホッブズは「貴殿の『無限算術』というふざけた本」と見たが、ウォリスでいちばん重要な数学的思考を明らかにしてくれるのは、1656年に出されたこの本だ。

　17世紀になると、求積、つまり平面図形の面積や立体図形の体積を求める問題には、2種類の扱い方があった。古代（とくにエウドクソス、アルキメデス、パップス）から受け継がれた取り尽くし法と、やはり古代の人々が研究したものの、ゼノンのパラドックスに説明がつかな

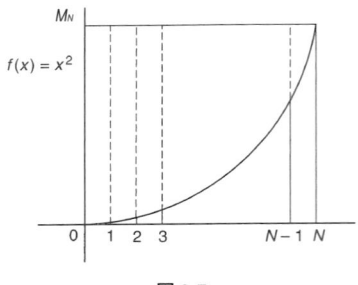

図2.7

いことを受けてほぼ放棄された無限小を用いるものだ。ケプラーは1615年の『立体（ステレオメトリア）』という本で、無限小の使用を復活させ、それにカヴァリエリ、ロベルヴァル、パスカル、フェルマー、トリチェリが続き、その間に、今なら正の整数 p について

$$\int_0^1 x^p \, dx = \frac{1}{p+1}$$

と書くものが確立された。ウォリスは『無限算術』[*28]で、カヴァリエリ原理[*29]の変種を採用した。2次元では、現代的な言い方をすると次のように表せるものだ。

正の値をとる連続関数 $f(x)$ が、正の実数軸上で定義され、区間 $[0, N]$ で最大値 M_N をとるなら、

$$\int_0^1 f(x) \, dx = \lim_{N \to \infty} \frac{\sum_{r=0}^{N} f(r)}{\sum_{r=0}^{N} M_N} = \lim_{N \to \infty} \frac{\sum_{r=0}^{N} f(r)}{M_N(N+1)}$$

言葉で表すと、縦に切った帯の x 軸から曲線までの長さを足しあわせ、それを、同じ順番の全体を囲む長方形の面積による近似で割る。図2.7に示したような、$f(x) = x^2$ とした単純な例を見ることもできる。

図 2.8

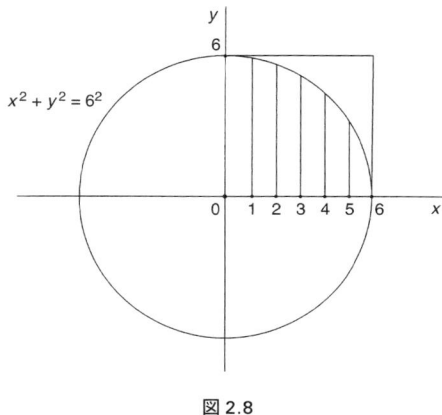

$$\int_0^1 x^2 \, dx = \lim_{N \to \infty} \frac{\sum_{r=0}^{N} r^2}{N^2(N+1)} = \lim_{N \to \infty} \frac{\frac{1}{6}N(N+1)(2N+1)}{N^2(N+1)}$$

$$= \lim_{N \to \infty} \frac{1}{6}\left(\frac{2N+1}{N}\right) = \frac{1}{3}$$

とくに個別的なことを言えば、昔から考えられていた大問題が円の求積で、それが解ければπと呼ばれる数の性質がはっきりすることになる。無理数はまだ不尽根数と同義語で、πが無理数かどうか、もしそうなら、不尽根数としてどう表せるか(表せるとして)を確かめるのは、相当の重大問題だった。図 2.8 を参照すると、四分円の面積とその半径の平方との比は計算できる($\pi/4$)。円の方程式を$x^2 + y^2 = R^2$として、$R = 6$という特殊な例を考え、円を$x^2 + y^2 = 6^2$とし、また$N = 6$として式を計算すると、

$$\frac{\sqrt{36-0^2} + \sqrt{36-1^2} + \sqrt{36-2^2} + \sqrt{36-3^2} + \sqrt{36-4^2} + \sqrt{36-5^2} + \sqrt{36-6^2}}{6+6+6+6+6+6+6}$$

第 2 章　ドイツへの道

となり、簡単にすると、
$$\frac{6+\sqrt{35}+4\sqrt{2}+3\sqrt{3}+2\sqrt{5}+\sqrt{11}+0}{42}$$
となる。$R = N = 10$ で計算してまとめると、得られる式は
$$\frac{19+\sqrt{19}+\sqrt{51}+5\sqrt{3}+2\sqrt{21}+\sqrt{911}+4\sqrt{6}+3\sqrt{11}}{105}$$
で、この式はさらに複雑になっていて、不尽根数には、とくにそれとわかるパターンもなく、それを簡単にまとめる見やすい方法はない。その極限は文字どおりはるかかなたにあるように見え、ウォリスはこんな見解を述べている。

> そこで半径あるいは直径の部分を多くとればとるほど、同じ回数とったなかで最大に対するすべてのサインの比[*30]は、ずっと表しにくくなるようだ。したがって、半径あるいは直径を無限に多数の部分でとれば（ここでの目的にとってはしなければならないらしい）、すべてのサインの、同じ回数とられた半径への比、つまり外接する正方形あるいは平行四辺形に対する四分円あるいは半円の比は、まったく表せなくなるらしい。少なくとも、この種の表し方が十分と認められないかぎり。

π の正体は相変わらず謎で、正体を現そうとしないところが、気むずかしいところで知られたこの人物による感動的な一節を生んだ。

> このようにこれを注意深く秤量すると、言わば、上で求めたようなものの探究を放棄しそうなことになった。希望をくれたのはこのことだ。つまり、同じく難しいとしても、算術的な比率のある数の平方根、立方項、4乗根などでは、事態はさほどひどくないということだ。

図2.9

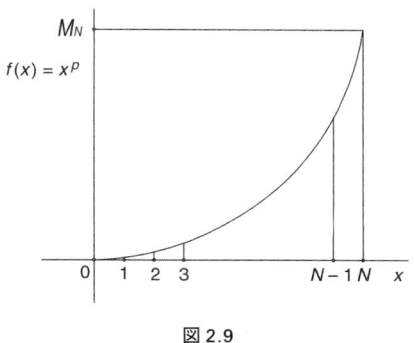

ウォリスが手順を求めてもっと単純な関数に後退したことで、明瞭な成果がもたらされたが、混乱は小さくない。

ここでは、正の整数 p について $\int_0^1 x^p \, dx = 1/(p+1)$ がすでに知られていたことに触れたが、ウォリスは $f(x) = x^p$ と、自分のいう「帰納」を使って、

$$\frac{0^p + 1^p + 2^p + \cdots + N^p}{N^p + N^p + N^p + \cdots + N^p} \xrightarrow[N \to \infty]{} \frac{1}{p+1} = \int_0^1 x^p \, dx$$

として満足した(図2.9参照)。そしてこれを「補間」と呼ぶものを使って拡張し、このことは指数が正の有理数でも成り立ち、$f(x) = x^{p/q}$ としても、結果は

$$\frac{0^{p/q} + 1^{p/q} + 2^{p/q} + \cdots + N^{p/q}}{N^{p/q} + N^{p/q} + N^{p/q} + \cdots + N^{p/q}} \xrightarrow[N \to \infty]{} \frac{1}{p/q+1} = \int_0^1 x^{p/q} \, dx$$

となることを論じた。拡張はさらに続く。今なら「盲目的楽観論」と呼ぶようなものを使って、p は無理数でも結果は成り立つと論じ、根拠については示唆もしないで、

$$p = \sqrt{3} \text{ なら、出てくる対応する比は } \frac{1}{\sqrt{3}+1}$$

第2章 ドイツへの道

と述べる。つまり、

$$\frac{0^{\sqrt{3}}+1^{\sqrt{3}}+2^{\sqrt{3}}+\cdots+N^{\sqrt{3}}}{N^{\sqrt{3}}+N^{\sqrt{3}}+N^{\sqrt{3}}+\cdots+N^{\sqrt{3}}} \xrightarrow[N\to\infty]{} \frac{1}{\sqrt{3}+1} = \int_0^1 x^{\sqrt{3}}\,dx$$

ということだ。もうちょっと根拠がしっかりしていそうな $f(x) = x^{p/q}$ に戻り、$p/q = 1/2$ として、あらためて $N = 6$ の場合をとると、

$$\frac{\sqrt{0}+\sqrt{1}+\sqrt{2}+\sqrt{3}+\sqrt{4}+\sqrt{5}+\sqrt{6}}{7\sqrt{6}}$$

$$= \frac{3\sqrt{6}+2\sqrt{3}+3\sqrt{2}+\sqrt{30}+6}{42}$$

が得られ、あらためて、N と「この種の同じような他の数列」を増大させると、どんな有限の N の値についても、不尽根数の式はさらに複雑になると論じた。

そしてこれは確かにもっと強固に確認されるように見える。この種の有限の級数は、同じ項数の級数を最大にすると、すべてを一つ一つ繰り返すことによる以外の比の表現をほとんど許容しないからだ。二つかそこら、たまたま通約可能でもそれをまとめて一つにすることができることはめったにない。

それでも、極限ではその不尽根数が消える。

実は私は何度か、無限個の不尽根数の根は、互いに通約不能で、それが有理数に対して明瞭な比をもつなどということはありえないと信じるほうに傾いた。しかし同じ数列が無限に続くとすると、それがいずれ比 2/3 を生む。他ならぬ無限が、確かに（驚くべきことに思える）無理数を崩すのである。

つまり、

$$\frac{\sqrt{0}+\sqrt{1}+\sqrt{2}+\cdots+\sqrt{N}}{\sqrt{N}+\sqrt{N}+\sqrt{N}+\cdots+\sqrt{N}}$$
$$=\frac{0^{1/2}+1^{1/2}+2^{1/2}+\cdots+N^{1/2}}{N^{1/2}+N^{1/2}+N^{1/2}+\cdots+N^{1/2}}\xrightarrow[N\to\infty]{}\frac{1}{\frac{1}{2}+1}$$
$$=\frac{2}{3}=\int_0^1 \sqrt{x}\,\mathrm{d}x$$

極限をとるという、ほとんど理解されていない概念を、無理数というそれ以上にわかっているわけではない概念と組み合わせることが、当時としては、そこに生きた数学者の何人かの傑出した能力をもってしても手間がかかりすぎる難問を立てた。

そうしてウォリスは、当時はあたりまえのことだったが、不尽根数を奔放に操作し、帰納と補間という二つの手法を混ぜ合わせたものを通じて、個別から全体へと進んだ。このことは今日では、しかるべく定義され厳密になっているが、ウォリスにとってはそうではなかった。π の正体をつかもうというおずおずとした試みは、ある非常にふさわしい見立てを生むことになる。

　どんなわずかな希望も差すようには見えず、手にしたものは、やはりしばしば逃れ、希望をくじいたプロテウスのようにするりと逃れる。

プロテウスとは、ギリシア神話の「海の老人」で、何でも知っているが、捕らえて問いつめないかぎり、質問には答えてくれない。プロテウスは変身できて、思いおよぶかぎりどんな形でも取れるので、なおさら捕まえにくい。

　π の姿もウォリスにとってはつかみにくかったが、本人はなお微分と積分の基礎を敷こうとしているところで、ウォリスを離れることにしよう。微分と積分を明瞭にして世にもたらすことになるニュートン

は、当時10歳（ライプニッツは8歳）だった。無理数πがどのようなものであれ、どのようなものでないのであれ、またウォリスはそれを不尽根数を用いて書くことはできなかったとはいえ、ウォリス積という正の整数を使ったもので書くことはできた。

$$\square = \frac{3\times3\times5\times5\times7\times7\times\ldots}{2\times4\times4\times6\times6\times8\times8\times\ldots} = \frac{9\times25\times49\times\ldots}{8\times24\times48\times\ldots}$$

記号□は、今なら$4/\pi$と書かれる数を、ウォリス流に書いたものだ。

そしてウォリスの見解をもう一つだけ。

> 円周の直径に対する比は、分数でも不尽根数でもない……負の数や分数や（一般にそう言われる）不尽根数の根や、通常の方程式の根や、通常の形ではありえない方程式の虚根とも違う、それ以外の何かの表記*31 を考案しなければならない。

つまり、超越数ということだ。

ウォリスとともに、私たちは18世紀との境までやって来た。18世紀は数学の絞り出すような苦闘に与えられる世紀ではなく、広大な展開のあった世紀だった。負の数はまだ安楽な基礎には乗っていなかったが、それが使えることは明らかだったし、その点で言えば、複素数もそうだった。無理数について言えば、哲学的には負の数よりも扱いやすく、特定の数が無理数であることをはっきりさせるほうが、そのことの意味がどうなるかとあまりに心配するよりも、緊急のことだった。いずれにせよ、よりかかるべきエウドクソスの公理があった。次は、レオンハルト・オイラーが初めてeは無理数であることを証明し、ヨハン・ランベルトがπについても同じことをした世紀だ。1794年、アドリアン゠マリ・ルジャンドルは『幾何学原論』を出版し、そこでエウクレイデスの『原論』を再編成し、そうすることで、この本は、『原論』に代わるヨーロッパの標準的な幾何学の教科書になった。『原

論』の場合と同様、この本は幾何学だけにとどまらず、πが無理数であることのもっと単純な証明をしており、またπ^2が無理数であることの最初の証明も出している。ルジャンドルは、πが有限次、有理係数の代数方程式の根ではないことも予想して、ウォリスの疑念に明瞭な言葉を与えた。

次章では、そういう事柄を取り上げよう。

註

*1　Morris Kline, *Mathematical Thought from Ancient to Modern Times* (Oxford University Press, 1972), p. 178.

*2　Bibhutibhusan Datta and Awadhesh Narayan Singh, 1993, Surds in Hindu mathematics, *Indian Journal of History of Science* 28(3):254.

*3　英訳者がこの言葉〔surds〕を選んだ〔それに合わせて引用文中では「不尽根数」と括弧にくくって表示したが、すぐ後に記されるように、ヒンドゥー人は別の意味で使っている点に留意のこと〕。surd という言葉の使用については、後ほど取り上げる。

*4　聖アウグスティヌス（354-430）によるとされる、「聖書の外で人が得た知識はすべて、それが有害なら聖書で非難され、まともならそこに入れられている」という見解になぞらえられる。

*5　Mohammad Yadegari and Martin Levey, 1971, Abu Kamil's 'On the Pentagon and the Decagon', *History of the Science Society of Japan* (Tokyo) Supplement 2, p. 1.

*6　計算のこと（代数的操作も含む）。

*7　J. Lennart Berggren, *Mathematics in Medieval Islam*. Part of *The Mathematics of Egypt, Mesopotamia, China, India and Islam. A Sourcebook*, ed. V. J. Katz (Princeton University Press, 2007).

*8　Omar Khayyam, 1963, A paper of Omar Khayyam, *Scripta Mathematica* 26:323-37.

*9　*filius Bonacci*、つまり「ボナッチオの息子」による。

＊10　「世界の驚異」の意。
＊11　Joseph and Frances Gies, 1969, *Leonard of Pisa and the New Mathematics of the Middle Ages* (Thomas Y. Crowell).
＊12　B. Boncompagni, transl., 1857–1862, *Fibonacci's Flos, in Scritti di Leonardo Pisano: mathematico del secolo decimoterzo, Tipografia delle Scienze Mathematiche e Fisiche* 2:227–53.
＊13　名前についているスコトゥスは、スコットランド出身であり、その辺境にあるドゥンス村の出身であることを言っているにすぎない。
＊14　Cicero, *On the Nature of the Gods* (Rackham translation).〔『キケロー選集 11 哲学Ⅳ』(岡道男ほか編、岩波書店、2000 年) 所収〕。
＊15　別の理由から 4 万 8000 年とも。
＊16　「宇宙の周期的性質」の意。
＊17　「しかし私には妥当な論証とそうでない論証を分けられない／神聖博士アウグスティヌスなら／あるいはボエティウス、あるいはブラッドワーディン主教ならできようが」の意。
＊18　ラテン語化したアドリアヌス・ロマヌスという名でも知られる。
＊19　ここでは代数的〔超越数ではない〕数という意味。
＊20　カトリック側の読者はけしからんと思うだろうが、その怒りは、当時のカトリック神学者、ペトロ・ボングスの努力を知れば和らぐかもしれない。ボングスは、別の文字配置と、同じような方法を使って、ルター (Luther) は反キリストであることを証明した。マイクロソフトに不満をもつユーザーは、『ハーパーズ』誌の、ASCII 符号を使ってビル・ゲイツ (Bill Gates) が反キリストであることをつきとめた作業に関心を抱くかもしれない。
＊21　この場合、文字を〔順次に〕三角数〔1, 1+2, 1+2+3, 1+2+3+4, ... となる数。この個数の点を並べると三角形になる〕と見て、三角アルファベットなるものを考える。
＊22　「我思うゆえに我あり」の意。
＊23　幾何学と算術、代数、解析とを、座標系を使って合体させたもの。
＊24　George F. Simmons, 1992, *Calculus Gems* (McGraw-Hill).
＊25　平面での有理点とは、座標がともに有理数の点のこと。
＊26　関心のある読者には、354 頁の付録 B を見て、ここから派生することに目を向けられたい。
＊27　フルネームでは、「理性を正しく導き諸学における真理を求める方法に関す

る序説」。
*28　引用はすべて、*The Arithmetic of Infinitesimals: John Wallis 1656*, J. A. Stedall, *Sources & Studies in the History of Mathematics & the Physical Sciences* (Springer) による。
*29　あらゆるところで対応する断面積が等しい二つの立体は、体積が等しい。
*30　座標のこと。
*31　別種の数のこと。

第3章　二つの新しい無理数

πが無理数であるという知識には実用的な使い途はないかもしれないが、それが知りうるものなら、知らないでいるのはきっと耐えがたい。
——エドワード・ティッチマーシュ

　「はじめに」で「初期の証明は往々にして見栄えが良くない」と言ったが、本章はそういう証明二つを取り上げる。どちらも「この世でいちばん美しい」とは言えないし、それをあえて見ると言っても、目を向ける相手は意地悪な王妃ではなく、18世紀の（数学の）王だ。結局のところ、最初に理解されたのはπの謎の正体ではなかった。πについてそれがわかったのは、e ——古代にはまだ生まれておらず、当の18世紀になって生まれた数——が無理数であることがはっきりしてから30年もたってからのことだった。前章では、ウォリスがπの正体に苦労して取り組んでいるところを見たが、そのウォリスは、それが無理数であるばかりでなく、新種の無理数、有限個の累乗根で定義できない数ではないかと睨んでいた。それが無理数であることはここで確かめるが、その新種のほうについては、わかるまで200年待たなければならなかったように、この本でも第7章まで待たなければならない。

　無理数の歴史の探究が進んでくると、「連分数」の理論が重みを増してくる。πもeも、それが最初に無理数だと証明されたのは、この美しい構造物を通じてのことで、様子を理解するには、それがどういうもので、どう構成し、どう操作するかを確かめる必要がある。もっと先の役割については第8章で述べる。

初歩的な連分数

連分数の研究は、18世紀にもなると、それなりに長い蓄積ができていた。イタリアのボローニャにいて、時代も重なっていたラファエル・ボンベッリ（1526-1572）とピエトロ・カタルディ（1548-1626）が、特別な場合について取り上げていたが、このテーマがその頭角を現しはじめたのは、ジョン・ウォリスの業績による。ウォリスの業績から始まって他の人々がさらに先へ進み、中でもとくに有名な成果が、王立協会初代総裁のブラウンカー卿（1620-1684）のものだった。これは120頁にあるウォリスの無限個の積を使い、次のことを示していた。

$$\frac{4}{\pi} = 1 + \cfrac{1^2}{2 + \cfrac{3^2}{2 + \cfrac{5^2}{2 + \cfrac{7^2}{2 + \cdots}}}}$$

これが「連分数」の例だ。つまり、a_i, b_i を整数として、

$$\alpha = a_0 + \cfrac{b_1}{a_1 + \cfrac{b_2}{a_2 + \cfrac{b_3}{a_3 + \cfrac{b_4}{a_4 + \cdots}}}}$$

の形で表される。ここでは「正則」連分数、つまり、a_i を正の整数として、

$$\alpha = a_0 + \cfrac{1}{a_1 + \cfrac{1}{a_2 + \cfrac{1}{a_3 + \cfrac{1}{a_4 + \cdots}}}}$$

の形をしたものに話を限る。

この式は有限のこともあれば、無限に続くこともある。たとえば、

$$\frac{225}{157} = 1 + \cfrac{1}{2 + \cfrac{1}{3 + \cfrac{1}{4 + \cfrac{1}{5}}}} \qquad \pi = 3 + \cfrac{1}{7 + \cfrac{1}{15 + \cfrac{1}{1 + \cfrac{1}{292 + \cdots}}}}$$

こんな書き方をしていると活字を組むのがとんでもないことになるので、もっと簡略化した表記がいくつか考えられた。中でも主に使われているのは、

$$[a_0; a_1, a_2, a_3, a_4, \ldots]$$

で、セミコロンで当該の数の整数部分と分数部分を分ける。先の二つの例なら、

$$\frac{225}{175} = [1; 2, 3, 4, 5], \quad \pi = [3; 7, 15, 1, 292, \ldots]$$

となる。連分数の「近似分数」は、

$$a_0 + \frac{1}{a_1}, \qquad a_0 + \cfrac{1}{a_1 + \cfrac{1}{a_2}}, \qquad a_0 + \cfrac{1}{a_1 + \cfrac{1}{a_2 + \cfrac{1}{a_3}}}$$

$$a_0 + \cfrac{1}{a_1 + \cfrac{1}{a_2 + \cfrac{1}{a_3 + \cfrac{1}{a_4}}}}, \qquad \ldots$$

のような分数で、先へ進むごとに、もとの数に近くなっていく。先の例で言えば、

第3章 二つの新しい無理数

$$\frac{225}{157} \sim \frac{3}{2}, \frac{10}{7}, \frac{43}{30} \qquad \pi \sim 3, \frac{22}{7}, \frac{333}{106}, \frac{355}{113}, \frac{103993}{33102}$$

となる。π のいちばん有名な近似 $\left[\frac{22}{7}\right]$ の姿も見えるし、その後の近似も見事に正確であることに注目しておこう。

連分数から近似分数を作るのも、小数で表したものから連分数を作るのも、次からわかるように、初歩的な算数の問題だ。

$$e = 2.718281828\ldots = 2 + 0.718281828\ldots$$

$$= 2 + \cfrac{1}{\left(\cfrac{1}{0.718281828\ldots}\right)} = 2 + \cfrac{1}{1.392211191\ldots}$$

$$= 2 + \cfrac{1}{1 + 0.392211191\ldots} = 2 + \cfrac{1}{1 + \cfrac{1}{\left(\cfrac{1}{0.392211191\ldots}\right)}}$$

$$= 2 + \cfrac{1}{1 + \cfrac{1}{2.549646778\ldots}} = 2 + \cfrac{1}{1 + \cfrac{1}{2 + 0.549646778\ldots}}$$

$$= 2 + \cfrac{1}{1 + \cfrac{1}{2 + \cfrac{1}{\left(\cfrac{1}{0.549646778\ldots}\right)}}}$$

$$= 2 + \cfrac{1}{1 + \cfrac{1}{2 + \cfrac{1}{1.819350244\ldots}}}, \quad \ldots$$

これでeを連分数で表すときの最初のほうが得られた。

$$e = [2; 1, 2, 1, \ldots]$$

次の節では、オイラーがこの計算から自説を展開したことを見る。その後の節では、話は少しそれて、連分数が数ではなく、関数を表すことになる。

オイラーとe

eの発見については、極限

$$\lim_{n \to \infty} \left(1 + \frac{1}{n}\right)^n = e$$

の研究をした、かのヤーコブ・ベルヌーイ（1654-1705）の功績を認めるべきだろうが、それが無理数であることについては、ベルヌーイよりもさらに偉大な数学者のものとしなければならない。それが無理数であることが最初に論文として書かれたのは1737年のことだが、発表されたのは7年後で、『サンクトペテルスブルグ国立アカデミー報』でのことだった[1]。グスタフ・エネストロームは、18世紀の圧倒的な生産力をもった天才スイス人、レオンハルト・オイラー（1707-1783）について索引を編纂しており、くだんの論文には、この万国共通に認められている886項目の索引の中に収まっていることを示す、E71というエネストローム番号が振られている。オイラーは、そのたゆみない、いつも鋭い、すべてにわたる数学的頭脳を、連分数の問題にも向けていて、この論文に初めてそれについての深い考察を記録した（その後も、長く並ぶもののない見事な数学者人生で、何度もこの問題に戻ってくることになる）[2]。論文の題目は「連分数試論」で、前置きでオイラーはこう述べている[3]。

私は長いこと連分数を研究していて、使い方についても導き方についても重要な事柄を数多く観察したので、それをここで論じることにした。すべてを尽くした理論には達していないが、私が刻苦の末に見つけてここに示した成果は、このテーマをさらに研究することに必ずや寄与するものと信じる。

40頁の論文で、連分数に関する基本的な理論から、もっと精密な解析につながる話まで取り上げていて、オイラーの有名な計算力がどれほどのものだったとしても、その「刻苦」のほどは明らかだ。この論文は、連分数の初期の理論という重要な領域の指針となるもので、ここでは本書の目的にとっていちばん都合のよい通り道を選ぼう。それは11a節で行なわれている観察から始まる。

 まず、通常の分数を、分子がすべて1で分母はすべて整数の連分数へ変形するところを示さなければならない。さらに、分子と分母が有限の整数となる分数はすべて、有限の段階で止まる類の連分数に変形されるかもしれない。他方、分数の分子と分母が無限に大きな数になる数（無理数や超越的な量についてはそうなる）を変形すると、無限に続く連分数になるだろう。そのような連分数を求めるには、分子はすべて1に等しいとしているので、分母を求めればよい。

言い換えると、オイラーは有理数の正則連分数形は有限で、無理数の場合はそれが無限に続くことを知っていた。eが無理数であることを証明するために、オイラーはそのような連分数を作る必要があった。オイラーの驚くべき、また本質に迫る操作の一つについて、舞台が整った。
 論文の21節と22節へ移ると、関心が、$e \sim 2.71828182845904$の連分数形式の近似値に転じるのがわかる。この小数点以下14桁を求

めるとなると、eについて知られていた無限級数展開について、$\sum_{r=0}^{16} 1/r!$ を概算し、それからその手順を繰り返して行ない、連分数

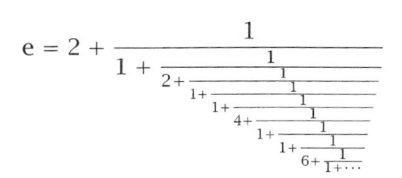

$$e = 2 + \cfrac{1}{1 + \cfrac{1}{2 + \cfrac{1}{1 + \cfrac{1}{1 + \cfrac{1}{4 + \cfrac{1}{1 + \cfrac{1}{1 + \cfrac{1}{6 + \cfrac{1}{1 + \cdots}}}}}}}}}$$

を出す必要があっただろう。それに、オイラーは後で見るように、eに関連するいくつかの数について実験をしていたので、それに必要な手間が加わり、読者にも、この人物の計算力がどれほどすごいか、ある程度見えてくるだろう。18世紀の有名なフランスの政治家で数学者のドミニク゠フランソワ゠ジャン・アラゴーを引くと、

> オイラーは人が呼吸をするように、鷲が空中にとどまるように、造作なく計算した。

分母の規則正しいパターンがその目を逃れるべくもなく、オイラーはこんなことに目を向ける。

> 分母は二つおきに2, 4, 6, 8 というように等差数列をなし、それ以外は1である。この規則は観察からそう思われるだけであっても、それが無限に続くと想定するのは無理なことではない。そのことは後で証明する。

もちろん、そのような証明があれば、eが無理数であることは明らかになるだろう。

オイラーのあくなき実験の欲求は、$\sqrt{e} = 1.6487212707$ とその連分数

$$\sqrt{e} = 1 + \cfrac{1}{1+\cfrac{1}{1+\cfrac{1}{5+\cfrac{1}{1+\cfrac{1}{9+\cfrac{1}{1+\cfrac{1}{13+\cdots}}}}}}}$$

に向かう。そしてまたしても、オイラーの言う「間欠的」等差数列が認められる。次の例では、最初の意地悪な例外以外では間欠性が消え、

$$\frac{\sqrt[3]{e}-1}{2} = 0.1978062125\ldots = 1 + \cfrac{1}{5+\cfrac{1}{18+\cfrac{1}{30+\cfrac{1}{42+\cfrac{1}{54+\cdots}}}}}$$

次では完全に消える。

$$\frac{e^2-1}{2} = 3.19452804951\ldots = 3 + \cfrac{1}{5+\cfrac{1}{7+\cfrac{1}{9+\cfrac{1}{11+\cfrac{1}{13+\cfrac{1}{15+\cdots}}}}}}$$

オイラーは、分子が1で分母が等差数列をなす連分数の研究に、到達はしていなかったが向かっていた。31節ではこの連分数を

$$s = a + \cfrac{1}{(1+n)a + \cfrac{1}{(1+2n)a + \cfrac{1}{(1+3n)a + \cfrac{1}{(1+4n)a + \cdots}}}}$$

のように規定して、こんなことを述べている。

さらに、当の e そのものは分母が間欠的等差数列になる連分数だが、そこから私は、この種の連分数に少し手を加えると、間欠性のない連分数ができることに気がついた。たとえば、

$$\frac{e+1}{e-1} = 2 + \cfrac{1}{6+\cfrac{1}{10+\cfrac{1}{14+\cfrac{1}{18+\cfrac{1}{22+\cfrac{1}{26+\cdots}}}}}}$$

オイラーはここで「非間欠的」等差数列を作っていて、これは先の一般形の $a = n = 2$ に相当する特殊例だった（この数の小数による近似は明示されていない）。

先の節では、数 e（その対数は 1）を、そのべき乗と組み合わせて連分数に変換したが、分母の等差数列を見ただけで、この数列が無限に続く可能性が高いこと以外は何も言えなかった。そこで、何よりも次のことをしよう。この数列の必然的な行く末を問うて、それを厳密に証明したい。この目標さえ、私は変わった方法で追究した。

等差数列の連分数の性質に関するオイラーの研究は、最初のいくつかの近似分数を書くところから始まる。

$$a, \quad \frac{(1+n)a^2+1}{(1+n)a}, \quad \frac{(1+n)(1+2n)a^3+(2+2n)a}{(1+n)(1+2n)a^2+1}, \quad \cdots$$

それから、この論文の前の部分にあった論証を使って、連分数を二つのべき級数の比に書き換える。つまり〔ピリオドは掛け算を表す〕

$$p = a + \frac{1}{1.na} + \frac{1}{1.2.1(1+n)n^2a^3}$$

$$+ \frac{1}{1.2.3.1(1+n)(1+2n)n^3a^5} + \cdots$$

第3章 二つの新しい無理数

$$q = 1 + \frac{1}{1(1+n)na^2} + \frac{1}{1.2(1+n)(1+2n)n^2a^4}$$
$$+ \frac{1}{1.2.3(1+n)(1+2n)(1+3n)n^3a^6} + \cdots$$

として、

$$s = \frac{p}{q}$$

とし、その後、変数を次々と見事に変えていく。

まず、変数 z を $a = 1/\sqrt{nz}$ で定義すると、

$$s = \frac{1}{\sqrt{nz}}\frac{t}{u}$$

となる。ここでは変数

$$t = 1 + \frac{z}{1.1} + \frac{z^2}{1.2.1(1+n)} + \frac{z^3}{1.2.3.1(1+n)(1+2n)} + \cdots$$

と、

$$u = 1 + \frac{z}{1(1+n)} + \frac{z^2}{1.2(1+n)(1+2n)}$$
$$+ \frac{z^3}{1.2.3(1+n)(1+2n)(1+3n)} + \cdots$$

が定義されている。t が分子、u が分母となる無限級数である。オイラーは、$dt/dz = u$ であり、また、

$$t - u = \left(\frac{nz}{1(1+n)} + \frac{nz^2}{1.(1+n)(1+2n)}\right.$$
$$\left. + \frac{nz^3}{1.2(1+n)(1+2n)(1+3n)} + \cdots\right)$$
$$= nz\frac{du}{dz}$$

となることに注目する。これで

$$nz\frac{\mathrm{d}u}{\mathrm{d}z} = t - u$$

が得られる。次に、$t = uv$ と置き換えると変数 v が決まり、$s = v/\sqrt{nz}$ となる。

積関数の微分と合成関数の微分の公式を使って

$$u = \frac{\mathrm{d}t}{\mathrm{d}z} = \frac{\mathrm{d}(uv)}{\mathrm{d}z} = u\frac{\mathrm{d}v}{\mathrm{d}z} + v\frac{\mathrm{d}u}{\mathrm{d}z}$$

となり、これは

$$u\frac{\mathrm{d}v}{\mathrm{d}z} = u - v\frac{\mathrm{d}u}{\mathrm{d}z}$$

となる。ここで、

$$nz\frac{\mathrm{d}u}{\mathrm{d}z} = t - u = uv - u$$

なので、

$$\frac{\mathrm{d}u}{\mathrm{d}z} = \frac{uv - u}{nz}$$

となり、これを上の式に代入すると、

$$u\frac{\mathrm{d}v}{\mathrm{d}z} = u - v\frac{uv - u}{nz}$$

つまり

$$\frac{\mathrm{d}v}{\mathrm{d}z} = 1 - v\frac{v - 1}{nz}$$

$$nz\frac{\mathrm{d}v}{\mathrm{d}z} = nz - v^2 + v$$

$$nz\frac{\mathrm{d}v}{\mathrm{d}z} + v^2 - v = nz$$

最後に、$z = r^n$ と $v = qr$ によって r と q を定め、さらに巧妙な微分をする。現代的に書けば

$$\frac{\mathrm{d}v}{\mathrm{d}z} = \frac{\mathrm{d}(qr)}{\mathrm{d}z} = q\frac{\mathrm{d}r}{\mathrm{d}z} + r\frac{\mathrm{d}q}{\mathrm{d}z} = q\frac{\mathrm{d}r}{\mathrm{d}z} + r\frac{\mathrm{d}q}{\mathrm{d}r}\frac{\mathrm{d}r}{\mathrm{d}z}$$

$$= \left(q + r\frac{\mathrm{d}q}{\mathrm{d}r}\right)\frac{\mathrm{d}r}{\mathrm{d}z}$$

$$nz\frac{\mathrm{d}v}{\mathrm{d}z} = nz\left(q + r\frac{\mathrm{d}q}{\mathrm{d}r}\right)\frac{\mathrm{d}r}{\mathrm{d}z} = nr^n\left(q + r\frac{\mathrm{d}q}{\mathrm{d}r}\right)\frac{1}{nr^{n-1}}$$

$$= r\left(q + r\frac{\mathrm{d}q}{\mathrm{d}r}\right)$$

で、これは

$$nz\frac{\mathrm{d}v}{\mathrm{d}z} + v^2 - v = r\left(q + r\frac{\mathrm{d}q}{\mathrm{d}r}\right) + q^2r^2 - qr$$

$$= r^2\frac{\mathrm{d}q}{\mathrm{d}r} + q^2r^2 = nz = nr^n$$

となり、さらに簡単にして

$$r^2\frac{\mathrm{d}q}{\mathrm{d}r} + q^2r^2 = nr^n$$

$$\frac{\mathrm{d}q}{\mathrm{d}r} + q^2 = nr^{n-2}$$

となる。そこからオイラーは

> この方程式から、q が r から求められ、r が $r = n^{-1/n} a^{-2/n}$ のように定められれば、欲しい値は $s = aqr$ である

と見て、微分方程式は

> ……かつてリッカティ伯爵が立てた方程式に一致する

と述べる。ここで、定義された変数とそれを定義する等式のまとめが

式	定義される変数
$a = 1/\sqrt{nz}$	z
$t = $ 分子	t
$u = $ 分母	u
$t = uv$	v
$z = r^n$	r
$v = qr$	q

表 3.1

あると便利かもしれないので、それを表 3.1 に示す。その場合、オイラーが見たように、$s = v\sqrt{nz} = av = aqr$ である。

オイラーは、1720 年にヴェネチアの貴族、ジャコポ・フランチェスコ・リッカティ伯爵 (1676-1754) が出していた、とくに難しい微分方程式の研究をしていて[*4]、どうにかしてオイラーは、無限連分数の問題を、この微分方程式の問題に変形できた。どうやってそれを結びつけたかは、依然として謎だ。オイラーはその後、連分数にも[*5]、リッカティ方程式の細かい研究にも、両者の組合せにも戻ってくるが、幸い、本書にとって大事なのは、$n = a = 2$ のときで、この特殊な場合には、方程式は簡単に解ける。つまり、

$$\frac{dq}{dr} + q^2 = 2, \quad \int \frac{dq}{q^2 - 2} = -\int dr, \quad \frac{1}{2\sqrt{2}} \ln \frac{q + \sqrt{2}}{q - \sqrt{2}} = r + c$$

で、これは

$$q = \sqrt{2} \frac{A e^{2\sqrt{2}r} + 1}{A e^{2\sqrt{2}r} - 1}$$

となり、$v = q_r$ をつねに有限にするために、オイラーの境界条件 "$q = \infty$、$r = 0$" をとると、$A = 1$ となるので

$$q = \sqrt{2} \frac{e^{2\sqrt{2}r} + 1}{e^{2\sqrt{2}r} - 1}$$

第 3 章 二つの新しい無理数

で、最終的に

$$r = \frac{1}{a\sqrt{2}} \quad \text{で} \quad s = arq = \frac{q}{\sqrt{2}} \quad \text{となり、} \quad s = \frac{e^{2/a}+1}{e^{2/a}-1} \quad \text{となる。}$$

これを使うと、今考えている $a=2$ の場合については

$$\frac{e+1}{e-1} = 2 + \cfrac{1}{6 + \cfrac{1}{10 + \cfrac{1}{14 + \cfrac{1}{18 + \cfrac{1}{22 + \cfrac{1}{26 + \cdots}}}}}}$$

が得られる。数 (e + 1) / (e − 1) は、連分数で表すと分母に無限等差数列ができて、したがって、(e + 1) / (e − 1) は無理数であり、e も無理数となる。論文 E71 には、そのような勝利宣言はなく、それまで経験的にそうではないかと思われていたことを確認しているだけだ。

もちろん、$(e^2 - 1) / 2$ を表す連分数ができても、この数と、ひいては と e^2 が無理数であることを証明するためにできることは実質上ない。できたとしたら、もっと厳密な結果となるのだが。

ランベルトと π

オイラーの精査を受けても、π を正則連分数で表した

$$\pi = 3 + \cfrac{1}{7 + \cfrac{1}{15 + \cfrac{1}{1 + \cfrac{1}{292 + \cfrac{1}{1 + \cfrac{1}{1 + \cfrac{1}{1 + \cfrac{1}{2 + \cdots}}}}}}}}$$

は、この数が無理数であることをはっきりさせるはずみにはならなかった。オイラーが処理したきれいなパターンはないが、連分数はその内部に作業を行なう手段を含んではいて、オイラーと同じ時代の 21 歳年下の人物が、最初の証明の発表にこぎつけた（オイラーよりも相

当手間をかけて)。その人物、ヨハン・ハインリヒ・ランベルト (1728-1777) は、哲学者、物理学者、幾何学者、確率論と数論の理論家で、もとはオイラーの助手にして友人であり、後には対立し、49歳で亡くなることになる。ベルリン・アカデミーの二人の同国人どうしの友情が、アカデミーの暦販売に関する見解が違うことに始まった不一致によって、修復不能なほどに損ねられたというのは[*6]、現代人からすると驚くべきことに思える。それでもランベルトは比較的に短い生涯で立派に成果を出していて、1761年のπが無理数であることの証明は[*7]、数学でも重要な項目の一つとなっている。もう少し正確に言うと、ランベルトが証明したことは、x が $\neq 0$ で有理数とすると、$\tan(x)$ は無理数であるということだった。この命題の対偶を用いると、$\tan(\pi/4) = 1$ は有理数なので、$\pi/4$ は、したがって π は、無理数とならざるをえない[*8]。

その証明は、数を連分数で表したものではなく、関数 $\tan(x)$ (x はラジアン) を連分数にしたもので、二つの部分に分けてもよい。

まず、

$$\tan x = \frac{\sin x}{\cos x}$$

の連分数形を明らかにする必要があり、それを、

$$\sin x = x - \frac{x^3}{3!} + \frac{x^5}{5!} - \frac{x^7}{7!} + \cdots$$

$$\cos x = 1 - \frac{x^2}{2!} + \frac{x^4}{4!} - \frac{x^6}{6!} + \cdots$$

という級数展開から始める。そこで

$$\tan x = \frac{x - \dfrac{x^3}{3!} + \dfrac{x^5}{5!} - \dfrac{x^7}{7!} + \cdots}{1 - \dfrac{x^2}{2!} + \dfrac{x^4}{4!} - \dfrac{x^6}{6!} + \cdots}$$

第3章 二つの新しい無理数

が得られる。二つのべき級数の比から、無限連分数へ移るのは（先に記したオイラー式とは逆）、実質的には長い割り算と再帰を混ぜた恐ろしいほどの操作を繰り返すことでなされる。ここではどうでもよいことだが、関心のある（忍耐も勇気もある）読者は、もちろん詳細を追ってよい[*9]。ここでは割愛したほうが、ランベルトの関係する巧みな論証の道ははかどるが、やってみた結果得られることは、見事と判断してもらえることと思う。ランベルトが確かめたのは、次のようなことだった。

$$\tan x = \cfrac{x}{1 - \cfrac{x^2}{3 - \cfrac{x^2}{5 - \cfrac{x^2}{7 - \cfrac{x^2}{9 - \cdots}}}}} = \cfrac{x}{1 + \cfrac{-x^2}{3 + \cfrac{-x^2}{5 + \cfrac{-x^2}{7 + \cfrac{-x^2}{9 + \cdots}}}}}$$

証明の後半は、連分数にある次の二つの特性による。

連分数

$$y = b_0 + \cfrac{a_1}{b_1 + \cfrac{a_2}{b_2 + \cfrac{a_3}{b_3 + \cfrac{a_4}{b_4 + \cdots}}}}$$

については、

1. $\{\lambda_1, \lambda_2, \lambda_3, \cdots\}$ がゼロでない数で無限に続くなら、連分数

$$b_0 + \cfrac{\lambda_1 a_1}{\lambda_1 b_1 + \cfrac{\lambda_1 \lambda_2 a_2}{\lambda_2 b_2 + \cfrac{\lambda_2 \lambda_3 a_3}{\lambda_3 b_3 + \cfrac{\lambda_3 \lambda_4 a_4}{\lambda_4 b_4 + \cdots}}}}$$

は、y と同じ近似分数をもち、それが収束するなら、y に収束する。

2. $b_0 = 0$ とする。すべての $i \geq 1$ について $|a_i| < |b_i|$ なら、
   (a) $|y| \leq 1$
   (b)
   $$y_n = \cfrac{a_n}{b_n + \cfrac{a_{n+1}}{b_{n+1} + \cfrac{a_{n+2}}{b_{n+2} + \cfrac{a_{n+3}}{b_{n+3} + \cdots}}}}$$

と書くと、一定の数以上の n と上の式について、$|y_n| = 1$ となることがないなら、y は無理数である。

ここでは証明はしないが、関心のある読者は 358 頁の付録 C を参照のこと。

さて、$y = \tan x$ についての連分数展開を考え、$x = p/q$ とすると、

$$\tan\left(\frac{p}{q}\right) = \cfrac{p/q}{1 + \cfrac{-p^2/q^2}{3 + \cfrac{-p^2/q^2}{5 + \cfrac{-p^2/q^2}{7 + \cfrac{-p^2/q^2}{9 + \cdots}}}}}$$

上記の 1 と、すべての i について $\lambda_i = q$ とすると、分母を消去できて

第 3 章 二つの新しい無理数

$$\tan\left(\frac{p}{q}\right) = \cfrac{p}{q + \cfrac{-p^2}{3q + \cfrac{-p^2}{5q + \cfrac{-p^2}{7q + \cfrac{-p^2}{9q + \cdots}}}}}$$

となったところで、y_n を先に述べたように定義して

$$y_n = \cfrac{-p^2}{(2n+1)q + \cfrac{-p^2}{(2n+3)q + \cfrac{-p^2}{(2n+5)q + \cdots}}}$$

とする。ただし、n は $p^2 < 2nq$ となるほど大きくなるようにする。これはつまり、$r = 1, 3, 5, \ldots$ について、$|-p^2| < (2n+r)q$ ということであり、上記の条件 2 が満たされるので、$|y_n| \leq 1$ が満たされるということ。当然、$|y_{n+1}| \leq 1$ でもある。

ところが、$y_n = -p^2/((2n+1)q + y_{n+1})$ で、分子は明らかに負で、分母 $(2n+1)q + y_{n+1} = 2nq + (q + y_{n+1})$ は、$q \geq 1$ かつ $|y_{n+1}| \leq 1$ なので、正となり、

$$|y_n| = \left|\frac{-p^2}{(2n+1)q + y_{n+1}}\right| = \frac{p^2}{2nq + (q + y_{n+1})} \leq \frac{p^2}{2nq} < 1$$

となる。つまり、$|y_n| \leq 1$ ではあっても $|y_n| < 1$ が得られ、十分に大きい n については、$y_n \neq \pm 1$ となる。つまり、$\tan(p/q)$ は無理数である。本人が言うところでは、

(円の) 直径対円周は、整数対整数にはならない。

以上の論証とともに、優れた手腕をもった数学の先駆者が歩んだ道をたどってきた。すでに、数学の証明では、とくに往年の頃は、「最

初」が「見事」と言えることはまずなく、「厳密」にも対応しない場合が多いことを言った。次章では、この二つの結果やさらに他の多くのことをはっきりさせた、もっと現代的な論証に移ることにする。

註

*1　アカデミーに提出されたのは、1737年3月7日。

*2　関心のある読者は、*The Euler Archive*, http://math.dartmouth.edu/˜euler/ を参照するとよい。

*3　M. F. Wyman and B. F. Wyman, 1985, *Mathematical Systems Theory* 18:295–328 の英訳による。

*4　E70, *De constructione aequationum*. Presented to the St. Petersburg Academy on February 7, 1737.

*5　1780年3月20日付で、E751 – Analysis facilis aequationem Riccatianam per fractionem continuam resolvendi という題がついているが、もとは *Mémoires de l'académie des sciences de St.-Petersbourg* 6:12–29 (1818) で発表された論文。

*6　N. N. Bogolyubov, G. K. Mikhailov and A. P. Yushkevich (eds), 2007, *Euler and Modern Science* (Mathematical Association of America).

*7　J. H. Lambert, 1761, Mémoire sur quelques propriétés remarquables des quantités transcendentes circulaires et logarithmiques, *Histoire de l'Académie Royale des Sciences et des Belles-Lettres der Berlin* 17:265–322. 1948年、*Iohannis Henrici Lambert, Opera Mathematica*, Vol. II, ed. A. Speiser (Zürich: Orell Füssli) で復刻された。

*8　同じ論文では、e^x についても、複素数と、関数 $\tanh(x)$ の連分数形とを用いた同じ手段によって、同じ結果を証明している。

*9　Pierre Eymard and Jean-Pierre Lafon, 2004, *The Number* π (American Mathematical Society).

第 4 章　新旧の無理数

> 無理数というのは実にいろいろあって、どんな表記をしても、それぞれに別個の名称を与えることができない。
>
> ——ウィラード・ヴァン・オーマン・クワイン

　前章の目的が単純だったとしても、今度の章の目的は、きっとそうではない。これから無理数調べをする。あらゆる形の無理数だ。そのために、e や π が無理数であることをはっきりさせる、もっと新しい手法から始め、それから、さらに多くのことをはっきりさせるもっと一般的な方法へ移って、新種の無理数を取り上げ、最後に超越数へと進む。

フーリエと e

　e が無理数であることは、

$$e = 1 + \frac{1}{1!} + \frac{1}{2!} + \frac{1}{3!} + \frac{1}{4!} + \cdots$$

という標準的な無限級数による表し方から必然的に出てくる帰結だが、この式のこともよく知っていたオイラーほどの立派な数学者が、そのことを察知していなかったというのは奇妙な話だ。e が無理数であることを明らかにするためにこの級数が用いられるのは、やっと 1815 年、ジョゼフ・フーリエという、今日ではむしろ熱伝導の理論のほうで知られる人物による。とはいうものの、フーリエの現存する著作には、この結果に触れたものはなく、根拠は M. J. ド・スタンヴィルと

いう人物による『代数的解析および幾何学論集』と題された大著の314頁にある、パラグラフ232に対する脚注に依拠するしかない。このパラグラフには、その証明の一つがあり、その最後にはこう書かれている。

Cette démonstration m'a été communiquée par M. Poinsot, qui m'a dit la tenir de M. Fourier.[*1]

パリの数学教師で最期は精神病院で迎えたド・スタンヴィルは、ルイ・ポアンソーという、当時有名な一流の幾何学者で、今の高校生に力の分解の問題を解かせる幾何力学の創始者でもあった人物と連絡をとりあっていた。こうしてフーリエとつながり、本の刊行年から、1815年という年代が割り出せる。

証明は、これまた背理法による。eが二つの整数の間にあることは簡単に示せるので、eが整数ということはありえない。有理数と仮定するなら、$n > 1$として、$e = m/n$と書けて、級数を

$$e = \left(1 + \frac{1}{1!} + \frac{1}{2!} + \frac{1}{3!} + \frac{1}{4!} + \cdots + \frac{1}{n!}\right) + \cdots$$

のように分ける。すると、

$$n!e = n!\frac{m}{n} = (n-1)!m$$

$$= \left(n! + \frac{n!}{1!} + \frac{n!}{2!} + \frac{n!}{3!} + \frac{n!}{4!} + \cdots + \frac{n!}{n!}\right) + \cdots + R$$

となる。Rは$\neq 0$で、二つの整数〔上の式と括弧の中が整数〕の差なので、これもまた整数。

ところが

$$R = n!\left(\frac{1}{(n+1)!} + \frac{1}{(n+2)!} + \frac{1}{(n+3)!} + \cdots\right)$$

$$= \frac{1}{n+1} + \frac{1}{(n+1)(n+2)} + \frac{1}{(n+1)(n+2)(n+3)} + \cdots$$

$$< \frac{1}{n+1} + \frac{1}{(n+1)^2} + \frac{1}{(n+1)^3} + \cdots$$

$$= \left(\frac{1}{n+1}\right) \Big/ \left(1 - \frac{1}{n+1}\right) = \frac{1}{n} < 1$$

となるので、整数(厳密に言うと正の整数) R が 1 より小さくなり、矛盾する。

実は、この論証を拡張すると、e^2 が無理数であることも示せる。

あらためて、$e^2 = M/N, N > 1$ とすると、$Ne = M \times 1/e$ となる。これは

$$N\left(1 + \frac{1}{1!} + \frac{1}{2!} + \frac{1}{3!} + \cdots + \frac{1}{n!} + \cdots\right)$$
$$= M\left(1 - \frac{1}{1!} + \frac{1}{2!} - \frac{1}{3!} + \cdots + \frac{(-1)^n}{n!} \cdots\right)$$

ということで、どんな n を選んでも、両辺に $n!$ をかけると

$$N\left(I_n + \frac{n!}{(n+1)!} + \frac{n!}{(n+2)!} + \frac{n!}{(n+3)!} + \cdots\right)$$
$$= M\left(J_n + (-1)^{n+1}\left(\frac{n!}{(n+1)!} - \frac{n!}{(n+2)!} + \frac{n!}{(n+3)!} - \cdots\right)\right)$$

となる。I_n, J_n は、先の証明で述べたように整数である。

すると、

$$NI_n + N\left(\frac{1}{n+1} + \frac{1}{(n+1)(n+2)} + \frac{1}{(n+1)(n+2)(n+3)} + \cdots\right)$$
$$= MJ_n + M(-1)^{n+1}\left(\frac{1}{n+1} - \frac{1}{(n+1)(n+2)}\right.$$
$$\left. + \frac{1}{(n+1)(n+2)(n+3)} - \cdots\right)$$

となって、これを整理すると

$$NI_n - MJ_n = M(-1)^{n+1}\left(\frac{1}{n+1} - \frac{1}{(n+1)(n+2)} + \frac{1}{(n+1)(n+2)(n+3)} - \cdots\right)$$

$$- N\left(\frac{1}{n+1} + \frac{1}{(n+1)(n+2)} + \frac{1}{(n+1)(n+2)(n+3)} + \cdots\right)$$

となるので、三角不等式〔$|a+b| \leq |a| + |b|$〕を使うと、

$|NI_n - MJ_n|$

$\leq M\left|\dfrac{1}{n+1} - \dfrac{1}{(n+1)(n+2)} + \dfrac{1}{(n+1)(n+2)(n+3)} - \cdots\right|$

$+ N\left|\dfrac{1}{n+1} + \dfrac{1}{(n+1)(n+2)} + \dfrac{1}{(n+1)(n+2)(n+3)} + \cdots\right|$

$< \dfrac{M+N}{n}$

となる。すでに、両方の無限個の和は $1/n$ を上限としてそれを超えないことはわかっているからだ。さて、n を、左辺の正の整数が 1 より小さくなるように、つまり 0 となるほど大きくすると、この n の無限集合について、$NI_n = MJ_n$ となり、これは明らかにありえない。

e が無限級数として表せることで、それが（また e^2 も）無理数であることを確定するために立てられる簡単で効果的な論証が可能となっていて、無限級数で定義され、無理数であることが証明できる定数は他にも無数にあるとはいえ、級数が必ず無理数であることの証明につながるという楽観論は控えるべきだろう。（たくさんある中の）三つ例を挙げると、次の数の正体は、依然として不明だ。

- e に関連して、
$$\sum_{k=0}^{\infty} \frac{1}{k!+1} = 1.52606813447333\ldots$$
という、ポール・エルデシュが立てた問い。
- カタラン数
$$G = \sum_{k=1}^{\infty} \frac{(-1)^{k-1}}{(2k-1)^2} = 0.915965594177\ldots$$
- オイラー゠マスケローニ数
$$\gamma = \lim_{n \to \infty} \left(\sum_{k=1}^{n} \frac{1}{k} - \ln n \right) = 0.577215664901532\ldots$$

エルミートと π

ケンブリッジ大学数学予備試験では難問がよく出るが、その一つに、1945 年、有名な数学者、メアリー・カートライトが過去の経験から選りすぐって出題したものがある。これは π よりもさらにきつい π^2 が無理数であることの証明について立てられた問題で、カートライトは、その方法の由来がどこにあるか定かではないと言っているが、要所は、

$$\frac{1}{n!} \left(\frac{\pi}{2} \right)^{2n+1} \int_{-1}^{1} (1-x^2)^n \cos(\tfrac{1}{2}\pi x)\,\mathrm{d}x$$

が、$\pi^2/4$ についての整数係数で、$\lfloor n/2 \rfloor$ 次の（$\lfloor x \rfloor$ は「床関数」〔x を超えない整数〕）多項式で、π^2 が有理数だと仮定すると、やはり 1 より小さい正の整数が存在することになると見てとるところだろう。実は、この積分は 19 世紀の数学者、シャルル・エルミート（1822-1901）の著作[*2]に見られるもので、エルミートは無理数の物語にもっと重要な貢献をしているので、本章でも後で見るし、次章にも出てくる。当面、その積分を使って π^2 が無理数であることを確かめさせる、この

試験問題を詳細に見ることにしよう。

$$I_n = \int_{-1}^{1} (1-x^2)^n \cos(\tfrac{1}{2}\pi x)\, dx, \quad n = 0, 1, 2, \ldots$$

と書くと、まず、そのような n すべてについて、積分の値の範囲は限られるのがわかる。

$$-1 < x < 1 \text{ について、} 0 < (1-x^2)^n \cos\left(\tfrac{1}{2}\pi x\right) < 1$$

となり、したがって、

$$\int_{-1}^{1} 0\, dx < \int_{-1}^{1} (1-x^2)^n \cos(\tfrac{1}{2}\pi x)\, dx < \int_{-1}^{1} 1\, dx$$

だからで、これにより、$0 < I_n < 2$ となる。必然的に、この積分がどういうものか、はっきりさせなければならず、その目的のために、そのいくつかについて値を概算しよう。というか、もう少し正確に言うと、数学計算ソフトに代わりに計算してもらおう。

$(\tfrac{1}{2}\pi)^{2\times 0+1} I_0 = 2$
$(\tfrac{1}{2}\pi)^{2\times 1+1} I_1 = 4$
$(\tfrac{1}{2}\pi)^{2\times 2+1} I_2 = 2!(96 - 8(\tfrac{1}{4}\pi^2))$
$(\tfrac{1}{2}\pi)^{2\times 3+1} I_3 = 3!(960 - 96(\tfrac{1}{4}\pi^2))$
$(\tfrac{1}{2}\pi)^{2\times 4+1} I_4 = 4!(3360 - 1440(\tfrac{1}{4}\pi^2) + 32(\tfrac{1}{4}\pi^2)^2)$
$(\tfrac{1}{2}\pi)^{2\times 5+1} I_5 = 5!(60480 - 26880(\tfrac{1}{4}\pi^2) + 960(\tfrac{1}{4}\pi^2)^2)$

与えられた n についての結果は、$\tfrac{1}{2}\pi$ についての、整数係数で $2\lfloor \tfrac{1}{2}n \rfloor$ 次の多項式とも、すでに書いたように、$\tfrac{1}{4}\pi^2$ についての、整数係数で $\lfloor \tfrac{1}{2}n \rfloor$ 次の多項式とも解釈できる。後のほうの解釈をとれば、π^2 が無理数であることの証明に向かえる。

つまり、P_n を、$\tfrac{1}{4}\pi^2$ についての、整数係数 (n によって決まる)、$\lfloor \tfrac{1}{2}n \rfloor$ 次の多項式として、

$$(\tfrac{1}{2}\pi)^{2n+1} I_n = n! P_n \qquad (*)$$

ではないか。

こうにらんでしまえば、帰納法による証明が進むべき自然な道で、その目的のためには、I_n を表す漸化式が必要となり、部分積分を2度することで、次が得られる。

$$\begin{aligned}
I_n &= \int_{-1}^{1} (1-x^2)^n \cos(\tfrac{1}{2}\pi x)\,dx \\
&= \left[\frac{2}{\pi}(1-x^2)^n \sin(\tfrac{1}{2}\pi x) \right]_{-1}^{1} \\
&\quad + \frac{4n}{\pi} \int_{-1}^{1} x(1-x^2)^{n-1} \sin(\tfrac{1}{2}\pi x)\,dx \\
&= \frac{4n}{\pi} \int_{-1}^{1} x(1-x^2)^{n-1} \sin(\tfrac{1}{2}\pi x)\,dx \\
&= \frac{4n}{\pi} \Big\{ \left[-\frac{2}{\pi} x(1-x^2)^{n-1} \cos(\tfrac{1}{2}\pi x) \right]_{-1}^{1} \\
&\quad + \frac{2}{\pi} \int_{-1}^{1} \{(1-x^2)^{n-1} - 2(n-1)x^2 (1-x^2)^{n-2}\} \\
&\qquad \times \cos(\tfrac{1}{2}\pi x)\,dx \Big\} \\
&= \frac{4n}{\pi} \Big\{ \frac{2}{\pi} \int_{-1}^{1} \{(1-x^2)^{n-1} - 2(n-1)x^2 (1-x^2)^{n-2}\} \\
&\qquad \times \cos(\tfrac{1}{2}\pi x)\,dx \Big\} \\
&= \frac{8n}{\pi^2} \Big\{ \int_{-1}^{1} \{(1-x^2)^{n-1} - 2(n-1)x^2 (1-x^2)^{n-2}\} \\
&\qquad \times \cos(\tfrac{1}{2}\pi x)\,dx \Big\}
\end{aligned}$$

第4章　新旧の無理数

この式を書き直すと

$$I_n = \frac{8n}{\pi^2}\left\{\int_{-1}^{1}\{(1-x^2)^{n-1} + 2(n-1)((1-x^2)-1)(1-x^2)^{n-2}\}\right.$$
$$\left.\times \cos(\tfrac{1}{2}\pi x)\,\mathrm{d}x\right\}$$

$$= \frac{8n}{\pi^2}(I_{n-1} + 2(n-1)I_{n-1} - 2(n-1)I_{n-2})$$

となるので、

$$\tfrac{1}{4}\pi^2 I_n = 2n(2n-1)I_{n-1} - 4n(n-1)I_{n-2}, \quad n \geqslant 2$$

これが定まれば、帰納法に進む。条件 $(*)$ が $\leq k$ のすべての整数について成り立つと仮定し、$k+1$ の場合を考える。漸化式を使って、
$(\tfrac{1}{2}\pi)^{2k+3}I_{k+1}$

$$= (\tfrac{1}{2}\pi)^{2k+3}\left(\frac{2}{\pi}\right)^2\{2(k+1)(2k+1)I_k - 4(k+1)kI_{k-1}\}$$
$$= (\tfrac{1}{2}\pi)^{2k+1}\{2(k+1)(2k+1)I_k - 4(k+1)kI_{k-1}\}$$
$$= 2(k+1)(2k+1)(\tfrac{1}{2}\pi)^{2k+1}I_k - 4(k+1)k(\tfrac{1}{2}\pi)^2(\tfrac{1}{2}\pi)^{2k-1}I_{k-1}$$
$$= 2(k+1)(2k+1)k!P_k - 4(k+1)k(\tfrac{1}{4}\pi^2)(k-1)!P_{k-1}$$

となり、$\dfrac{1}{4}\pi^2$ についての、整数係数で、次数が

$$\lfloor \tfrac{1}{2}(k-1)\rfloor + 1 = \lfloor \tfrac{1}{2}(k-1)+1\rfloor = \lfloor \tfrac{1}{2}(k+1)\rfloor$$

の多項式が得られる。最初のいくつかの n については仮定が成り立つことはすでに見ているので、証明ができて、$(\dfrac{1}{2}\pi)^{2n+1}I_n = n!P_n$ が得られる。

最後に両辺を 2 乗して、$\dfrac{1}{4}\pi^2 = a/b$ とすると、

$$(\tfrac{1}{4}\pi^2)^{2n+1}I_n^2 = (n!)^2(P_n)^2$$

が得られ、したがって

$$\left(\frac{a}{b}\right)^{2n+1} I_n^2 = (n!)^2 (P_n)^2$$

となり、これはつまり、

$$\frac{a^{2n+1}}{(n!)^2} I_n^2 = b^{2n+1} (P_n)^2$$

ということになる。P_n は、(a/b) についての、整数係数で、$\lfloor \frac{1}{2} n \rfloor$ 次の多項式なので、$(P_n)^2$ は $2\lfloor \frac{1}{2} n \rfloor$ 次となり、したがって、$b^{2n+1}(P_n)^2$ は整数となる。ところが $a^{2n+1}/(n!)^2 \xrightarrow{n\to\infty} 0$ なので、十分大きな n については、先に示したとおり I_n の範囲は限られるので、$0 < a^{2n+1}(I_n/n!)^2 < 1$ となる。

これで 0 と 1 のあいだの整数ができてしまう。

ニーヴンなど

アメリカ数学協会が出しているカールス数学モノグラフシリーズの第 11 巻は、1955 年に出た『無理数』[*3]である。カナダ生まれのアメリカ人で、これにふさわしい数学者アイヴァン・ニーヴン（1915-1999）が執筆している。無理数にかかわるいろいろな結果が登場するが、その中に、π が無理数であることのニーヴン版の証明がある。もとは 1947 年の本人による覚書[*4]に出ており、それを修正したもので、π が無理数であることの現代的な証明が初めて活字になったものだ。

その証明のために、またこの本の他の大部分でもそうだが、エルミートの積分を思わせるような仕掛けを採用する。これは中心に $2n$ 次の多項式があり、その標準形は次のようなものだ。

$$f(x) = \frac{x^n(1-x)^n}{n!}$$

その通称をニーヴン多項式という。

もちろん、n が変化するとその性質も変わるが、区間 $[0, 1]$ にかぎ

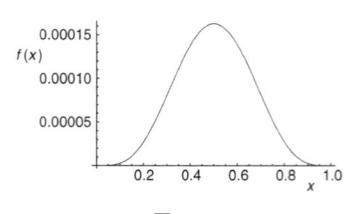

図 4.1

れば、その見た目のふるまいは、正の整数 n が何であれ似たようなもので、図 4.1 には、$n = 4$ の場合でその様子を示す。

このふるまいの基本的な面も、n が変化しても一定だ。やはり $n = 4$ の場合について考え、$(d^r/dx^r)f(x)$ を $f^{(r)}(x)$ とする通例の表記をとる。

$f(x) = \dfrac{x^4(1-x)^4}{4!}: \quad f(0) = f(1) = 0$

$f^{(1)}(x) = \frac{1}{6}(1-x)^4 x^3 - \frac{1}{6}(1-x)^3 x^4: \quad f^{(1)}(0) = f^{(1)}(1) = 0$

$f^{(2)}(x) = \frac{1}{2}(1-x)^4 x^2 - \frac{4}{3}(1-x)^3 x^3 + \frac{1}{2}(1-x)^2 x^4:$
$$f^{(2)}(0) = f^{(2)}(1) = 0$$

$f^{(3)}(x) = (1-x)^4 x - 6(1-x)^3 x^2 + 6(1-x)^2 x^3 - (1-x)x^4:$
$$f^{(3)}(0) = f^{(3)}(1) = 0.$$

$f^{(4)}(x) = (1-x)^4 - 16(1-x)^3 x + 36(1-x)^2 x^2$
$\qquad\qquad - 16(1-x)x^3 + x^4: f^{(4)}(0) = f^{(4)}(1) = 1$

$f^{(5)}(x) = -20(1-x)^3 + 120(1-x)^2 x - 120(1-x)x^2 + 20x^3:$
$$f^{(5)}(0) = -20 = -f^{(5)}(1)$$

$f^{(6)}(x) = 180(1-x)^2 - 480(1-x)x + 180x^2:$
$$f^{(6)}(0) = f^{(6)}(1) = 180$$

$f^{(7)}(x) = -840(1-x) + 840x: \quad f^{(7)}(0) = -840 = -f^{(7)}(1)$

$f^{(8)}(x) = 1680: \quad f^{(8)}(0) = f^{(8)}(1) = 1680$

大事な点は、この場合、

- $r < 4$ について、$f^{(r)}(0) = f^{(r)}(1) = 0$

- $r \geq 4$ について、$f^{(r)}(0) = (-1)^r f^{(r)}(1)$
- すべての r について、$f^{(r)}(0)$ と $f^{(r)}(1)$ は整数

となるところだ。これが特殊な事例でないことを確かめるには、次のように論じることができる。

$f(x)$ の分子には、n 次式二つの積があり、したがって積の微分を n 回よりは少ない回数使うと、導関数のそれぞれの成分に x の項と $(1-x)$ の項がともに残り、したがって、$0 \leq j < n$ について、$f^{(j)}(0) = f^{(j)}(1) = 0$ となる。今度は、$n \leq j \leq 2n$ として、$f^{(j)}(x)$ を取り上げ、この式を、2 通りに見る。

一方では、多項式 $f(x)$ はそのテイラー展開と同じであり、したがって

$$f(x) = f(0) + xf^{(1)}(0) + \frac{x^2}{2!}f^{(2)}(0) + \frac{x^3}{3!}f^{(3)}(0)$$
$$+ \frac{x^4}{4!}f^{(4)}(0) + \cdots + \frac{x^{2n-1}}{(2n-1)!}f^{(2n-1)}(0) + x^{2n}$$

すでに、この導関数の最初の半分は 0 であることがわかっているので、x^j の係数は、すべての $0 \leq j \leq 2n$ について、$f^{(j)}(0)/j!$ となる。他方、$f(x)$ についてふつうの二項展開を用いれば、

$$f(x) = \frac{x^n}{n!}\sum_{k=0}^{n}\binom{n}{k}1^k(-x)^{n-k}$$
$$= \frac{1}{n!}\sum_{k=0}^{n}\binom{n}{k}(-1)^{n-k}x^{2n-k}$$

が得られる。$j > n$ について、x^j の係数を表す二つの式を等しいと置けば、

$$\frac{f^{(j)}(0)}{j!} = \frac{1}{n!}\binom{n}{2n-j}(-1)^{j-n}$$

となるので、

$$f^{(j)}(0) = \binom{n}{2n-j}(-1)^{j-n}\frac{j!}{n!}$$

で、$f^{(j)}(0)$ は整数となる。

同様に $f^{(j)}(1)$ もそうなる。実は、$f(x) = f(1-x)$ の対称性から、

$$f^{(j)}(x) = (-1)^j f^{(j)}(1-x) \text{ ゆえに、} f^{(j)}(1) = (-1)^j f^{(j)}(0)$$

こうした性質が、ニーヴン方式の——またニーヴンに続く他の人々の方式の——中心にある。

ニーヴンが当初このアイデアを使ったのは、π が無理数であることを証明するためで、その変形を用いれば、どんな無理数でもこれに収まる。すでに、エルミートの方法で π^2 が無理数であることを示せるのは明らかにしたが、ニーヴン多項式を使う感触を得るために、あらためてこの事実を証明し、その後でさらに、その重要な応用へと移ろう。ここでの取り扱いは、1949 年の岩本義和による論証に従う[*5]。

まず、任意の微分可能な関数 $f(x)$ について、

$$\int_0^1 f(x) \sin x \, dx$$

は、部分積分を使って計算でき、

$$\int_0^1 f(x) \sin \pi x \, dx$$
$$= \left[-\frac{1}{\pi} f(x) \cos \pi x\right]_0^1 + \frac{1}{\pi} \int_0^1 f^{(1)}(x) \cos \pi x \, dx$$
$$= \frac{1}{\pi}(f(0) + f(1)) + \frac{1}{\pi} \int_0^1 f^{(1)}(x) \cos \pi x \, dx$$

となる。この手順を繰り返すと、

$$\int_0^1 f(x) \sin \pi x \, dx$$

$$= \frac{1}{\pi}(f(0) + f(1)) + \frac{1}{\pi^2}[f^{(1)}(x)\sin\pi x]_0^1$$

$$- \frac{1}{\pi^2}\int_0^1 f^{(2)}(x)\sin\pi x\,\mathrm{d}x$$

$$= \frac{1}{\pi}(f(0) + f(1)) - \frac{1}{\pi^2}\int_0^1 f^{(2)}(x)\sin\pi x\,\mathrm{d}x$$

が得られ、これにより再帰的関係ができて、次の段階

$$\int_0^1 f(x)\sin\pi x\,\mathrm{d}x$$

$$= \frac{1}{\pi}(f(0) + f(1))$$

$$- \frac{1}{\pi^2}\left\{\frac{1}{\pi}(f^{(2)}(0) + f^{(2)}(1)) - \frac{1}{\pi^2}\int_0^1 f^{(4)}(x)\sin\pi x\,\mathrm{d}x\right\}$$

$$= \left\{\frac{1}{\pi}f(0) - \frac{1}{\pi^3}f^{(2)}(0)\right\} + \left\{\frac{1}{\pi}f(1) - \frac{1}{\pi^3}f^{(2)}(1)\right\}$$

$$+ \frac{1}{\pi^4}\int_0^1 f^{(4)}(x)\sin\pi x\,\mathrm{d}x$$

となり、さらにその次の

$$\int_0^1 f(x)\sin\pi x\,\mathrm{d}x = \left\{\frac{1}{\pi}f(0) - \frac{1}{\pi^3}f^{(2)}(0) + \frac{1}{\pi^5}f^{(4)}(0)\right\}$$

$$+ \left\{\frac{1}{\pi}f(1) - \frac{1}{\pi^3}f^{(2)}(1) + \frac{1}{\pi^5}f^{(4)}(1)\right\}$$

$$- \frac{1}{\pi^7}\int_0^1 f^{(6)}(x)\sin\pi x\,\mathrm{d}x$$

$$= \frac{1}{\pi^5}\left\{\pi^4 f(0) - \pi^2 f^{(2)}(0) + f^{(4)}(0)\right\}$$

$$+ \frac{1}{\pi^5}\left\{\pi^4 f(1) - \pi^2 f^{(2)}(1) + f^{(4)}(1)\right\}$$

$$-\frac{1}{\pi^7}\int_0^1 f^{(6)}(x)\sin\pi x\,\mathrm{d}x$$

となって、これを最大 $2n$ 階微分まで続けると、

$$\int_0^1 f(x)\sin\pi x\,\mathrm{d}x$$

$$=\frac{1}{\pi^{2n+1}}\Big\{\pi^{2n}f(0)-\pi^{2n-2}f^{(2)}(0)+\pi^{2n-4}f^{(4)}(0)$$

$$-\pi^{2n-6}f^{(6)}(0)+\cdots+(-1)^n f^{(2n)}(0)\Big\}$$

$$+\frac{1}{\pi^{2n+1}}\Big\{\pi^{2n}f(1)-\pi^{2n-2}f^{(2)}(1)+\pi^{2n-4}f^{(4)}(1)$$

$$-\pi^{2n-6}f^{(6)}(1)+\cdots+(-1)^n f^{(2n)}(1)\Big\}$$

$$+(-1)^{n+1}\int_0^1 f^{(2n+2)}(x)\sin\pi x\,\mathrm{d}x$$

が得られる。

さて、ニーヴン多項式に戻ると、$f(x)$ は $2n$ 次の多項式なので、$f^{(2n+1)}(x)=f^{(2n+2)}(x)=0$ で、これはつまり、上記の最後の積分はゼロになるということだ。スーパー関数

$$F(x)=\frac{1}{\pi^{2n+1}}\{\pi^{2n}f(x)-\pi^{2n-2}f^{(2)}(x)+\pi^{2n-4}f^{(4)}(x)$$

$$-\pi^{2n-6}f^{(6)}(x)+\cdots+(-1)^n f^{(2n)}(x)\}$$

を定義すると、

$$\int_0^1 f(x)\sin\pi x\,\mathrm{d}x=F(0)+F(1) \tag{1}$$

となる。これで $\pi^2=a/b$ と仮定すると矛盾が生じることを言う準備が整った。もしそう書けるなら、

$$F(x)=\frac{1}{\pi(\pi^2)^n}\{(\pi^2)^n f(x)-(\pi^2)^{n-1}f^{(2)}(x)$$

$$+ (\pi^2)^{n-2} f^{(4)}(x) - (\pi^2)^{n-3} f^{(6)}(x)$$
$$+ \cdots + (-1)^n f^{(2n)}(x)\}$$
$$= \frac{b^n}{\pi a^n} \left\{ \frac{a^n}{b^n} f(x) - \frac{a^{n-1}}{b^{n-1}} f^{(2)}(x) + \frac{a^{n-2}}{b^{n-2}} f^{(4)}(x) \right.$$
$$\left. - \frac{a^{n-3}}{b^{n-3}} f^{(6)}(x) + \cdots + (-1)^n f^{(2n)}(x) \right\}$$
$$= \frac{1}{\pi a^n} \{ a^n f(x) - a^{n-1} b f^{(2)}(x) + a^{n-2} b^2 f^{(4)}(x)$$
$$- a^{n-3} b^3 f^{(6)}(x) + \cdots + (-1)^n f^{(2n)}(x) \}$$

となり、これは
$$\pi a^n F(0) = a^n f(0) - a^{n-1} b f^{(2)}(0) + a^{n-2} b^2 f^{(4)}(0)$$
$$- a^{n-3} b^3 f^{(6)}(0) + \cdots + (-1)^n f^{(2n)}(0)$$
$$\pi a^n F(1) = a^n f(1) - a^{n-1} b f^{(2)}(1) + a^{n-2} b^2 f^{(4)}(1)$$
$$- a^{n-3} b^3 f^{(6)}(1) + \cdots + (-1)^n f^{(2n)}(1)$$

となって、(1) を
$$\pi a^n \int_0^1 f(x) \sin \pi x \, dx = \pi a^n F(0) + \pi a^n F(1)$$

と書き直せば、右辺は整数であり、したがって左辺もそうでなければならない。ところが、次のことを考えよう。

$0 < x < 1$ なので、$0 < x(1-x) < 1$ とならざるをえず、したがって、$0 < f(x) < 1/n!$ であり、それはつまり

$$0 < \pi a^n \int_0^1 f(x) \sin \pi x \, dx < \frac{\pi a^n}{n!} \int_0^1 \sin \pi x \, dx$$

$$0 < \pi a^n \int_0^1 f(x) \sin \pi x \, dx < \frac{\pi a^n}{n!} \left[\frac{-\cos \pi x}{\pi} \right]_0^1 = \frac{2a^n}{n!}$$

ということで、十分大きな n について、この右辺は 1 より小さく、求める整数は 0 と 1 の間になければならず、矛盾する。

さてニーヴンは、方法とは一粒で二度おいしいという哲学に立って、このアイデアもいろいろな形に脚色するが、中でも重要なのが、$r \neq$

0 となる有理数 r について*6、$\cos r$ が無理数であることの証明に使った場合だ。これまた先のモノグラフに出てくる。この結果から、一連の単純な論証があり（三角関数の公式などを使って）、それがあらゆる三角関数やその逆関数、双曲関数とその逆関数、指数関数と自然対数関数について、同様の無理数であることにつながる。とくに 0 でない有理数 r について、e^r は無理数であり、1 ではなく、0 より大きい正の有理数 r について、$\ln r$ は無理数となる。

ニーヴンはこんな興味深いことも言っている。

> $\cos r$ が必然的にこの手順での土台になる関数となるらしいのは興味深い。つまり、$\sin r$ と $\tan r$ が無理数であることは、$\cos r$ が無理数であることから直ちに出てくるのに、$\sin r$ や $\tan r$ が無理数であることから $\cos r$ が無理数であるという推論は、単純にはできないらしいということだ。

すると、$\cos r$ が無理数であるという問題を攻めればうまくいくだろう。残念ながら、この論証は「初歩的」ではあるとはいえ、少々長すぎるし、ここで解説するにはやこしくまた曲がりくねっているが、アラン・E. パークスがきれいな結果に納得できる要約をしてくれている*7。パークスも初歩的な手段を用いて、ニーヴン方式から、

> $0 < |r| \leq \pi$ となる r が有理数なら、少なくとも $\sin r$ と $\cos r$ の一方は無理数である

ことを確かめられるだけのものを引き出している。

そしてパークスは、ニーヴン多項式の変形も使う。π が無理数であることをニーヴン自身が証明したときのものと似た式だが、今度は、a, b を正の整数として、

$$f(x) = \frac{x^n(a-bx)^n}{n!}$$

としている。

当面、$f(x)$ は d 次の多項式で、$g(x)$ は区間 $[0, c]$ で繰り返し積分可能な関数とし、ここでも

$$f^{(k)}(x) = \frac{\mathrm{d}}{\mathrm{d}x} f^{(k-1)}(x) \quad \text{また} \quad g_{(k)}(x) = \int g_{(k-1)}(x)\,\mathrm{d}x$$

と書こう。やはり部分積分を行なって、

$$\int_0^c f(x)g(x)\,\mathrm{d}x$$

$$= [f(x)g_{(1)}(x)]_0^c - \int_0^c f^{(1)}(x)g_{(1)}(x)\,\mathrm{d}x$$

$$= (f(c)g_{(1)}(c) - f(0)g_{(1)}(0))$$
$$\quad - \left\{ [f^{(1)}(x)g_{(2)}(x)]_0^c - \int_0^c f^{(2)}(x)g_{(2)}(x)\,\mathrm{d}x \right\}$$

$$= (f(c)g_{(1)}(c) - f^{(1)}(c)g_{(2)}(c))$$
$$\quad - (f(0)g_{(1)}(0) - f^{(1)}(0)g_{(2)}(0))$$
$$\quad + \int_0^c f^{(2)}(x)g_{(2)}(x)\,\mathrm{d}x$$

となり、さらに

$$= (f(c)g_{(1)}(c) - f^{(1)}(c)g_{(2)}(c)$$
$$\quad + \cdots + (-1)^d f^{(d)}(c)g_{(d+1)}(c))$$
$$\quad - (f(0)g_{(1)}(0) - f^{(1)}(0)g_{(2)}(0)$$
$$\quad + \cdots + (-1)^d f^{(d)}(0)g_{(d+1)}(0))$$

と続く。$f(x)$ の d 階導関数のところで止めるのが自然だ。

つまり、

$$\int_0^c f(x)g(x)\,\mathrm{d}x = F(c) - F(0)$$

となるここでのスーパー関数は、
$$F(x) = (f(x)g_{(1)}(x) - f^{(1)}(x)g_{(2)}(x) \\ + \cdots + (-1)^d f^{(d)}(x)g_{(d+1)}(x))$$
となる。最後に、言われている結果を逆転しそれと等価な

$0 < |r| \leq \pi$ かつ $\sin r$ と $\cos r$ がともに有理数なら、r は無理数である

にすると、扱いやすい形が得られる。

$r = a/b > 0$ は任意の正の有理数だとして（対称性を用いて負の r を扱うこともできる）、ニーヴン多項式の成分としてこの分子と分母を使おう。

そこで、$\sin r$ と $\cos r$ をともに有理数とし、二つの有理数のうち分母が大きいほうを D として、関数 $g(x) = D \sin x$ を定義する。

すると、$c = r = a/b$ として、$f(x) = x^n(a - bx)^n/n!$ と、$g(x) = D\sin x$ が得られる。

先の154頁での $f^{(r)}(0)$ と $f^{(r)}(1)$ の値に関する話は少し修正してここで同等のことが成り立つことを示す必要があり、すると、$f^{(k)}(0)$ と $f^{(k)}(c)$ が整数となる。仮定と構成によって、$g^{(k)}(0)$ と $g^{(k)}(c) = g^{(k)}(r)$ は整数であり、またしても $F(c) - F(0)$ は確かに整数であることがわかる。$f(x)$ の定義での n の値を高めにとると、やはりこの整数が 0 と 1 の間にあることが言え、r が有理数であるという仮定に矛盾する。

歓迎すべき余禄として、さらに慎重に選べば、

$0 < r \neq 1$ が有理数なら、$\ln r$ は無理数である

が導ける（$\ln(1/r) = -\ln r$ なので、$r > 1$、したがって、$\ln r > 0$ と仮定してもよい）。

ここで $r = a/b$ とし、$c = \ln r$ とする。$g(x) = be^x$ とすると、$g(0) = b$ と、$g(c) = be^c = be^{(\ln r)} = br = b \times (a/b) a$ は整数となる。同じ $f(x)$ について、やはり維持しがたい状況ができ、$\ln r$ は無理数とせざるをえない。

一つの仕掛けで根本的な結果が出せて、その結果がまた数学の基本的な関数の多くについて無理数であることの証明ができるよう操作できる。もちろん、わかっていることにはまだ孔がある。たとえば、有理数 r について、e^r が無理数であることがわかっても、r^e については何も言えない。

不尽根数に戻る

無理数の探究を、不尽根数に戻って続けよう。第1章では、$\sqrt{2}$ が無理数であることの、エウクレイデスが書き残したいちばん有名な証明を見て、テオドロスが、$\sqrt{3}, \sqrt{5}, \sqrt{7}, \ldots, \sqrt{15}$, さらにはもしかすると $\sqrt{17}$ が無理数であることを確認したかもしれない方法について、仮説を立てた。一般的に言って $\sqrt{n}$ の場合はどうだろう。そこまで広げるといっても、いくつかの方法によって、たいしたことではなくなる。ここでは、割り切れるかどうかの論証にはよらず、長年のあいだにあちこちでいろいろな形で登場してきたものを取り上げる。

$\sqrt{n}$ が整数なら、もう片づいている。片づいていないのは整数でない場合で、それは二つの連続する整数の間、$k < \sqrt{n} < k+1$ になければならない。$\sqrt{n}$ は有理数で、既約であり分母は d としよう。すると、d は、$d\sqrt{n}$ が整数となる最小の整数ということになる。そこで $d(\sqrt{n} - k) = d\sqrt{n} - dk$ を考える。これは明らかに d よりも小さい整数だ。ところが $[d(\sqrt{n} - k)]\sqrt{n} = dn - k(d\sqrt{n})$ は整数となり〔$\sqrt{n}$ の分母 d は、d より小さい整数 $d(\sqrt{n} - k)$ では約分しきれないはずなのに〕、これは矛盾する。

すると、不尽根数の基本的な集合が得られ、以下のすぐにわかる三つのことの上に立てられる。

- $r \neq 0$ が有理数で x が無理数なら、rx は無理数である。これで、$2\sqrt{7}$ や $\frac{2}{3}\sqrt{15}$ などが無理数であることが確実に言える。
- r が有理数で x が無理数なら、$r + x$ は無理数である。これで $3+2\sqrt{7}$ や $\frac{4}{5}+\frac{2}{3}\sqrt{15}$ が無理数であることが確実に言える。
- r が有理数なら、すべての整数 n について、r^n は有理数である。それと同等のこととして、x が無理数なら、$\sqrt[n]{x}$ は、あらゆる整数 n について無理数である。これによって、$\sqrt{\sqrt{2}} = \sqrt[4]{2}$ や、$\sqrt{1+\sqrt{2}}$ などが無理数であることが確実に言える。

つまり、有理数と無理数を上記のように組み合わせ、開平・開立などをすることによって、既知の不尽根数となる無理数のリストを拡張することはいくらかできるが、当然に出てくるもののまだ答えが出ていない問いが一つある。$\sqrt{2} + \sqrt{3}$ や $\sqrt{2} + \sqrt{3} + \sqrt{5}$ や $\sqrt{2} + \sqrt{3} + \sqrt{5} + \sqrt{7}$ などは無理数だろうか。つまり、無理数どうしの和は必然的に新たな無理数となるか。

　明らかに、答えはノーだ。たとえば $\sqrt{2} + (2 - \sqrt{2})$ のような和を考えるとよい。もう少しわかりにくいところでは、二つの小数、

$$a = 0.01001000100001000001\ldots$$
$$b = 0.10110111011110111110\ldots$$

を考えよう。パターンはどこまでも続く〔b は a の 0 と 1 を入れ替えたもの〕。無理数を小数に展開すると無限に続き、循環もないが、有理数を小数に展開すると、有限になるか循環することを当面認めておくと（第 8 章で証明する）、二つは確かに無理数だが、それを足すと

$$a + b = 0.11111\ldots = \frac{1}{9}$$

となって、有理数が得られる。二つの無理数の和がやはり有理数となる。結果を次のように書くことで、根底にある構造が明らかになる。

$$a + \left(\frac{1}{9} - a\right) = \frac{1}{9}$$

こう書いてしまうとたいしたことには見えない。ここでも、無理数の部分がちょうど相殺されるように都合のよい数を組み立ててできた二つの無理数を足しているだけだからだ。

数の無理数の部分を都合よく相殺するのは、無理数の「本当の」足し算には踏み込んでいない特殊な仕掛けだという感じがある。そのとおりだが、もう少し事態を正確にして、この問題をきれいに取り扱った、グレッグ・N. パトルノ[*8]の発案した次のような手順に従ってみよう。

先の $\sqrt{2} + (2-\sqrt{2})$ の場合に戻り、括弧をとって、三つの数の和、$s = \sqrt{2} + 2 - \sqrt{2}$ という式を考えよう。一般的に言えば、$a_1^2, a_2^2, a_3^2, \ldots, a_n^2$ は有理数として、$s = a_1 + a_2 + a_3 + \ldots a_n$ とする。

s は有理数と仮定して、s の特定の成分に注目し、便宜的にこれをとりあげて、a_1 と呼ぼう。

$$F(x, a_1, a_2, a_3, \ldots, a_n) = \prod_{\substack{\text{すべての±の組み}\\\text{合わせについて}}} (x - a_1 \pm a_2 \pm a_3 \pm \ldots \pm a_n)$$

を定義する。$F(s, a_1, a_2, a_3, \ldots a_n) = 0$ であることは明らかだが、この関数には、それほどわかりやすくないが、別の性質もあり、これについては、$n = 2, 3$ という最初のほうの例を見て明らかにしよう。

$$F(x, a_1, a_2) = \prod_{\substack{\text{すべての±の組み}\\\text{合わせについて}}} (x - a_1 \pm a_2)$$

第4章 新旧の無理数

$$= (x - a_1 + a_2)(x - a_1 - a_2)$$
$$= (x - a_1)^2 - a_2^2$$
$$= (x^2 + a_1^2 - a_2^2) - a_1(2x)$$

である。またごちゃごちゃした式計算を省略すれば、

$$F(x, a_1, a_2, a_3) = \prod_{\substack{\text{すべての±の組み} \\ \text{合わせについて}}} (x - a_1 \pm a_2 \pm a_3)$$
$$= (x - a_1 + a_2 + a_3)(x - a_1 + a_2 - a_3)$$
$$\times (x - a_1 - a_2 + a_3)(x - a_1 - a_2 - a_3)$$
$$= (x^4 + 6a_1^2 x^2 - 2a_2^2 x^2 - 2a_3^2 x^2 + a_1^4$$
$$+ a_2^4 + a_3^4 - 2a_1^2 a_2^2 - 2a_1^2 a_3^2 - 2a_2^2 a_3^2)$$
$$- a_1(4a_1^2 x - 4a_2^2 x - 4a_3^2 x + 4x^3)$$

となる。どちらも、

$$F(x, a_1, a_2, a_3, \ldots a_n) = G(x, a_1^2, a_2^2, a_3^2, \ldots, a_n^2)$$
$$- a_1 H(x, a_1^2, a_2^2, a_3^2, \ldots, a_n^2)$$

の特殊な場合で、

$$G(x, a_1^2, a_2^2, a_3^2, \ldots, a_n^2) \text{ と } H(x, a_1^2, a_2^2, a_3^2, \ldots, a_n^2)$$

は、整数係数の多項式である。

要するに、F の右辺を計算すれば、±の繰り返しで、必ず、$a_2, a_3,$ $a_4, \ldots, a_n$ の項は偶数乗として現れ、a_1 だけが偶数乗も奇数乗もあることになる。一般論は、帰納法（でも他のものでも）を使えば、すぐに確かめられる。それに沿って項をまとめれば、関数 G, H が得られ、$x = s$ と置けば、

$$F(s, a_1, a_2, a_3, \ldots a_n)$$
$$= G(s, a_1^2, a_2^2, a_3^2, \ldots, a_n^2) - a_1 H(s, a_1^2, a_2^2, a_3^2, \ldots, a_n^2)$$
$$= 0$$

が得られ、したがって、

$$a_1 = \frac{G(s, a_1^2, a_2^2, a_3^2, \ldots, a_n^2)}{H(s, a_1^2, a_2^2, a_3^2, \ldots, a_n^2)}$$

となる。ここでsを有理数と仮定すれば、二つの有理数の比が得られ、これもまた有理数であり、つまりa_1が有理数だということになる。もちろん、添え字の1は恣意的で、sが有理数なら、$\{a_1, a_2, a_3, \ldots, a_n\}$のすべてが有理数だということでなければならない。逆に言うと、$\{a_1, a_2, a_3, \ldots, a_n\}$のいずれかが無理数なら、$s$は無理数とならざるをえない。すると、先の$\sqrt{2}$を含む例はどうなるだろう。上の論証が成り立たない唯一の状況は、分母$H(s, a_1^2, a_2^2, a_3^2, \ldots, a_n^2)$が0のときで、そうなるのはどういうときかを特定しよう。

$$\begin{aligned}
&F(s, a_1, a_2, a_3, \ldots, a_n) - F(s, -a_1, a_2, a_3, \ldots, a_n) \\
&= 0 - F(s, -a_1, a_2, a_3, \ldots, a_n) \\
&= [G(s, a_1^2, a_2^2, a_3^2, \ldots, a_n^2) - a_1 H(s, a_1^2, a_2^2, a_3^2, \ldots, a_n^2)] \\
&\quad - [G(s, a_1^2, a_2^2, a_3^2, \ldots, a_n^2) + a_1 H(s, a_1^2, a_2^2, a_3^2, \ldots, a_n^2)]
\end{aligned}$$

を考えると、

$$-F(s, -a_1, a_2, a_3, \ldots, a_n) = -2a_1 H(s, a_1^2, a_2^2, a_3^2, \ldots, a_n^2)$$

で、

$$\begin{aligned}
&H(s, a_1^2, a_2^2, a_3^2, \ldots, a_n^2) \\
&= \frac{1}{2a_1} F(s, -a_1, a_2, a_3, \ldots, a_n) \\
&= \frac{1}{2a_1} \prod_{\substack{\text{すべての±の組み}\\\text{合わせについて}}} (s + a_1 \pm a_2 \pm a_3 \pm \cdots \pm a_n)
\end{aligned}$$

第4章 新旧の無理数

$$= \frac{1}{2a_1} \prod_{\substack{\text{すべての±の組み}\\\text{合わせについて}}} (2a_1 + (a_2 \pm a_2) + (a_3 \pm a_3) + \cdots + (a_n \pm a_n))$$

$$= \frac{1}{2a_1} \prod_{T \subset \{a_2, a_3, \ldots, a_n\}} \left(2a_1 + 2\sum_{a_r} \in T a_r\right)$$

$$= \frac{1}{a_1} \prod_{T \subset \{a_2, a_3, \ldots, a_n\}} \left(a_1 + \sum_{a_r \in T} a_r\right)$$

となる。この $H(s, a_1^2, a_2^2, a_3^2, \ldots, a_n^2)$ の積表現によって、それが0になりうるのは、いずれかの部分級数 $(a_1 + \Sigma\ a_r)$ がゼロになるからだということがわかる——それがまさしく先の例について言えることだ。

これで平方根による不尽根数のあらゆる「自然な」集合を足し合わせて、無理数を生み出すことができる。

立方根による不尽根数、4乗根による不尽根数はどうか。本節の最初で見た、平方根の不尽根数が無理数であることの証明は、一般的な場合にも言えることが容易に見てとれるので、

m と n を正の整数として、$\sqrt[m]{n}$ が整数でなければ、それは無理数である。

けれども、こうした不尽根数の和や、それが混じったものの和はどうなるか。具体的に言うと、$\sqrt{3} + \sqrt[3]{5}$ のような数が無理数であることはどうか。見通しは少し悪くなるが、問題の見方を変えると少し見えてくる。多項式による方程式を使うということだ。

$x = \sqrt{3} + \sqrt[3]{5}$ と書くと、$(x - \sqrt{3})^3 = 5$ で、したがって、$x^3 - 3\sqrt{3}x^2 + 9x - 3\sqrt{3} = 5$ となり、$x^3 + 9x - 5 = 3\sqrt{3}(x^2 + 1)$。これを平方して、$(x^3 + 9x - 5)^2 = 27(x^2 + 1)^2$ が得られ、計算ソフトを信じるなら、これを簡約して

$$x^6 - 9x^4 - 10x^3 + 27x^2 - 90x - 2 = 0$$

となる。この整数係数の多項式方程式が $\sqrt{3} + \sqrt[3]{5}$ を根にもつこと、そのことから、以下のように有理根定理という代数学で得られている結果を使えば、この数が無理数であることを確かめるのは易しい。

多項式方程式一般

$$a_n x^n + a_{n-1} x^{n-1} + a_{n-2} x^{n-2} + \cdots + a_0 = 0$$

を考える。係数は整数で、有理根 p/q(既約)があるとすると、

$$a_n \left(\frac{p}{q}\right)^n + a_{n-1}\left(\frac{p}{q}\right)^{n-1} + a_{n-2}\left(\frac{p}{q}\right)^{n-2} + \cdots + a_0 = 0$$

となるので、

$$a_n p^n + a_{n-1} p^{n-1} q + a_{n-2} p^{n-2} q^2 + \cdots + a_0 q^n = 0$$

すると、

$$a_n p^n = -q(a_{n-1} p^{n-1} + a_{n-2} p^{n-2} q + \cdots + a_0 q^{n-1})$$

となるので、q は $a_n p^n$ の約数である。p と q には公約数はないので、a_n が q で割り切れなければならない。

先の等式を

$a_0 q^n$
$= -(a_n p^n + a_{n-1} p^{n-1} q + a_{n-2} p^{n-2} q^2 + \cdots + a_1 p q^{n-1})$
$= -p(a_n p^{n-1} + a_{n-1} p^{n-2} q + a_{n-2} p^{n-3} q^2 + \cdots + a_1 q^{n-1})$

と書き換えれば、p は $a_0 q^n$ の約数であり、a_0 の約数であることがわかる。

要するに、有理根定理が言っているのは、

p/q(既約)が整数係数の多項式方程式の有理根なら、a_0 は p で割り切れ、a_n は q で割り切れる

第 4 章 新旧の無理数

ということだ。とくに言えば、$a_n=1$ とする。p/q が既約で有理根なら、上記から、$q=\pm 1$ とならざるをえず、したがって、有理根は整数 p で、定数項 a_0 を割りきる数でなければならない。

先に見た方程式では、ありうる有理根は ± 1, ± 2 であり、いずれもこの方程式をみたさないので、$\sqrt{3}+\sqrt[3]{5}$ はまちがいなく無理数である〔$\sqrt{3}+\sqrt[3]{5}$ が先の方程式の有理根だとしたら、これは実は ± 1 か ± 2 のことだということになるが、実際には ± 1, ± 2 は根ではないので、$\sqrt{3}+\sqrt[3]{5}$ は先の方程式の有理根ではありえない〕。

整数係数の多項式方程式を作る場合の難易度もいろいろで、ここでの目的には、必要なのは定数項を考えることだけだと思えば、もう少し扱いやすくなる。与えられた数が無理数かどうかを確かめるのではなく、

$$x^6 + 3x^5 + 2x^4 - x^3 + x^2 - 2x - 12 = 0$$

のような多項式方程式を書き下すことによって無理数を生み出すのであれば、事態は簡単になる。この場合、実数根が二つあって（$\neq \pm 1$, ± 2, ± 3, ± 4, ± 6, ± 12)、それは無理数とならざるをえない。確かにいきあたりばったりだが、それなりに効果的でもある。

けれども、もう少し筋道を立てて問題に当たり、まず多項式を次数によってたどってみよう。そこで、整数の係数すべてについて、次の方程式を考える。

- 2 次方程式 $ax^2 + bx + c = 0$ の場合。2 次方程式の解の公式から、無理数かもしれない根の明示的な式が、$x = (-b \pm \sqrt{b^2 - 4ac})/2a$ として与えられ、有理数の場合には、根の分子は c を割り切り、分母は a を割り切らなければならない。
- 3 次方程式 $ax^3 + bx^2 + cx + d = 0$。この扱いはやっかいになるが、ここでも根は公式を使って根号の組合せで表せる。公式の一つは確

実に実数根となり、快適ではないが、$p = 2b^3 - 9abc + 27a^2d$ として、

$$x = -\frac{b}{3a} - \frac{1}{3a}\sqrt[3]{\tfrac{1}{2}\left(p + \sqrt{p^2 - 4(b^2 - 3ac)^3}\right)}$$
$$- \frac{1}{3a}\sqrt[3]{\tfrac{1}{2}\left(p - \sqrt{p^2 - 4(b^2 - 3ac)^3}\right)}$$

と明示的で、有理根なら、その根の分子で d が割り切れ、分母で a が割り切れなければならない。

- 4次方程式にも、版を組む人の健康を考えてあえて書き出すことはしないが、根の公式がある。形は複雑とはいえ[*9]、有理数と平方根と立方根の組合せだ。

ここで一旦停止が必要だ。5次方程式に至り、それとともに、多項式方程式の根として無理数を追究する試みの分水嶺に達する。つまり、5次方程式一般については解の公式がないのだ。言い方を変えると、根が不尽根数ではない無理数となる5次方程式がある。これであだやおろそかではない意味で、新種の無理数が得られる。

新種の代数的無理数

並ぶ者のいないガウスが1799年の博士論文で先触れをしてから、無名のパオロ・ルッフィーニ（1765-1822）が1799年から1813年にかけて、厳密さの程度を変えながら、異論もある「証明」をして、ノルウェーの悲劇の数学者ニールス・アーベル（1802-1829）が1824年に厳密に確かめ、政治にかかわり恋愛に破れ大言壮語するやはり悲劇のエヴァリスト・ガロア（1811-1832）が1830年に一般化して、今では簡潔な形で

累乗根では表せない代数的な数がある

という結果が得られている。代数的数とは、整数係数の多項式方程式の根で、事態が開示されたのは、アーベルのもとの論文[*10]のタイトル

　代数方程式に関する覚書、5次方程式一般を解くことは不可能であることが証明される

でのことだった。これはもちろん、5次方程式が累乗根で表せる無理数解をもつことを排除しない。たとえば

$$x^5 - 5x^4 + 30x^3 - 50x^2 + 55x - 21 = 0$$

を考えてみよう。ありうる有理数解は、21を割り切る整数だけなので、$\pm 1, \pm 3, \pm 7, \pm 21$だが、これはいずれも方程式を満たさない。実は、この方程式の唯一の実数解は、

$$x = 1 + \sqrt[5]{2} - \sqrt[5]{4} + \sqrt[5]{8} - \sqrt[5]{16}$$

という無理数だが、これは、一見すなおそうな

$$x^5 - 5x + 12 = 0$$

に比べると、まだわかりやすい。後者の方程式については、ありうる有理数解は $\pm 1, \pm 2, \pm 3, \pm 4, \pm 6, \pm 12$ で、やはりいずれも方程式を満たさず、唯一の実数解は、

$$-1.84208596619025438271118\ldots$$

という無理数で、累乗根を使ってその正確な式を書くと、600個ほどの記号が必要となる。

それでもアーベルの結果は、そのような累乗根による表し方がない5次（以上の）方程式があるとしている。一例は、もっとどうということのなさそうな

$$x^5 - x - 1 = 0 \qquad (*)$$

である。明らかに±1は成り立たず、この方程式はアーベルの出した結果に従う方程式で、根号の有限個の組合せでは、その根の明示的な式は出てこず、唯一の実数根は、$\alpha = 1.1673039782614186843\ldots$ となる。

　この種の、代数的ではあっても不尽根数ではない無理数の一つに注目しよう。その新奇さと、それがそもそも存在することの驚きのために選ばれた数だ。

　イギリス人数学者ジョン・ホートン・コンウェイを知っている読者なら、その型破りな「見たまんま言う」数列[*11]のことを聞いたり知ったりしても、驚くことはないだろう。これは次のように定義される。

・初項として正の整数を一つ選ぶ。
・以下の項はすべて、前項の構成を記述することですべて生成される。

標準的な数列は1から始まり、次のように作られる。

　初項は1
　初項は「1個の1」と記述されるので、第2項は11
　第2項は「2個の1」と記述されるので、第3項は21
　第3項は「1個の2、1個の1」と記述されるので、第4項は1211
　第4項は「1個の1、1個の2、2個の1」と記述されるので、第5項は111221

第5項は「3個の1、2個の1、1個の1」と記述されるので、第6項は312211

第6項は「1個の3、1個の1、2個の2、2個の1」と記述されるので、第7項は13112221

第7項は「1個の1、1個の3, 2個の1、3個の2, 1個の1」と記述されるので、第8項は1113213211

のようになる。

したがって、この数列を頭から書くと、

   1, 11, 21, 1211, 111221, 312211, 13112221, 1113213211, ...

となる。この数列の項は、最初がどうであっても、どんどん複合的になっていくと想定されるかもしれないが、22（2個の2）で始めると、そうではないかもしれないという疑問が生じる。この場合、手順を進めても、数は永遠に変わらないのだ。コンウェイは、ありうる出発点から生み出される、ありうる整数の列を、次の三つに類別した。

- 92種の原子のような要素で、コンウェイはこれを「普通元素(コモン)」と呼んだ。
- 超ウラン元素と呼ばれる二つの数列（と、それに伴う無限個の同位元素）
- 無限にある「不安定(エキゾチック)」元素

それぞれの例を挙げると

- 22, 1113, 13112221133211322112211213322113, 132
- 31221132221222112112322211[≥ 4] や
  13112221133211322112211211332211[≥ 4]
  （[≥ 4] は、最後の桁の数が4以上のどんな整数でもよいということで、それが

主元素の同位体となる）。
• 1, 2, 23, 7777

化学の授業を始めるとすれば、そっぽを向かれるだろうが、少し化学の知識がある読者なら、命名が借用であることはすぐにわかるだろう。92個の元素の原子的（分けられない）性質は、「分裂」が次のように定義されると理解されるかもしれない。

数字の列 s から始め、列 α (s) ができるという、「見たまんま言う」手順を記述するために、関数表記を採用する。列 $s = lr$ は、$\alpha(s) = \alpha(lr) = \alpha(l)\ \alpha(r)$ で、そこで正の整数 k それぞれについて、$\alpha^k(s) = \alpha^k(l)\ \alpha^k(r)$ となるとき、分裂する。たとえば、

$\alpha(1511) = (1115)(21) = \alpha(15)\ \alpha(11)$
$\alpha^2(1511) = \alpha(111521) = (3115)(1211) = \alpha^2(15)\ \alpha^2(11)$

などとなる。

　分裂しない列は原子的と言われる——しかもそれがちょうど92ある。自然にできる化学元素が92あることに対応する周期表もあり、それぞれにしかるべき原子番号が割り当てられている。表は水素から始まり、これは22のことで、最後はウランで、これは3のことだ。その他の原子的数列に属するそれぞれの元素について、化学元素が対応する。「超ウラン」という言葉は、これに属する数列がウランの元素番号を超える元素番号（93、94）を割り当てられているからだ。また、「同位元素」という言葉を借りるのも、文句なく自然なことだ（同位元素とは、元素周期表の「同じ場所」に収まる元素という意味）。不安定元素は、普通でも超ウランでもないもののことをいう。

　コンウェイがこの理論について自画自賛する「最高の成果」は宇宙論定理で、初項がどうであれ、少なくとも24回繰り返せば、できる数列は原子的元素と超ウラン元素だけになるという。コンウェイの表

し方を使い、1回の手順に1「日」かかるとすると、すべての不安定元素はビッグバンから24日後にはすべて消えてしまうことになる。

こうしたことが無理数とどう関係するのか。この理論は無理数を一つ生む。コンウェイは「算術的定理」も証明していて、これは、列の長さの漸近的な成長速度は一定で、初期値とは無関係であることを言う。その一定値とは、

$$\lambda = 1.303577269034296\ldots$$

という「コンウェイ定数」で、

$$\frac{\#\alpha^{k+1}(s)}{\#\alpha^k(s)} \xrightarrow{k \to \infty} \lambda$$

のことだ。信じがたいことに、λ は代数的で、やはり信じがたいことに、次の多項式方程式の正の実数根となる。

$$\begin{aligned}
&x^{71} - x^{69} - 2x^{68} - x^{67} + 2x^{66} + 2x^{65} + x^{64} - x^{63} - x^{62} - x^{61} - x^{60} - x^{59} \\
&+ 2x^{58} + 5x^{57} + 3x^{56} - 2x^{55} - 10x^{54} - 3x^{53} - 2x^{52} + 6x^{51} + 6x^{50} + x^{49} \\
&+ 9x^{48} - 3x^{47} - 7x^{46} - 8x^{45} - 8x^{44} + 10x^{43} + 6x^{42} + 8x^{41} - 5x^{40} - 12x^{39} \\
&+ 7x^{38} - 7x^{37} + 7x^{36} + x^{35} - 3x^{34} + 10x^{33} + x^{32} - 6x^{31} - 2x^{30} - 3x^{25} \\
&+ 14x^{24} - 8x^{23} - 7x^{21} + 9x^{20} + 3x^{19} - 4x^{18} - 10x^{17} - 7x^{16} + 12x^{15} \\
&+ 7x^{14} + 2x^{13} - 12x^{12} - 4x^{11} - 2x^{10} + 5x^9 + x^7 - 7x^6 + 7x^5 - 4x^4 \\
&+ 12x^3 - 6x^2 + 3x - 6 = 0
\end{aligned}$$

この数は不尽根数ではないことも証明できる！[*12]

註

*1 「この証明はポアンソー氏から私に伝えられたもので、氏はこれをフーリエ氏によるものとしている」の意。

*2 C. Hermite, 1873, Extrait d'une lettre de Mr. Charles Hermite à Mr. Borchardt, *J. De Crelle* 76: 342-44; *Œuvres*, t. III, 1912, pp. 146-49 (Gauthier-Villars, Paris).

*3 Ivan Niven, 2005, *Irrational Numbers*, Carus Mathematical Monographs (Mathematical Association of America).

*4 Ivan Niven, 1947, A simple proof that π is irrational, *Bull. Am. Math. Soc.* 53: 509.

*5 Y. Iwamoto, 1949, A proof that π^2 is irrational, *J. Osaka Inst. Sci. Tech.* 1: 147-48.

*6 ここでは角度の単位としてラジアンを用いている。

*7 Alan E. Parks, 1986, pi, e and other irrational numbers, *American Mathematical Monthly* 93: 722-23.

*8 Gregg N. Patruno, 1988, Sums of irrational square roots are irrational, *Mathematics Magazine* 61(1).

*9 関心のある読者は、壮絶な詳細について、http://planetmath.org/encyclopedia/QuarticFormula.html を参照されたい。

*10 これは、第10章で触れるクレレの学術誌に出た。

*11 J. H. Conway, 1985, The weird and wonderful chemistry of audioactive decay, *Eureka* 46: 5-16. 1987年、*Open Problems in Communication and Computation*, ed. T. M. Cover and B. Gopinath (Springer), pp. 173-188 に再録された。

*12 Óscar Martín, 2006, Look-and-say biochemistry: exponential RNA and multistranded DNA, *American Mathematical Monthly* 113(4): 289-307.

第5章　非常に特殊な無理数

> 証明が証明になるのは、「それを証明として受け入れる」という社会的行為があってからである。
> ——ユーリ・マニン

　数学の定数は無名か有名かのいずれかで、有名度はその定数の重要さを反映している。そして私たちは、名声が本来的に備わった性質である数と、まつり上げられたものである数とを区別することができる。たとえば、πやeと、$\sqrt{2}$の違いだ。πやeといった数にスターとしての性質があることは誰にも疑えないが、$\sqrt{2}$が数学の世界で特別な地位を有しているのは、ピュタゴラス派の伝統によることはすでに見た。本章は、別のたまたま有名になった数の話だ。足されたことがない二つの数を足したからといって数学の飛躍にはならないという感覚には賛成するが、この特定の数が無理数であることを確定するのは、たしかに飛躍となった。結果は20世紀数学でも傑出した成果の一つとなっている。その数は$\zeta(3)$と書かれ、正の整数nについて（意味を伴ってさらに拡張することもできる）、

$$\zeta(n) = \sum_{r=1}^{\infty} \frac{1}{r^n}$$

と定義される無限に並ぶ実数の2番めで、ギリシア文字ζはゼータと読み、この式はゼータ関数と呼ばれる。

　見かけとは違い、$\zeta(3)$は3番めではない。調和級数

$$\zeta(1) = \sum_{r=1}^{\infty} \frac{1}{r}$$

は、中世の博識の学者で92頁でも触れたニコル・オレームのおかげ

で発散することがわかっているからだ。

一連の数の最初のもの、

$$\zeta(2) = \sum_{r=1}^{\infty} \frac{1}{r^2}$$

にも、ここでは関心はない。1735 年、オイラーが、思いつくかぎり最も巧妙な手段で[*1]、

$$\zeta(2) = \frac{\pi^2}{6}$$

であることを証明していて、π^2 が無理数であることがわかっているので、この数が無理数であることは明らかだからだ。

とはいえ、オイラーはもっと多くのことをなしとげている。C を有理数の定数として、

$$\zeta(2n) = C\pi^{2n}$$

の証明もこなした。正の偶数を代入した ζ 関数が無理数であることも、これによって確かめられたことになる。確かめられていないのは、$n \geq 1$ について、$\zeta(2n+1)$ がどうなるかということで、オイラーもそれに続いた人々も、その数について計算できる表し方を見つけることができず、ましてやそれが無理数であることは証明できなかった——1978 年になって、フランスのロジェ・アペリが、一連の驚くべき説を立て、それを組み合わせて

$$\zeta(3) = \sum_{r=1}^{\infty} \frac{1}{r^3} = \frac{1}{1^3} + \frac{1}{2^3} + \frac{1}{3^3} + \frac{1}{4^3} + \cdots$$

$$= 1 + \frac{1}{8} + \frac{1}{27} + \frac{1}{64} + \cdots = 1.2020569\ldots$$

は無理数であることを証明した。この数の計算できる表し方はまだ人々の手を逃れている。

ロジェ・アペリは優れた、非常に優れた数学者だった。ある人の資

質を量る信頼できる尺度となるのは、その人について、すでに評判が定まっている人々が抱く見解だ。アペリはジャン・デュードネと友人どうしであり、エリ・カトランの敬意と後援もあった。この二人の人物がどういう人かと思う人がいたとしても、ここでの趣旨は十分にわかるだろう。アペリは抽象的代数、代数的曲線、ディオファントス解析に大きく貢献したが、数学者としての最大の評価を得る機会は、1978 年 6 月、62 歳のときに訪れた。マルセイユ = リュミニでの「数論デー」での講演に立ったときに始まる。その演題が、「$\zeta(3)$ が無理数であることについて」だった。

　それ以前にもアペリが証明したと言っているという噂はあったものの、懐疑的反応が一般的だった。講演の結果、見解は懐疑から不信になった。何の気なしに聞いた人々や、フランス語がわからなくて困っていた人々は、ありそうにない説の連なりだけを耳にしたらしい。

そう書いたのは、アルフレド・ヴァン・デル・ポールテン[*2]という、信じていないほうの聴衆の一人だった。

　本章の唯一の目的は、アペリのもとの論証[*3]を取り上げることだ。すべてではないにしても、あっと驚く洞察が、一見すると関係なさそうな問題の思いもよらない解き方に合体するのが見られるかもしれないことを期待して、大部分を取り上げる。その論証を自然な形にすることは望めそうにない。ここでも証明には背理法が用いられている。$\zeta(3)$ が有理数だとすると、1 より小さい正の整数ができてしまうということだ。その正の整数はなかなか得られず、$\zeta(3)$ のきわめて精密な近似有理数を求めることで得られる。ずれは、それに整数をかけることによって整数に変形されるのだが、そのずれを変形した数について、最終的に 1 より小さいことが証明されることになる。

第 5 章　非常に特殊な無理数

漸化式

アペリの論証は、謎の二階漸化式

$$n^3 u_n + (n-1)^3 u_{n-2} = (34n^3 - 51n^2 + 27n - 5)u_{n-1}$$

から始まる。$a_0 = 0, a_1 = 6$ と $b_0 = 1, b_1 = 5$ という2組の初期条件がついていて、これを漸化式に入れると、a_n と b_n がそれぞれ求められる。

表5.1はこの数列の最初の何項かを示していて、二つのことが直ちに言える。b_n は正の整数であり、a_n は有理数であって、その分子は急速に大きくなる——分母よりもずっと速い。これが必ず成り立つことを証明するために、アペリは証明抜きで、漸化式の解を示した。

$$b_n = \sum_{k=0}^{n} \binom{n}{k}^2 \binom{n+k}{k}^2$$

これが表と整合することはすぐにわかる。a_n の解は、補助数列 $c_{n,k}$ を用いた明らかにもっと複雑な形で、

$$c_{n,k} = \sum_{m=1}^{n} \frac{1}{m^3} + \sum_{m=1}^{k} \frac{(-1)^{m-1}}{2m^3 \binom{n}{m}\binom{n+m}{m}}$$

として、

$$a_n = \sum_{k=0}^{n} c_{n,k} \binom{n}{k}^2 \binom{n+k}{k}^2$$

となる。証明するのにあまり手間はかけないが、これも成り立つ[*4]。出席した人々の不信もわかろうというものだ。

n	a_n	b_n
0	0	1
1	6	5
2	$\dfrac{351}{4}$	73
3	$\dfrac{62531}{36}$	1445
4	$\dfrac{11424695}{288}$	33001
5	$\dfrac{35441662103}{36000}$	819005
6	$\dfrac{20637706271}{800}$	21460825
7	$\dfrac{963652602684713}{1372000}$	584307365
8	$\dfrac{43190915887542721}{2195200}$	16367912425
9	$\dfrac{1502663969043851254939}{2667168000}$	468690849005

表5.1

$\zeta(3)$ とのつながり

$c_{n,k}$ の式は、少なくとも $\zeta(3)$ を示唆している。実は、アペリがさらに言ったことは、

$$\lim_{n\to\infty}\frac{a_n}{b_n}=\zeta(3)$$

ということで、まず、$c_{n,k}$ の最初の部分を丁寧に見ることによって検討しよう。この部分は a_n の式にある、和をとるための変数 k とは無関係で、したがって、その和を最後までとり、b_n の式をかけられる。式で言えば、

$$a_n = \sum_{k=0}^{n} \binom{n}{k}^2 \binom{n+k}{k}^2 \left(\sum_{m=1}^{n} \frac{1}{m^3} \right)$$
$$+ \sum_{k=0}^{n} \binom{n}{k}^2 \binom{n+k}{k}^2 \sum_{m=1}^{k} \frac{(-1)^{m-1}}{2m^3 \binom{n}{m} \binom{n+m}{m}}$$

つまり、

$$a_n = b_n \left(\sum_{m=1}^{n} \frac{1}{m^3} \right) + \sum_{k=0}^{n} \binom{n}{k}^2 \binom{n+k}{k}^2 \sum_{m=1}^{k} \frac{(-1)^{m-1}}{2m^3 \binom{n}{m} \binom{n+m}{m}}$$

さて、(二つの場合の第一として)、分母

$$2m^3 \binom{n}{m} \binom{n+m}{m}$$

を考えよう。パスカルの三角形の初歩的な性質から、

$$\binom{n}{m} \binom{n+m}{m} \geq \binom{n}{1} \binom{n+1}{1} = n(n+1) > n^2$$

ができて、

$$2m^3 \binom{n}{m} \binom{n+m}{m} > 2m^3 n^2$$

でなければならず、したがって、

$$\sum_{m=1}^{k} \frac{(-1)^{m-1}}{2m^3 \binom{n}{m} \binom{n+m}{m}} < \sum_{m=1}^{k} \frac{1}{2m^3 n^2}$$

$$= \frac{1}{2n^2} \sum_{m=1}^{k} \frac{1}{m^3} < \frac{1}{2n^2} \zeta(3) < \frac{1}{n^2}$$

となる。以上のことから、

$$a_n < b_n \left(\sum_{m=1}^{n} \frac{1}{m^3} \right) + b_n \frac{1}{n^2} < b_n \zeta(3) + b_n \frac{1}{n^2}$$

ということになり、これを

$$\left|\zeta(3) - \frac{a_n}{b_n}\right| < \frac{1}{n^2}$$

と書き換える。つまり $|\zeta(3) - a_n/b_n| \xrightarrow{n\to\infty} 0$ ということで、求める収束が得られた。

収束の速さ

しかし収束の速さは、以上の論証からうかがえるよりもずっと速く、もっと正確にそれを計る必要がある。その目的のために、a_n と b_n は、それぞれ先の漸化式を満たすという事実を思い出そう。すると、

$$n^3 a_n + (n-1)^3 a_{n-2} = (34n^3 - 51n^2 + 27n - 5)a_{n-1}$$
$$n^3 b_n + (n-1)^3 b_{n-2} = (34n^3 - 51n^2 + 27n - 5)b_{n-1}$$

が得られる。そこで式にそれぞれ b_{n-1} と a_{n-1} をかけて右辺を同じにすると、

$$n^3 a_n b_{n-1} + (n-1)^3 a_{n-2} b_{n-1}$$
$$= (34n^3 - 51n^2 + 27n - 5)a_{n-1}b_{n-1}$$
$$n^3 a_{n-1} b_n + (n-1)^3 a_{n-1} b_{n-2}$$
$$= (34n^3 - 51n^2 + 27n - 5)a_{n-1}b_{n-1}$$

が得られる。二つの左辺を等しいと置くと、

$$n^3 a_n b_{n-1} + (n-1)^3 a_{n-2} b_{n-1}$$
$$= n^3 a_{n-1} b_n + (n-1)^3 a_{n-1} b_{n-2}$$
$$n^3 a_n b_{n-1} - n^3 a_{n-1} b_n$$
$$= (n-1)^3 a_{n-1} b_{n-2} - (n-1)^3 a_{n-2} b_{n-1}$$
$$n^3 (a_n b_{n-1} - a_{n-1} b_n) = (n-1)^3 (a_{n-1} b_{n-2} - a_{n-2} b_{n-1})$$
$$a_n b_{n-1} - a_{n-1} b_n = \frac{(n-1)^3}{n^3}(a_{n-1} b_{n-2} - a_{n-2} b_{n-1})$$

となり、この漸化式を最後まで続けると

$$a_n b_{n-1} - a_{n-1} b_n = \frac{(n-1)^3}{n^3} \frac{(n-2)^3}{(n-1)^3} (a_{n-2} b_{n-3} - a_{n-3} b_{n-2})$$

$$= \frac{(n-2)^3}{n^3} (a_{n-2} b_{n-3} - a_{n-3} b_{n-2})$$

$$\vdots$$

$$= \frac{1}{n^3} (a_1 b_0 - a_0 b_1) = \frac{6}{n^3}$$

初期値から、$a_1 b_0 - a_0 b_1 = 6$ となる。

結局、

$$a_n b_{n-1} - a_{n-1} b_n = \frac{6}{n^3}$$

が得られ、これは

$$\frac{a_n}{b_n} - \frac{a_{n-1}}{b_{n-1}} = \frac{6}{n^3 b_{n-1} b_n}$$

ということなので、

$$\frac{a_n}{b_n} = \frac{6}{n^3 b_{n-1} b_n} + \frac{a_{n-1}}{b_{n-1}}$$

後の都合があるので、この式の n を $n+1$ に置き換えて

$$\frac{a_{n+1}}{b_{n+1}} = \frac{6}{(n+1)^3 b_n b_{n+1}} + \frac{a_n}{b_n}$$

を得る。ここで数列を順次進めると、

$$\frac{a_{n+1}}{b_{n+1}} - \frac{a_n}{b_n} = \frac{6}{(n+1)^3 b_n b_{n+1}}$$

$$\frac{a_{n+2}}{b_{n+2}} - \frac{a_{n+1}}{b_{n+1}} = \frac{6}{(n+2)^3 b_{n+1} b_{n+2}}$$

$$\vdots$$

$$\frac{a_N}{b_N} - \frac{a_{N-1}}{b_{N-1}} = \frac{6}{N^3 b_{N-1} b_N}$$

これらを足すと、

$$\frac{a_N}{b_N} - \frac{a_n}{b_n} = \sum_{k=n+1}^{N} \frac{6}{k^3 b_{k-1} b_k}$$

となる。先の収束の式を、ここでは固定していた n を N に置き換えて書きなおすと

$$\lim_{N \to \infty} \frac{a_N}{b_N} = \zeta(3)$$

となるので、

$$\lim_{N \to \infty} \left(\frac{a_N}{b_N} - \frac{a_n}{b_n} \right) = \lim_{N \to \infty} \sum_{k=n+1}^{N} \frac{6}{k^3 b_{k-1} b_k}$$

$$\lim_{N \to \infty} \frac{a_N}{b_N} - \frac{a_n}{b_n} = \lim_{N \to \infty} \sum_{k=n+1}^{N} \frac{6}{k^3 b_{k-1} b_k}$$

$$\zeta(3) - \frac{a_n}{b_n} = \sum_{k=n+1}^{\infty} \frac{6}{k^3 b_{k-1} b_k}$$

したがって、

$$\zeta(3) - \frac{a_n}{b_n} = 6 \left(\frac{1}{(n+1)^3 b_n b_{n+1}} + \frac{1}{(n+2)^3 b_{n+1} b_{n+2}} \right.$$
$$\left. + \frac{1}{(n+3)^3 b_{n+2} b_{n+3}} + \cdots \right)$$

$$\leq \frac{6}{b_n^2} \left(\frac{1}{(n+1)^3} + \frac{1}{(n+2)^3} + \frac{1}{(n+3)^3} + \cdots \right)$$

$$= \frac{6}{b_n^2} \left(\zeta(3) - \sum_{k=1}^{n} \frac{1}{k^3} \right)$$

$$\underset{n \to \infty}{\sim} 0 - \frac{6}{b_n^2} \zeta(3)$$

そこで最終的に、収束の速さを表すもっとよい目安

第5章 非常に特殊な無理数

$$\left|\zeta(3) - \frac{a_n}{b_n}\right| \sim \frac{1}{b_n^2}$$

が得られた。このような速さについては、第 7 章でもっと詳しく触れる。

a_n を整数にする必要があり、その目的のために、一時的に $\zeta(3)$ の問題から離れ、最初の n 個の整数の最小公倍数の大きさについての、標準的で美しい上限の推定の話をする。

最小公倍数

整数 $\{1, 2, 3, ..., n\}$ の最小公倍数を $[1, 2, 3, ..., n]$ と書く。

これからしようとしていることの感覚を養うために、特殊な場合を考えよう。$[1, 2, 3, ..., 20]$ をとり、20 個の構成要素について、素因数分解したものを並べる。

$$2, 3, 2^2, 5, 2\times3, 7, 2^3, 3^2, 2\times5, 11, 2^2\times3,$$
$$13, 2\times7, 3\times5, 2^4, 17, 2\times3^2, 19, 2^2\times5$$

$[1, 2, 3, ..., 20] = 2^4 \times 3^2 \times 5 \times 7 \times 11 \times 13 \times 17 \times 19$ であり、その素数は、次のように分けられる。

2 × 3 × 5 × 7 × 11 × 13 × 17 × 19　20 以下のすべての素数
2 × 3　平方が 20 以下のすべての素数
2　立方が 20 以下のすべての素数
2　4 乗が 20 以下のすべての素数

$[1, 2, 3, ..., 20]$ は、この四つの数をかけ合わせることでできる。20 より小さい素数、平方が 20 より小さい素数、立方が 20 より小さい

素数、それから4乗が20より小さい素数だ。

一般的な n についても、帰納法でも何でも使って、$[1, 2, 3, \ldots, n]$ は、n 以下のすべての素数 p とそのべき乗をいくつかかければ求められることが示せる。つまり、

$$[1,2,3,\ldots,n] = \prod_{m, p^m \leq n} p$$

与えられた素数 p と与えられた n について、最大の m はいくらだろう。$p^m \leq n$ となる最大の m が必要だ。つまり、$m \ln p \leq \ln n$ で、$m \leq \ln n / \ln p$ であり、m は最大なので、$m = \lfloor \ln n / \ln p \rfloor$ となる（ここでも床関数を使っている）。

以上のことから、

$$[1,2,3,\ldots,n] = \prod_{p \leq n} p^{\lfloor \ln n / \ln p \rfloor} \tag{*}$$

ここから、$[1, 2, 3, \ldots, n]$ の大きさの目安が得られる。

$p^{\lfloor \ln n / \ln p \rfloor} \leq n$ であることは明らかで、したがって、(*) から

$$[1,2,3,\ldots,n] = \prod_{p \leq n} p^{\lfloor \ln n / \ln p \rfloor} \leq \prod_{p \leq n} n$$

となる。右辺は値 n を、「n 以下の素数の個数」乗した値をとり、この「　」内の数は、広く認められた記号 $\pi(n)$ で与えられる。この π は素数個数関数という。

アペリの結果は、20世紀でも最高クラスの重みがあるもので、19世紀でこれに並ぶものと言えば、素数定理だろう。1792年、ガウスが予想して（15歳のとき）、証明が出てくるまで19世紀いっぱいかかったが、1896年、ほぼ同時に二つの証明が、それぞれ独自に出てきた。一つはベルギー人数学者のシャルル・ド・ラ・ヴァレー・プーサンで、もう一つはフランス人数学者、ジャック・アダマールによる。

表し方はいくつかあるが、どれも同値で、ここで必要なのは、いちばん単純な

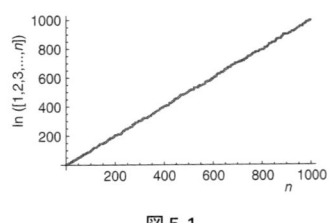

図 5.1

$$\pi(n) \sim \frac{n}{\ln n}$$

であり、それによって、

$$[1, 2, 3, \ldots, n] \leqslant n^{\pi(n)} \sim n^{n/\ln n} = e^n$$

が得られる。これで n が大きくなるときの $[1, 2, 3, \ldots, n]$ の大きさについて、便利な目安ができた。図 5.1 では、$\ln([1, 2, 3, \ldots, n])$ によって、趨勢をグラフにしてみた。

最後に、与えられた整数 N を割り切る p の最大の次数の目安が必要となる。これを $\mathrm{Ord}_p(N)$ と書く。この表記を使うと、

$$\mathrm{Ord}_p([1, 2, 3, \ldots, n]) = \left\lfloor \frac{\ln n}{\ln p} \right\rfloor$$

が得られ、これは二項係数についてとった同等の数と、次のような関係がある (証明は省略)。

$$\mathrm{Ord}_p\left(\binom{n}{m}\right) \leqslant \mathrm{Ord}_p([1, 2, 3, \ldots, n]) - \mathrm{Ord}_p(m)$$

したがって、

$$\mathrm{Ord}_p\left(\binom{n}{m}\right) \leqslant \left\lfloor \frac{\ln n}{\ln p} \right\rfloor - \mathrm{Ord}_p(m)$$

n	a_n	$a_n \times [1,2,3,\ldots,n]^3 \times 2$
0	0	0
1	6	12
2	$\dfrac{351}{4}$	1404
3	$\dfrac{62531}{36}$	750372
4	$\dfrac{11424695}{288}$	137096340
5	$\dfrac{35441662103}{36000}$	425299945236
6	$\dfrac{20637706271}{800}$	11144361386340
7	$\dfrac{963652602684713}{1372000}$	104074481089949004
8	$\dfrac{43190915887542721}{2195200}$	23323094579273069340
9	$\dfrac{1502663969043851254939}{2667168000}$	18031967628526215059268

表 5.2

a_n を整数にする

式が 1 より小さい正の整数になるという矛盾に近づこう。

その目的のために必要なのは、a_n そのものは整数ではなくても、$2\,[1,2,3,\ldots,n]^3$ という式をかけたときに整数になるという事実を取り上げる必要がある。これは自明のことではないが、第一歩として、表 5.2 を調べると、望みが出てくる。184 頁の a_n の定義に立ち戻ろう。a_n を分数にするのは $c_{n,k}$ で、その最初の成分は

$$\sum_{m=1}^{n} \frac{1}{m^3} = \frac{1}{1^3} + \frac{1}{2^3} + \frac{1}{3^3} + \cdots + \frac{1}{n^3}$$

である。これを 1 個の分数で書くとしたら、その分数の分母は（可能な約分の前）、$[1, 2, 3, \ldots, n]^3$ となるので、この数をかければ整数が得られる。

$c_{n,k}$ の式後半の分母にある 2 は 2 で約せるが、a_n の式にある
$$\binom{n+k}{k}$$
の一方を借りてきて、かける数に入れなければならないので、
$$2[1, 2, 3, \ldots, n]^3 \binom{n+k}{k}$$
というかけ算を考えよう。かけるのは、
$$2[1, 2, 3, \ldots, n]^3$$
だけだが、すでに存在する
$$\binom{n+k}{k}$$
は、$c_{n,k}$ の第 2 の成分に対応することを認識しておくべきだろう。

$c_{n,k}$ の要所となる式
$$2[1, 2, 3, \ldots, n]^3 \binom{n+k}{k} \Big/ 2m^3 \binom{n}{m}\binom{n+m}{m}$$
を考えよう。式の分母にある二項係数の部分を変更する必要があり、それはすぐに確かめられる恒等式
$$\binom{n+k}{k} \Big/ \binom{n+m}{m} = \binom{n+k}{k-m} \Big/ \binom{k}{m}$$
を使って行なわれ、これによって先の式は
$$2[1, 2, 3, \ldots, n]^3 \binom{n+k}{k-m} \Big/ 2m^3 \binom{n}{m}\binom{k}{m}$$
に変わる。今度は与えられた素数が式の分子にも分母にも現れるという多重性を見よう。それぞれの素数の指数が、分母より分子のほうで

大きいことを示せれば、整数が得られることが確かめられる。そのためには、
$$\binom{n+k}{k-m}$$
の項の寄与は必要ない。それで、

$$\mathrm{Ord}_p([1,2,3,\ldots,n]) = \left\lfloor \frac{\ln n}{\ln p} \right\rfloor$$

$$\Rightarrow \mathrm{Ord}_p([1,2,3,\ldots,n]^3)$$
$$= 3\left\lfloor \frac{\ln n}{\ln p} \right\rfloor = \left\lfloor \frac{\ln n}{\ln p} \right\rfloor + \left\lfloor \frac{\ln n}{\ln p} \right\rfloor + \left\lfloor \frac{\ln n}{\ln p} \right\rfloor$$

$$\mathrm{Ord}_p\left[m^3 \binom{n}{m}\binom{k}{m}\right]$$
$$= \mathrm{Ord}_p(m^3) + \mathrm{Ord}_p\left(\binom{n}{m}\right) + \mathrm{Ord}_p\left(\binom{k}{m}\right)$$
$$\leqslant 3\mathrm{Ord}_p(m) + \left\{\left\lfloor \frac{\ln n}{\ln p} \right\rfloor - \mathrm{Ord}_p(m)\right\} + \left\{\left\lfloor \frac{\ln k}{\ln p} \right\rfloor - \mathrm{Ord}_p(m)\right\}$$
$$= \mathrm{Ord}_p(m) + \left\lfloor \frac{\ln n}{\ln p} \right\rfloor + \left\lfloor \frac{\ln k}{\ln p} \right\rfloor \leqslant \left\lfloor \frac{\ln m}{\ln p} \right\rfloor + \left\lfloor \frac{\ln n}{\ln p} \right\rfloor + \left\lfloor \frac{\ln k}{\ln p} \right\rfloor$$

必然的に $m \leq k \leq n$ で、分子の三つの成分それぞれが、少なくとも分母の三つの成分のそれぞれと同じ大きさになる。素数 p がかけられる個数は、分母より分子のほうが多く、したがって式は整数とならざるをえず、確かに a_n は整数になった。

b_n の大きさ

n を大きくしたときの b_n の大きさのだいたいの値を求めよう。そのために、定義の漸化式

第 5 章　非常に特殊な無理数

$$n^3 b_n + (n-1)^3 b_{n-2} = (34n^3 - 51n^2 + 27n - 5)b_{n-1}$$

に戻る。これを書き直すと

$$b_n + \left(\frac{n-1}{n}\right)^3 b_{n-2} = \left(34 - \frac{51}{n} + \frac{27}{n^2} - \frac{5}{n^3}\right)b_{n-1}$$

となり、n が大きくなると、これが

$$b_n + b_{n-2} = 34 b_{n-1}$$

に近づくことを論じる。これは係数が一定の整った単純な二階漸化式で、これは昔から、何かの定数 B について、$b_n = B^n$ とする試しの解によって解かれる。これを式に代入すると、B についての2次方程式、$B_n + B^{n-2} = 34 B^{n-1}$、つまり $B^2 + 1 = 34B$、つまり $B^2 - 34B + 1 = 0$ となる。解の公式を使うと、正の解は $B = 17 + 12\sqrt{2}$ であることは明らかで、それほど明らかではないが、$B = 17 + 12\sqrt{2} = (1+\sqrt{2})^4$ である。これで n が大きくなると、$b_n \sim (1+\sqrt{2})^{4n}$ となる。

存在しない整数

最後に（!）、$\zeta(3)$ は有理数とし、約分した結果の分母を d として、式

$$|2d\,[1, 2, 3, \ldots, n]^3 b_n\, \zeta(3) - 2d[1, 2, 3, \ldots, n]^3 a_n|$$

を考える。これ〔整数〕は

$$2d\,[1, 2, 3, \ldots, n]^3 \times b_n \times |\zeta(3) - a_n/b_n|$$

と書き換えられて、大きな n については次のように近似される。

$$2d(e^n)^3 \times (1+\sqrt{2})^{4n} \times \frac{1}{[(1+\sqrt{2})^{4n}]^2}$$

$$= \frac{e^{3n}}{(1+\sqrt{2})^{4n}} = \left(\frac{e^3}{(1+\sqrt{2})^4}\right)^n \xrightarrow[n\to\infty]{} 0$$

たまたま、

$$e^3 = 20.08553... < 33.97056... = (1+\sqrt{2})^4$$

だからだ。

　これでいずれ 1 より小さくなる正の整数が得られた。もちろん、このいろいろな概算の影響は見ておくべきだろうが、詳細を確かめると、すべて良好であることがわかるだろう。

　ウィリアム・ブレイクの言葉を借りれば

　今や証明されていることも、かつては想像されるだけだった。

第 3 章では、e と π が無理数であることのもとの証明を挙げ、第 4 章ではもっと新しい、簡潔でなるほどと思える論証を紹介した。18 世紀だろうと 20 世紀だろうと、何世紀だろうと、重要な結果の最初の証明は、たいてい、整ってもなく、短くもないことはすでに記したし、もとの手法を調べて整えるか、まったく無視して独自のもので置き換えるかは、後に続く人々に委ねられている。これまで紹介したものよりも快適な証明があるだろうか。

　数学者は容易に信じようとはしなかったが、その後アペリの論証はまもなく受け入れられ、この講演のすぐ後で、オランダ人数学者のフリッツ・ブーケルスは、アペリのアイデアとはまったく違うアイデアを使って独自の証明を生み出した[*5]。また、他にもいくつかの証明（これらの新しいアイデアに関連する）が続いた。そのようなものの一つがロシアの数学者、ヴァディム・ズディリンによるもので、ズディリンの論文要旨[*6]から、事態について見通しを得ることができる。

第 5 章　非常に特殊な無理数

ここではζ(3)が無理数であることの、新たな初等的証明を提示する。Yu. ネステレンコ、T. リヴォアル、K. バルのハイパー幾何学のアイデアや、ツァイルベルガーの創造性のある畳み込み級数〔中間が相殺されて消える級数〕のアルゴリズムに基づいている。

緊密な論証を表すよくまとめられた記号表記を用いた6頁の論文の終わりに、著者は

アペリの定理のここでの証明は、初等的論証ではあっても、アペリによるもとの（やはり初等的な）証明……あるいはブーケルスのルジャンドル多項式と重積分を使った証明よりも簡単には見えない

と書いている。数学は、一般には同義語の「エレメンタリー〔ここでは「初等的」〕」と「シンプル〔簡単〕」とをきちんと区別する。「エレメンタリー」は、数学の「知識」がさほどなくても内容が読めるということで、「シンプル」は、理解するのに数学の「力」はさほど要らないということだ。この結果と本書での意図にとっては、二つの形容詞はあらためて、「コンプレックス」の反対語という同じ意味を回復する。これは専門家でない人々にとっては、まさしくこれまでの論証に言えることだ。これで、アペリの証明のいくつかの謎にからめとられたζ(3)を離れ、後をたどるのは読者の想像に任せる[*7]。

　逆に、ζ関数が無理数であることに関連する他の帰結をいくつか確かめて名声を得たいと思う人もいるかもしれないが、その場合は、アペリからさらに先に進んでたどられたものがあることを知っておくのがよい。とくに次のような成果がある。

・ $\zeta(3)$、$\zeta(5)$、$\zeta(7)$、……など、無理数のものは無限にある[*8]。
・ s を1より大きい奇数として、$\zeta(s+2)$, $\zeta(s+4)$, ..., $\zeta(8s-3)$,

$\zeta(8s-1)$ の各集合は、少なくとも一つの無理数を含む[*9]。

- 上記の $s=3$ のとき、$\zeta(5)$、$\zeta(7)$、$\zeta(9)$、$\zeta(11)$ のうち、少なくとも一つは無理数だというもっと狭い帰結がある[*10]。

このくだりが読まれるころには、さらに前に進んでいることを期待しないわけにはいかない。

ロジェ・アペリの成果には、ふさわしい畏敬の念を抱きつつそこから離れ、アペリにはパリのペール・ラシェーズ墓地にある墓でゆっくり休んでいただこう。墓所の近辺へ行けば、どこにあるかはすぐに明らかになる。墓碑銘の最後に

$$1 + \frac{1}{8} + \frac{1}{27} + \frac{1}{64} + \cdots \neq \frac{p}{q}$$

と刻まれていることも。ただ、その近くまで行けるかどうかはまた別の話だ[*11]。

註

[*1] たとえば、J. Havil, 2009, *Gamma: Exploring Euler's Constant* (Princeton University Press), p. 39 を参照のこと〔新妻弘訳『オイラーの定数ガンマ』共立出版、2009 年〕。

[*2] A. van der Poorten, 1979, *Math. Intelligencer* 1: 195-203.

[*3] これは、R. Apéry, Irrationalité de $\zeta(2)$ et $\zeta(3)$, *Astérisque* 61 (1979), 11-13 として発表された。

[*4] 関心のある読者は、たとえば Jorn Steuding, 2005, *Diophantine Analysis* (Chapman & Hall), pp. 56-59 を当たってみられたい。

[*5] F. Beukers, 1979, A note on the irrationality of $\zeta(2)$ and $\zeta(3)$, *Bull. Lond. Math. Soc*. 11: 268-72.

[*6] Wadim Zudilin, 2002, An elementary proof of Apéry's Theorem, E-print math.NT/0202159, 17 February.

＊7　上記の資料は出発点で、以下も同様。Dirk Huylebrouck, 2001, Similarities in irrationality proofs for π, ln 2, $\zeta(2)$, $\zeta(3)$, *American Mathematical Monthly* 108 (3): 222-31.
＊8　K. Ball and T. Rivoal, 2001, Irrationalité d'une infinité de valeurs de la fonction zéta aux entiers impairs, *Invent. Math.* 146 (1): 193-207.
＊9　W. Zudilin, 2002, Irrationality of values of the Riemann Zeta function, *Izv. Ross. Akad. Nauk. Ser. Mat.* (*Russian Acad. Sci. Izv. Math.*) 66 (3).
＊10　Wadim Zudilin, 2004, Arithmetic of linear forms involving odd zeta values, *Journal de théorie des nombres de Bordeaux* 16(1): 251-91.
＊11　363頁、付録Dを参照。

第6章 有理数から超越数へ

人は、本人の実態が分子で、自分で考える自分が分母となる分数のようなものだ。分母が大きいほど、分数の値は小さくなる。
——レフ・ニコライェヴィチ・トルストイ (1828-1910)

前章で見たアペリの証明の要所は、式 $|\zeta(3) - a_n/b_n| \sim 1/b_n^2$ を使ったところにある。左辺には $\zeta(3)$ に対する近似有理数列が含まれていて、右辺はこの近似の正確さを示めやすとなる。証明に必要な矛盾を確保するには、この概算だけで十分だったが、実はアペリが考えていたのは有理数による近似値の列 a_n/b_n で、その正確さは表 6.1〔次頁〕に示されるように、$1/b_n$ よりも良く、驚くほど近い。

無理数を有理数で近似することがどれだけ良くできるか。「良く」というのが「正確に」ということなら、「好きなだけ良く」できると答えられる。直感的に言えば、有理数による近似の正確さは、理論上、望むだけものが選べるのは明らかだ。有理数はいくらでもあって、選んだ数に望むだけ近いものを選べるだけの数がそろっている。無理数を小数に展開して表したものを、好きなところで打ち切ることを考えればよい。ただ、これから見るように、隠れたコストもある。他方、「良く」が「効率的に」ということなら、話はもっと複雑になる。有理数近似として使いやすい数とそうでない数があるからだ——そしてこの相対的な使いやすさから、重要な区別が引き出せて、そのこともこれから見ていく。本章では、ディオファントス近似と呼ばれる、無理数の有理数近似の研究について、その歴史、理論、実践に目を向ける。ここでは正の無理数の話とする。また、有理数の有理数近似とい

n	$|\zeta(3) - a_n/b_n|$
0	1.2020569
1	2.0569×10^{-3}
2	2.10864×10^{-6}
3	1.96774×10^{-9}
4	1.77747×10^{-12}
5	1.55431×10^{-15}
6	1.396211×10^{-18}
7	1.226386×10^{-21}
8	1.073800×10^{-24}
9	9.381550×10^{-28}

表 6.1

う奇妙な考え方にも軽く触れて、それが「もっとごちゃごちゃした」無理数よりもずっと協調的でないことを見よう。これからたどる道は、いくつかの顕著な成果につながる。この領域はまさしくそういうところであり、ここで何人か取り上げる過去の大数学者がその道をたどればこその、避けられない帰結だ。

見ておかなければならないこと

準備として、単純な論理を短く連ねて、しかるべく舞台を設定する。

実数 α の有理数近似 p/q を考えているので、必然的に、この近似に内在する誤差 $|\alpha - p/q|$ に関心を向けることになり、許容差 ε が認められているなら、式 $|\alpha - p/q| < \varepsilon$ が出てくる。

そのような有理数近似値は無限個あることもよくわかってくるが、当面、逆のことが正しいとして、逆が成り立つ α があるとしてみよう。有限個の近似値しかないので、その中には α にいちばん近いものもあるということだ。それを p_1/q_1 とする。もちろん $|\alpha - p_1/q_1| < \varepsilon$ だが、今度はこれを使って p/q のときより狭い許容差 $\delta = |\alpha - p_1/q_1|$

$< \varepsilon$ を定義すると、区間 $(\alpha-\delta, \alpha+\delta)$ には、そのような近似値はない。つまり、α はある許容差を超えないが、一定限度までしか近似できない。好きなだけ近い近似をとることはできない。そのため、どんな許容差でも満足する有理数近似が無限個あるかどうかを、繰り返し問うことになる。有限個では、任意の正確さでの近似には十分ではない。

しかし、この有限個の近似値という空想を現実にすることはできるだろうか。$|\alpha - p/q| < \varepsilon$ という近似を $|\alpha q - p| < q\varepsilon$ と書き換え、それから三角不等式〔$|\alpha + \beta| \leq |\alpha| + |\beta|$〕を使うと、

$$|p| = |(p-q\alpha)+q\alpha| \leq |p-q\alpha| + |q\alpha| < q\varepsilon + q\alpha = q(\varepsilon+\alpha)$$

が確かめられる。そこで今度は近似有理数の分母の大きさを、たとえば $q \leq n$ のように制限することを考えると、p にも上限がなければならず、$p < n(\varepsilon+\alpha)$ となる。分母はたかだか n 個で、そのそれぞれについて、分子はたかだか $\lfloor n(\varepsilon+\alpha) \rfloor$ 個なので、そのような近似値には有限個しかありえない。

この最後の二つの事実をまとめれば、近似有理数の分母の大きさを制限すれば、近似を好きなだけ正確にすることはできないということだ。逆に言えば、近似が好きなだけ正確になるとするならば、近似有理数の分母は際限なく大きくならなければならない。α に好きなだけ近づけるには、大きな分母の有理数が必要なのだ。

このように舞台を設定して、無理数だろうと有理数だろうと、与えられた数について、有理数による近似をさらに正確にする旅を始めよう。近似の計算量(コンプレクシティ)は近似分数の分母の大きさで判断するのが自然で、その正確さはこれに反比例するものと見積もれる。この考え方を定量的に言えば、$q|\alpha - p/q| < q'|\alpha - p'/q'|$ なら、つまり、$|\alpha q - p| < |\alpha q' - p'|$ なら、p/q は p'/q' よりも α の良い近似である。

計算量に見合った誤差

まず、近似値の精度が分母の大きさで正確に測れるかどうかを問おう。計算量の大きい近似有理数が得られるなら、その近似には、それに見合った高い正確さを期待してもよい。式で書くと、与えられた実数 α について、$|\alpha - p/q| < 1/q$ となるような近似有理数 p/q が無限にあることを期待できるかということだ。変形すると、ある整数 p について、$|\alpha q - p| < 1$ となるような整数 q があるかということになる。さほど考えなくても「ある」と納得できて、命題としては

> α を任意の実数とすると、$|\alpha - p/q| < 1/q$ となるような無限個の有理数 p/q がある。

実際、床関数を使うと、任意の整数 q について、対応する p を求めることができる。$|\alpha - p/q| < 1/q$ なら、$-1/q < \alpha - p/q < 1/q$ であり、したがって、$\alpha q - 1 < p < \alpha q + 1$ であって、これは整数解として $p = \lfloor \alpha q \rfloor$ と $p = \lfloor \alpha q + 1 \rfloor = \lfloor \alpha q \rfloor + 1$ をもつからだ。

すると、それを明示的に表した形としては、次が得られる。

> 任意の実数 α と、任意の正の整数 q について、有理数 $\lfloor \alpha q \rfloor / q$ と、$(\lfloor \alpha q \rfloor + 1)/q$（必ずしも既約ではない）は、$1/q$ 未満の誤差で α を近似する。

いったん一般論から離れ、具体例を考えてみよう。気まぐれで、π を、分母が 9, 37, 113, 1000000 の有理数で近似することになったとしよう。表 6.2 は、しかるべき計算と結果を示している。355/113 という近似値の正確さが目立っていることがわかる。

他方、図 6.1〔次々頁〕では、(a), (b) はそれぞれ、$\pi - \lfloor \pi q \rfloor / q$ と

分母 q	近似値	近似分数	誤差
9	$\dfrac{\lfloor \pi \times 9 \rfloor}{9}$ または $\dfrac{\lfloor \pi \times 9 \rfloor + 1}{9}$	$\dfrac{28}{9}$ または $\dfrac{29}{9}$	$0.030\ldots$ または $0.080\ldots$ $\left(<\dfrac{1}{9}\right)$
37	$\dfrac{\lfloor \pi \times 37 \rfloor}{37}$ または $\dfrac{\lfloor \pi \times 37 \rfloor + 1}{37}$	$\dfrac{116}{37}$ または $\dfrac{117}{37}$	$6.45\ldots \times 10^{-3}$ または $2.05\ldots \times 10^{-2}$ $\left(<\dfrac{1}{37}\right)$
113	$\dfrac{\lfloor \pi \times 113 \rfloor}{113}$ または $\dfrac{\lfloor \pi \times 113 \rfloor + 1}{113}$	$\dfrac{354}{113}$ または $\dfrac{355}{113}$	$8.8492\ldots \times 10^{-3}$ または $2.66\ldots \times 10^{-7}$ $\left(<\dfrac{1}{113}\right)$
1000000	$\dfrac{\lfloor \pi \times 1000000 \rfloor}{1000000}$ または $\dfrac{\lfloor \pi \times 1000000 \rfloor + 1}{1000000}$	$\dfrac{3141592}{1000000}$ または $\dfrac{3141593}{1000000}$	$6.53\ldots \times 10^{-7}$ または $3.46\ldots \times 10^{-7}$ $\left(<\dfrac{1}{1000000}\right)$

表 6.2

分母 q	近似値	近似分数	誤差
9	$\dfrac{\lfloor 22 \times 9 \rfloor}{9}$ または $\dfrac{\lfloor 22 \times 9 \rfloor + 1}{9}$	$\dfrac{28}{9}$ または $\dfrac{29}{9}$	$\dfrac{2}{63}$ または $\dfrac{5}{63}$ $\left(<\dfrac{1}{9}\right)$
37	$\dfrac{\lfloor 22 \times 37 \rfloor}{37}$ または $\dfrac{\lfloor 22 \times 37 \rfloor + 1}{37}$	$\dfrac{116}{37}$ または $\dfrac{117}{37}$	$\dfrac{2}{259}$ または $\dfrac{5}{259}$ $\left(<\dfrac{1}{37}\right)$
113	$\dfrac{\lfloor 22 \times 113 \rfloor}{113}$ または $\dfrac{\lfloor 22 \times 113 \rfloor + 1}{113}$	$\dfrac{354}{113}$ または $\dfrac{355}{113}$	$\dfrac{1}{791}$ または $\dfrac{6}{791}$ $\left(<\dfrac{1}{113}\right)$
1000000	$\dfrac{\lfloor 22 \times 1000000 \rfloor}{1000000}$ または $\dfrac{\lfloor 22 \times 1000000 \rfloor + 1}{1000000}$	$\dfrac{3142857}{1000000}$ または $\dfrac{3142858}{1000000}$	$\dfrac{1}{7000000}$ または $\dfrac{3}{3500000}$ $\left(<\dfrac{1}{1000000}\right)$

表 6.3

図 6.1

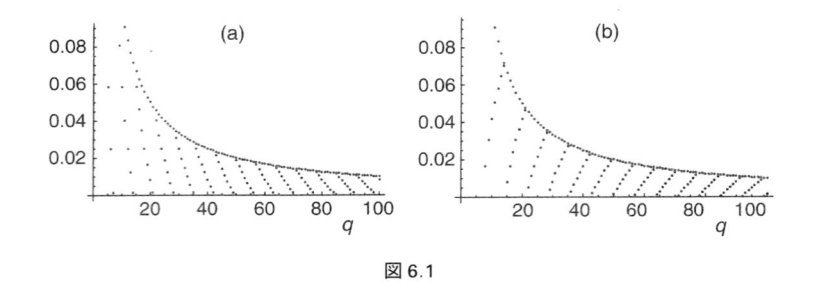

$(\lfloor \pi q \rfloor + 1)/q - \pi$ の、$q = 100$ までの値をプロットしたもので、それぞれに $1/q$ のグラフが重ねられている。

はねつける有理数

以上の結果は α が有理数か無理数かの区別をしないので、π のいちばん有名な有理数近似、22/7 の有理数近似を考えてみよう。表 6.3 に示してある。他の違いはともかく、355/113 という近似値は、奇蹟のような正確さを失っている。無理数の有理数近似と、その有理数近似に対する有理数近似との間には厳然たる区別があるのを認めざるをえない。そもそも有理数の有理数近似と無理数の有理数近似には厳然たる違いがあるので、これは避けられない。これからそのことを論じる。

標準的な誤差 $|\alpha - p/q|$ を考えるが、$\alpha = a/b$ は有理数とすれば、

$$\left|\alpha - \frac{p}{q}\right| = \left|\frac{a}{b} - \frac{p}{q}\right| = \frac{|aq - bp|}{bq}$$

しかし、$|aq - bp|$ は厳密に正の整数なので、$|aq - bp| \geq 1$ で、これはつまり、$|\alpha - p/q| \geq 1/(bq)$ ということで、近似に内在する誤差は、下限があることになり、任意に正確に近似することはできない。とくに、前節の見合った誤差を、係数 k を適用して $|\alpha - (p/q)| <$

$1/(kq)$ になるように圧縮したいとすると、この観察から、$k < b$ でなければならないことがわかる。

たとえば、これは、$|\pi - p/q| < 1/(7q)$ には、分母の大きさ順に並べると、$p/q = 3/1, 22/7, 25/8, 47/15, 69/22, 113/36, \ldots$ というふうに、無限個の可能性があるのに、不等式 $|\frac{22}{7} - p/q| < 1/(7q)$ をみたす有理数 p/q（$\neq 22/7$）は存在しないということを意味する。ところが係数を 6 に下げると水門が開き、最初のほう $3/1, 25/8, 47/15, 69/22, \ldots$ が通る。たとえば、$|\frac{22}{7} - p/q| < 1/(6q)$ は、$p/q = 25/8$ がみたす。

$\alpha = a/b$ については、この誤差の下限 $|\alpha - p/q| \geq 1/(bq)$ には、さらに大きな含みがある。これは

$$\alpha - \frac{p}{q} \geq \frac{1}{bq} \quad \text{または} \quad \alpha - \frac{p}{q} \leq -\frac{1}{bq}$$

と書き換えられ、したがって、

$$\frac{p}{q} \leq \alpha - \frac{1}{bq} \quad \text{または} \quad \frac{p}{q} \geq \alpha + \frac{1}{bq}$$

となるからだ。そこで今度は、q に係数をかけるのではなく、1 より大きいべき乗で誤差を圧縮することを考えよう。つまり、

$$\text{ある } \varepsilon > 0 \text{ について、} \left|\alpha - \frac{p}{q}\right| < \frac{1}{q^{1+\varepsilon}}$$

となるような近似値を求めたい。これは

$$\alpha - \frac{1}{q^{1+\varepsilon}} < \frac{p}{q} < \alpha + \frac{1}{q^{1+\varepsilon}}$$

と書き換えられる。二つの不等式両方に解があるためには、

$$\alpha + \frac{1}{q^{1+\varepsilon}} > \alpha + \frac{1}{bq} \quad \text{または} \quad \alpha - \frac{1}{q^{1+\varepsilon}} < \alpha - \frac{1}{bq}$$

でなければならない。この二つの不等式はどちらも $1/q^{1+\varepsilon} > 1/(bq)$ となり、これは、$q^\varepsilon < b$ に帰着する。つまり、$q < b^{1/\varepsilon}$ であり、した

q	p	$\dfrac{p}{q}$	$\left\|\dfrac{22}{7}-\dfrac{p}{q}\right\|$ の誤差
1	3	$\dfrac{3}{1}$	$\dfrac{1}{7}\ \left(<\dfrac{1}{1^{1.9}}\right)$
2	6	$\dfrac{6}{2}$	$\dfrac{1}{7}\ \left(<\dfrac{1}{2^{1.9}}\right)$
3	×	×	×
4	×	×	×
5	×	×	×
6	19	$\dfrac{19}{6}$	$\dfrac{1}{42}\ \left(<\dfrac{1}{6^{1.9}}\right)$
7	22	$\dfrac{22}{7}$	なし
8	25	$\dfrac{25}{8}$	$\dfrac{1}{56}\ \left(<\dfrac{1}{8^{1.9}}\right)$

表6.4

がって q のありうる値は $1, 2, 3, \ldots, \lfloor b^{1/\varepsilon}\rfloor$ となって、有限個しかない。そのような q それぞれについて、p の値は

$$\frac{|aq-bp|}{bq} < \frac{1}{q^{1+\varepsilon}} \quad \text{つまり} \quad |aq-bp| < \frac{b}{q^{\varepsilon}}$$

の範囲に制約される。この制約は $(a/b)q - 1/q^{\varepsilon} < p < (a/b)q + 1/q^{\varepsilon}$ と簡単にすることができる。

したがって、q の値は有限個だけで、そのそれぞれについて、対応する p が有限個ある。数学的な表し方をすると、

$\alpha = a/b$ は有理数とする。任意の $\varepsilon > 0$ について、$|\alpha - p/q| < 1/q^{1+\varepsilon}$ となるような有理数 p/q は有限個のみ存在する。　　(1)

たとえば、$\dfrac{22}{7}$ に戻り、$\varepsilon = 0.9$ として、$\left|\dfrac{22}{7} - p/q\right| < 1/q^{1.9}$ となるような有理数を探せば、$q = 1, 2, 3, \ldots, \lfloor 7^{10/9}\rfloor = 1, 2, 3, 4, 5, 6, 7,$

8 で、このそれぞれの値について、$\frac{22}{7}q - 1/q^{0.9} < p < \frac{22}{7}q + 1/q^{0.9}$ となる。表 6.4 には、計算結果を示す。×はその不等式をみたす p が存在しないことを示す。

たぶん意外で、きっと重要な、有理数と無理数の違いが得られた。有理数は無理数よりもずっと強力に有理数近似を拒むのだ。この事実をこれから追究してみよう。

その前に念を押しておくと、この許容差で有理数を近似するのであれば、αq は整数とはならない。もしそうなら、$\alpha = a/b$ について、不等式は $|a/b - p/q| < 1/q$ となり、これは $|aq/b - p| < 1$ と書き換えられて、二つの整数の差が 1 より小さいということになるからだ。唯一の可能性は $aq/b = p$、したがって $a/b = p/q$ だけとなる。

倍数誤差

一時的に任意の実数の有理数近似に戻ろう。近似分数の分母の大きさに比例する誤差の範囲で有理数近似は無限にあることを見た。その誤差を、係数をかけることで圧縮して、どこまでもさらに精度の高い近似を求める歩みをさらに一歩進めよう。非存在証明で満足するなら、誤差を半分にして、容易に次の命題が得られる。

α が任意の実数なら、$|\alpha - p/q| < 1/(2q)$ をみたすような有理数 p/q が無限に多く存在する。

これは成り立つ。任意の実数 α と正の整数 q について、閉区間 $[q\alpha - \frac{1}{2}, q\alpha + \frac{1}{2}]$ は、長さ 1 であり、したがってその内部に 1 個の整数があるか、両端が整数となるかでなければならないからだ。p をそのような整数とすると、$p - (q\alpha - \frac{1}{2}) < 1$ で、また $(q\alpha + \frac{1}{2}) - p < 1$ なので、$p - q\alpha < \frac{1}{2}$ で、また $p - q\alpha > -\frac{1}{2}$ となる。これをまとめ

ると、$-\frac{1}{2} < p - q\alpha < \frac{1}{2}$で、書き換えると $-1/(2q) < p/q - \alpha < 1/(2q)$ で、求められていた $|\alpha - p/q| < 1/(2q)$ が得られる。

有理数の有理数近似には自然な壁があったことを念頭に置くと、この係数の大きさは増やせるだろうか。

結果としてはできる。その理由を見つけるために、本章に出てくる大数学者の第一、ヨハン・ペーター・グスタフ・ルジューヌ・ディリクレ（1805-1859）に会わなければならない。ナポレオンが敗れるまではフランス人、その後はプロイセン人となったディリクレの数学上の系譜は、オックスフォード大学第 11 代サヴィリア幾何学教授、ヘンリー・スミスによって、輝かしく、熟練の展望に収められている。

この傑出した幾何学者が今年亡くなったことは（1859 年 5 月 5 日）、数論という学問にとっては修復できない損失である。その独創的な研究は、おそらくガウスの時代以来、他のどの著述家の高みよりも数論の前進に寄与した。少なくとも、結果を数よりも重みで量るならば。ディリクレはまた、ガウスの成果に見られるような単調でわかりにくい数論の理論に初等的な性格を与えることにも身を捧げた（いくつかの覚書で）。また、数論を数学者のあいだで人気のあるものにした点でも多くのことをしている——どんなに高く評価しても足りない仕事である*1。

ディリクレの引き出し原理ほど初等的なものはない。これは数学で最もあっけないほど強力な原理の有力候補だ。今では鳩の巣原理と呼ばれる。

n 羽の鳩が m 個の巣箱を占めていて $n > m$ なら、少なくとも 2 羽の鳩が少なくとも一つの巣箱を占めることにならざるをえない。

この原理を知っている読者なら、これが役に立つことを説明する必要はないだろう。初めて知った読者が知りたいと思えば、それに先立つ、うらやましいほどはらはらどきどきできる道のりがある。後者に属する人々のための誘いとして、こんな単純な例を考えてみよう。

> 1から8までの整数から五つの数を選ぶと、そのうちの二つの和は必ず9になる。

どういうことかと言うと、まず1と8、2と7、3と6、4と5という対を作る。これが四つの鳩の巣箱となる。選ぶ五つの数が鳩だ。鳩の巣原理を使うと、五つの数のうち二つは同じ対に属していなければならず、それは設定からして足して9となる。

ディリクレが最初にこの原理を使ったのは、ペルの方程式[*2]を研究していた1834年のことらしいが、ここでは、ディオファントス近似について最初の大きな帰結、ディリクレのディオファントス近似定理を証明しようとしてこれを用いた1842年に進もう。

> αを実数とすると、任意の整数nについて、$q \leq n$で、$|q\alpha - p| < 1/(n+1)$となる整数p, qが存在する。

この帰結は、どんな実数でも、適切な整数をかけると、好きなだけ近い整数で近似できることを教えてくれる。ディリクレによるその証明は、次のような形をとる。

まず、半開区間〔区間の一方の端は含み、他方の端は含まない。含まない方の端を）で表す〕$[0, 1)$を、$n+1$個の、重なりのない、それぞれの長さが$1/(n+1)$の半開区間に分割し、

第6章　有理数から超越数へ

$$I_1 = \left[0, \frac{1}{n+1}\right), \quad I_2 = \left[\frac{1}{n+1}, \frac{2}{n+1}\right), \quad I_3 = \left[\frac{2}{n+1}, \frac{3}{n+1}\right)$$

$$\ldots, \quad I_n = \left[\frac{n-1}{n+1}, \frac{n}{n+1}\right), \quad I_{n+1} = \left[\frac{n}{n+1}, 1\right)$$

とする。さて、集合 $S = [\{\alpha\}, \{2\alpha\}, \{3\alpha\}, \ldots, \{n\alpha\}]$ を考えよう。ただし、$\{x\} = x - \lfloor x \rfloor$ で、x の端数部分を表す。

まず、この n 個の数の集合がその中で反復があるなら、$\{i\alpha\} = \{j\alpha\}$ となるような i, j ($i < j$ とする) が存在しなければならない。つまり、$i\alpha - \lfloor i\alpha \rfloor = j\alpha - \lfloor j\alpha \rfloor$ なので、$\alpha = (\lfloor j\alpha \rfloor - \lfloor i\alpha \rfloor)/(j - i)$ となり、これは有理数だということになる。明らかに、$j - i < n < n + 1$、かつ $(j - i)\alpha - (\lfloor j\alpha \rfloor - \lfloor i\alpha \rfloor) = 0 < 1/(n + 1)$ で、条件は当然にみたされる。

そこで、α は無理数、つまり S の元はすべて異なると想定してよい。もくろみは、区間 $[0, 1)$ にある $\{q\alpha\}$ の位置について、二つの極端な可能性を片づけ、そうして鳩の巣原理で残りの選択肢を処理させるということだ。

ある q について、数 $\{q\alpha\} \in I_1$ なら、$|\{q\alpha\}| < 1/(n+1)$ で、つまり $|q\alpha - \lfloor q\alpha \rfloor| < 1/(n+1)$ ということになり、$p = \lfloor q\alpha \rfloor$ を選べば結果が得られる。

他方、ある q について、数 $\{q\alpha\} \in I_{n+1}$ なら、$|\{q\alpha\} - 1| < 1/(n+1)$ で、つまり $|q\alpha - \lfloor q\alpha \rfloor - 1| = |q\alpha - (\lfloor q\alpha \rfloor + 1)| < 1/(n+1)$ ということになり、$p = \lfloor q\alpha \rfloor + 1$ を選べば結果が得られる。

そうでなければ、S の n 個の元はすべて残った $n-1$ 個の区間 $I_2, I_3, I_4, \ldots, I_n$ の中に散らばっている。鳩の巣原理を適用すると、これは少なくとも二つの元が同じ区間になければならないということだ。それを $q_1 < q_2$ として、$\{q_1\alpha\}$ と $\{q_2\alpha\}$ とし、

$$|\{q_2\alpha\} - \{q_1\alpha\}| = |(q_2\alpha - \lfloor q_2\alpha \rfloor) - (q_1\alpha - \lfloor q_1\alpha \rfloor)|$$

$$= |(q_2 - q_1)\alpha - (\lfloor q_2\alpha \rfloor - \lfloor q_1\alpha \rfloor)| < \frac{1}{n+1}$$

を考える。今度は $q = q_2 - q_1$ と $p = \lfloor q_2\alpha \rfloor - \lfloor q_1\alpha \rfloor$ を選べば終わりだ。念のために言うと、設定からして $q \leq n$ である。

ディリクレの結果を q で割ると、

> α を任意の実数とすると、任意の正の整数 n について、$|\alpha - p/q| < 1/(n+1)q$ となる、$q \leq n$ の正の整数 p, q が存在する。

これとともに、α を p/q で近似したときの誤差は $q \leq n$ として $1/(n+1)$ に小さくすることができる。

たとえば、$|\pi - p/q| < 1/(101q)$ にはただ一つの解 $p = 22, q = 7$ がある。もっとも有名な近似値 $\frac{22}{7}$ は、実はこれよりもずっと正確で、$|\pi - \frac{22}{7}| = 1.2644\ldots \times 10^{-3}$ となる。もちろん、この結果から得られるのはその程度のことではない。

倍数からべき乗へ

倍数による誤差の縮小からべき乗による誤差の縮小への入り口となるのは、q の大きさへの制約だ。$q \leq n < n+1$ なので、この結果から次のことが言える。

> α を実数とすると、$|\alpha - p/q| < 1/q^2$ となるような有理数 p/q が存在する。

そこで、許容差への要求を q をただ何倍かするよりもずっと厳しくして、2乗を要求してもよい。しかし、肝心の無限個の近似があるかどうかは言われていない——それはありえない。有理数の有理数近似に

第6章 有理数から超越数へ

q	p	$\dfrac{p}{q}$	$\left|\varphi - \dfrac{p}{q}\right|$ の誤差
1	1	$\dfrac{1}{1}$	$0.618\ldots\ \left(<\dfrac{1}{1^2}\right)$
1	2	$\dfrac{2}{1}$	$0.381\ldots\ \left(<\dfrac{1}{1^2}\right)$
2	3	$\dfrac{3}{2}$	$0.118\ldots\ \left(<\dfrac{1}{2^2}\right)$
3	5	$\dfrac{5}{3}$	$0.048\ldots\ \left(<\dfrac{1}{3^2}\right)$
5	8	$\dfrac{8}{5}$	$0.018\ldots\ \left(<\dfrac{1}{5^2}\right)$
8	13	$\dfrac{13}{8}$	$0.0069\ldots\ \left(<\dfrac{1}{8^2}\right)$
13	21	$\dfrac{21}{13}$	$0.026\ldots\ \left(<\dfrac{1}{13^2}\right)$

表 6.5

は言えないことがわかっているからだ。

それでも、α は無理数だとして、$|\alpha - p/q| < 1/q^2$ となるような近似値が、有限個の $p_1/q_1, p_2/q_2, p_3/q_3, \ldots, p_k/q_k$ だけだとしてみよう。α は無理数なので、$|\alpha - p_r/q_r| > 0$ であり、したがって、すべての $r = 1, 2, 3, \ldots, k$ について、$|\alpha - p_r/q_r| > 1/(n+1)$ となるような正の整数 n が存在する。ところがディリクレが得た結果は、この n によって、$q \le n$ として $|\alpha - p/q| < 1/((n+1)q) < 1/q^2$ となる、別の有理数 p/q が存在することになる。これは矛盾だ。

次のような結論になるのは避けられない。

α が無理数なら、$|\alpha - p/q| < 1/q^2$ となるような有理数 p/q は無限個存在する。 (2)

有理数と無理数のふるまいの違いを明示的に述べればこうなる。有理数 α については、任意の $\varepsilon > 0$ について、$q^{1+\varepsilon}$ のオーダーの誤差での有理数近似は有限個しかないが、任意の無理数 α については、q^2

q	p	$\dfrac{p}{q}$	$\left|\sqrt{2}-\dfrac{p}{q}\right|$ の誤差
2	3	$\dfrac{3}{2}$	$0.085\ldots\ \left(<\dfrac{1}{2^2}\right)$
5	7	$\dfrac{7}{5}$	$0.014\ldots\ \left(<\dfrac{1}{5^2}\right)$
12	17	$\dfrac{17}{12}$	$0.0024\ldots\ \left(<\dfrac{1}{12^2}\right)$
29	41	$\dfrac{41}{29}$	$0.00042\ldots\ \left(<\dfrac{1}{29^2}\right)$
70	99	$\dfrac{99}{70}$	$0.000072\ldots\ \left(<\dfrac{1}{70^2}\right)$
169	239	$\dfrac{239}{169}$	$0.000012\ldots\ \left(<\dfrac{1}{169^2}\right)$
408	577	$\dfrac{577}{408}$	$0.0000021\ldots\ \left(<\dfrac{1}{408^2}\right)$

表 6.6

のオーダーの近似値は無限個ある。

この結果と 206 頁の (1) とをまとめると、次のことが言える。

実数 α が無理数であるのは、$|\alpha - p/q| < 1/q^2$ となる有理数 p/q が無限にあるときで、そのときにかぎる。

こうして無理数の規定が得られた。

表 6.5 には、黄金比 φ の最初のほうの有理数近似をいくつか、$1/q^2$ の範囲で正確なものを挙げた。フィボナッチ数列の外見が見て取れるだろう。表 6.6 には、$\sqrt{2}$ の近似で同じ情報が示されていて、読者に特定できるパターンをもった近似値の集合となっている。

近似有理数の分母に基づくもっと正確な近似を求めることで、私たちの数の体系が細かいところまで見え、最初の微視的な区別が得られた。第 2 の特徴はさらに大きな要請から生じる。

第 6 章 有理数から超越数へ

算術のまわり道

先に進むためには、私たちの数の体系にある三つの特性が必要となる。

1. 整数論の根本的な成果に、ベズーの等式と呼ばれるものがある。これは18世紀フランスの数学者エチエンヌ・ベズーの名にちなむものだ(ただし、何人か、先に発見したかもしれない人もいる)。いちばん単純な形にして言えば、二つの正の整数 a, b の最大公約数 GCD(a, b) は、その整数の1次結合で表せる。つまり、GCD(a, b) = $br+as$ となるような整数 r, s (正とはかぎらない) が存在する。

証明はしないが(エウクレイデスの互除法から直接導かれる)、係数 r と s の性質には関心を向けておこう。

- まず、任意の整数 k について、$br+as = (r+ka)b + (s-kb)a$ なので、どんな a, b を選んでも、係数の組合せは無限にある。
- 次に、この観察結果を再び用いれば、整数 k を使って r を a で割った余り、s を b で割った余りに帰着させることができて、係数の選択を $r < a$ かつ $s < b$ にすることができる。
- 最後に、結果を GCD(a, b) = $br - as$ と書くことにすれば、どちらの係数も確実に正とすることができる。

これで、$1 \leq r < a$ かつ $1 \leq s < b$ が得られた。

2. 無理数が「稠密」な集合をなす、つまり、任意の二つの実数の間に必ず無理数がある、つまり、α と β が任意の実数で $\alpha < \beta$ なら、$\alpha < \gamma < \beta$ となる無理数 γ が存在するということ。この証明は、エウクレイデスの『原論』巻V定義4として登場し、本書の第1章でも触れた、あのわかりにくいエウドクソスの公理のあっけないほど簡単にする力を見せてくれる。そういうこともあって、

これについては証明することにしよう。この公理を便宜上、次のように言い換える。

> 量(マグニチュード)どうしに比がとれると言われるのは、一方を何倍かすると超えることがある場合である。

これを証明するために、$I > 1$ は無理数とする。エウドクソスの公理を正の数の対 $\beta - \alpha$ と I に適用する。$n(\beta-\alpha) > I$、つまり $n\beta > n\alpha + I$ となるような正の整数 n が存在するということになる。そこで正の整数 m を、$m = \lfloor n\alpha \rfloor$ と定義する。$m \leq n\alpha$ なので、$m + I \leq n\alpha + I$ でなければならず、上記から、$m + I \leq n\alpha + I < n\beta$ が得られ、その結果、$m + I < n\beta$ となる。m は $n\alpha$ 以下の最大の整数で、また $I > 1$ なので、$m + I > n\alpha$ でなければならず、そこから $n\alpha < m + I < n\beta$、$\alpha < m/n + (1/n)I < \beta$ となる。I は無理数なので、$m/n + (1/n)I$ も無理数でなければならず、求める結果は証明された。

3. 上記の二つの実数は有理数でもありえるので、任意の無理数 α が与えられれば、その両側に $p/q < \alpha < r/s$ となる有理数が得られる(分数は既約とする)。この分数を、$ps - qr = 1$ となるように選べることを示そう。

たとえば、無理数 α について、$|\alpha - u'/v'| < \varepsilon$ となるような有理数 u'/v' の集合を考える。分母 v' の大きさは、n をある固定された正の整数として、$v' \leq n$ で制限する。それによって、その個数は有限であることが保証される(この章の最初で見たとおり)。この集合の中に、u/v が既約として、$|\alpha - u/v|$ が最小だとしよう。もちろん $v \leq n$ である。二つの場合がある。

$u/v < \alpha$ なら、u/v を左側の分数 p/q とし、右側は次のように

第6章 有理数から超越数へ

作る。

ベズーの等式を使うと、$1 \leq r < p$ かつ $1 \leq s < q$ として、$\mathrm{GCD}(p, q) = qr - ps$ となるような整数 r, s が存在し、$u/v = p/q$ で既約なので、$\mathrm{GCD}(p,q) = qr - ps = 1$ である。$qr - ps > 0$, $p/q < r/s$ であり、$|\alpha - p/q|$ は、$q \leq n$ と $s < q \leq n$ について最小なので、$|\alpha - p/q| < |\alpha - r/s|$ でなければならない。これは r/s が p/q の右にあり、r/s は区間 $(p/q, \alpha)$ にはないということなので、α の右になければならない。これが選ばれる分数である。

$u/v > \alpha$ なら、今度は u/v を分数 r/s の右にとる。今度は $qr - ps = 1$ を、$1 \leq p < r$ かつ $1 \leq q < s$ として、p と q について解くと、同じ論法で、この p/q が求められる分数であることが明らかになる。

この論証をたどって、そのような対が無限になければならないことを示すのは、難しいことではない。

再び倍数

有理数をなしですませれば、そろそろ、もう当然出てくると思われることを問う時期だ。所与の無理数 α について、$k > 1$ として、$|\alpha - p/q| < 1/kq^2$ となる有理数近似は求められるだろうか。またそれは何個あるか。先の最終結果が最初の答えに導いてくれる。

無理数 α について、$qr - ps = 1$ となる既約分数で $p/q < \alpha < r/s$ の対は無限個あり、そのうち二つを選ぶことができる。

さて、$\mu = \min\{q^2(\alpha - p/q), s^2(r/s - \alpha)\}$ と定義すると、定義により、$\mu \leq q^2(\alpha - p/q)$ かつ $\mu \leq s^2(r/s - \alpha)$ なので、$\mu/q^2 \leq \alpha - p/q$ かつ $\mu/s^2 \leq r/s - \alpha$ となる。この結果を足し合わせると、$\mu/q^2 + \mu/s^2 \leq r/s - p/q$、つまり $\mu(1/q^2 + 1/s^2) \leq r/s - p/q = (qr - ps)/(qs) = 1/(qs)$ となって、両辺に qs をかけると、$\mu(s/q + q/s) \leq 1$ が得ら

れる。

これを変数 $x = s/q$ の式とみなし、$x + 1/x \leq 1/\mu$ と書き換える。ところが $x > 0$ のとき $x + 1/x \geq 2$ なので、$2 \leq x + 1/x \leq 1/\mu$ となり、$\mu \leq 1/2$ となる。

これはつまり $\mu = \min\{q^2(\alpha - p/q), s^2(r/s - \alpha)\} \leq 1/2$ ということで、簡潔な命題として次が得られる。

あらゆる無理数 α について、$|\alpha - p/q| < 1/(2q^2)$ となるような有理数 p/q が無限個存在する。

網を絞る

許容差は狭まった。ディリクレの輝かしい $(n + 1)$ 倍によるのではなく、1個の倍数2だけで。しかし地形はますます進みにくくなりつつある。19世紀のドイツの数学者、アドルフ・フルヴィッツ（1859-1919）はそこを進んだ。この人が、本章で出会う二人めの大数学者である。

フルヴィッツは、フェリックス・クラインの学生であり、ダーフィト・ヒルベルトやヘルマン・ミンコフスキーの師だった。そのことを考えれば、フルヴィッツが数学者として高い評価を得たのは驚くことではない。100本以上の研究論文があり、その名がついた数学的対象や手順も多く、フルヴィッツが残したものには重要な意義があり、数論の世界については、ある追悼文で、次のように簡潔にまとめられている[3]。

連分数に関する論文や、無理数の近似表現に関する論文は、実に独創的で、興味深い。その代数での業績は、根底にある原理を見抜くたぐいまれな洞察力が特徴となっている。

第6章　有理数から超越数へ

以下にそのフルヴィッツによる1891年の成果*4を見ていく。これは、q^2 をかける場合に向かう非常に興味ぶかい次の停車駅となる。まずこれを二つの部分に分けることにする。最初は2を $\sqrt{5}$ に押し上げる。

> あらゆる無理数 α について、$|\alpha - p/q| < 1/(\sqrt{5}\,q^2)$ となるような有理数 p/q は無限にある。

このように前進するには、先の2をかける場合の論証をふまえれば、細かいところを修正する以上のことはしなくてもよい。

α を無理数とし、既約分数の対が無限個ある中で、$qr - ps = 1$ として $p/q < \alpha < r/s$ となるような二つを選ぼう。この二つの分数から、私たちは第3の、その中央値(メジアン)となる数を作る。$u/v = (p+r)/(q+s)$ と定義できて、これには二つの都合のよい性質がある。

・これは二つの分数の間にある。すなわち、

$$\frac{p}{q} < \frac{u}{v} < \frac{r}{s} \quad \text{つまり、} \quad \frac{p}{q} < \frac{p+r}{q+s} < \frac{r}{s}$$

・$qu - pv = 1$ かつ $rv - su = 1$

次のようになるので、第1の命題は成り立つ。

$$\frac{p+r}{q+s} - \frac{p}{q} = \frac{pq + qr - pq - ps}{q(q+s)} = \frac{qr - ps}{q(q+s)} = \frac{1}{q+s}\left(r - \frac{ps}{q}\right)$$

$$= \frac{s}{q+s}\left(\frac{r}{s} - \frac{p}{q}\right) > 0$$

($r/s - (p+r)/(q+s) > 0$ についても同様)

第2の性質が言えるのは、

図 6.2

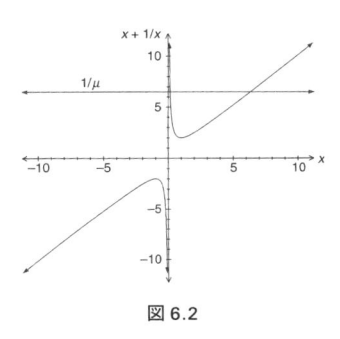

$$qu - pv = q(p + r) - p(q + s) = qr - ps = 1$$

かつ

$$rv - su = r(q + s) - s(p + r) = qr - ps = 1$$

だからだ。さて、α は無理数なので、$u/v \neq \alpha$ であり、したがって、$u/v > \alpha$ または $u/v < \alpha$ である。$u/v > \alpha$ の場合を取り上げる。逆の場合もほぼ同じこととなる。

$\mu = \min\{q^2(\alpha - p/q), s^2(r/s - \alpha), v^2(u/v - \alpha)\}$ と定義する。先と同様、これは

$$\mu \leq q^2\left(\alpha - \frac{p}{q}\right) \text{ かつ } \mu \leq s^2\left(\frac{r}{s} - \alpha\right) \text{ かつ } \mu \leq v^2\left(\frac{u}{v} - \alpha\right)$$

ということなので、

$$\frac{\mu}{q^2} \leq \alpha - \frac{p}{q} \text{ かつ } \frac{\mu}{s^2} \leq \frac{r}{s} - \alpha \text{ かつ } \frac{\mu}{v^2} \leq \frac{u}{v} - \alpha$$

で、これは二つ一組ずつ足して、

$$\frac{s}{q} + \frac{q}{s} \leq \frac{1}{\mu} \text{ かつ } \frac{v}{q} + \frac{q}{v} \leq \frac{1}{\mu}$$

となる。これで、図 6.2 に描いた関数 $x + 1/x$ に戻り、水平の直線を

第 6 章 有理数から超越数へ

図 6.3

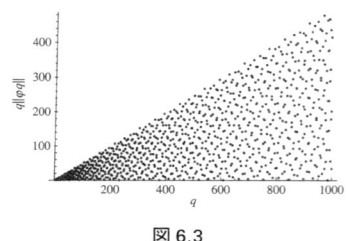

$1/\mu$ の高さにする。両者が交わるところを $x = x_1$ と $x = x_2$ ($x_1 < x_2$) とすると、$x = s/q$ と $x = v/q$ は区間 $[x_1, x_2]$ になければならず、x_1 と x_2 は $x + 1/x = 1/\mu$、つまり $x^2 - (1/\mu)x + 1 = 0$ の根である。

この2次方程式の解と係数の関係を使えば、$x_1 + x_2 = 1/\mu$、$x_1 x_2 = 1$ で、これはつまり $(x_2 - x_1)^2 = (x_1 + x_2)^2 - 4x_1 x_2 = 1/\mu^2 - 4$ だということになる。$v = q + s$ で、したがって $v/q = 1 + s/q$ なので、$x_2 - x_1 \geq v/q - s/q = 1$ が得られる。まとめると、$1/\mu^2 - 4 \geq 1$ ということになり、したがって、$\mu \leq 1/\sqrt{5}$ となる。

そのすべてが、$|\alpha - p/q| < 1/(\sqrt{5}\ q^2)$ には、無理数 α について無限個の解があることを意味する。この段階で、不等式を $q|\alpha q - p| < 1/\sqrt{5}$ と書き換え、さらにこれを、$\|\cdots\|$ は最も近い整数を返す関数として、$q\|\alpha q\| < 1/\sqrt{5}$ と書き換えれば、p の役割がこの結果に圧縮できることが見てとれる。すると結果が言っているのはこういうことになる。

任意の無理数 α について、$q\|\alpha q\| < 1/\sqrt{5}$ となる整数 q が無限個存在する。

図6.3は、φ を黄金比として、$q\|\varphi q\|$ のグラフであり、この関数の不規則なところを示しているが、それでも、点が $1/\sqrt{5}$ より下にくる

図 6.4

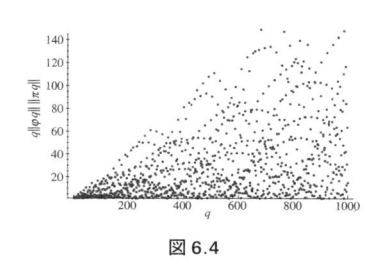

q の値が無限にできることが保証されている。読者は、1,000,000 より小さい q の一覧を確かめてみてもよい。

$$\{1, 3, 8, 21, 55, 144, 377, 987, 2584, 6765,$$
$$17711, 46368, 121393, 317811, 832040\}$$

やっと、この書き換えとともに、数学の得意な人のために、ディオファントス近似の理論全体で最も有名な予想を紹介することができる。

今や任意の無理数 α について、$q\,\|\alpha q\| < 1$ となる整数 q が無限個あることはよくわかっている。これは明らかに、任意の二つの無理数 α と β について、$q\,\|\alpha q\|\,\|\beta q\| < 1$ となる整数 q が無限個あるということになる。図 6.4 は、$\alpha = \varphi, \beta = \pi$ としたときの q の関数のほとんど取り憑かれそうなふるまいを示していて、1930 年代、ジョン・エデンサー・リトルウッドが予想したことはほとんどうかがえていない。その予想とは、$\liminf_{q \to \infty} q\,\|\alpha q\|\,\|\beta q\| = 0$ である〔lim inf は、「下極限」のこと〕。名声はあなたのものかも。

無理数の連鎖

これまでのところ、この有理数近似の手順は有理数と無理数を区別

してきた。フルヴィッツの成果の第2とともに、無理数そのものの区別がつきはじめる。言葉で言えば、不等式はきつくなるということで、式を使うと

$c > \sqrt{5}$ なら、$|\alpha - p/q| < 1/(cq^2)$ が、有限個の p/q の可能性しかないような無理数 α がある。

実は、そのような無理数の一つが黄金比で、$\alpha = \varphi = (1+\sqrt{5})/2$ である。

このことを見るために、$|(1+\sqrt{5})/2 - p/q| < 1/(cq^2)$ には、$c > \sqrt{5}$ となる何かの定数について、p, q の解が無限個あるとし、変数 x を、$(1+\sqrt{5})/2 - p/q = 1/(xq^2)$ によって p と q の関数として定義しよう。すると、$|x| > c > \sqrt{5}$ でなければならない。この方程式を $1/(xq) - \sqrt{5}q/2 = q/2 - p$ と書き換え、平方すると、$(1/(xq) - \sqrt{5}q/2)^2 = (q/2 - p)^2$ となり、したがって $1/(x^2q^2) - \sqrt{5}/x + 5q^2/4 = q^2/4 - pq + p^2$ となり、$p^2 - pq - q^2 = 1/(x^2q^2) - \sqrt{5}/x$ で、$|p^2 - pq - q^2| = |1/(x^2q^2) - \sqrt{5}/x|$ になる。

方程式の左辺は整数で、したがって右辺もそうでなければならないが、

$$\left|\frac{1}{x^2q^2} - \frac{\sqrt{5}}{x}\right| \leq \left|\frac{1}{x^2q^2}\right| + \left|\frac{\sqrt{5}}{x}\right| < \frac{1}{q^2} + \frac{\sqrt{5}}{c}$$

で、$\sqrt{5}/c < 1$ なので、q の無限個の可能性の中から、不等式の右辺全体が 1 より小さくなるような大きい数を選ぶことができ、そのような q については、$|p^2 - pq - q^2|$ が 1 より小さい整数となり、したがって、$p^2 - pq - q^2 = 0$ で、$(p/q)^2 - p/q - 1 = 0$ となって、これは黄金比を定義する式に他ならない。$p/q = (1+\sqrt{5})/2 = \varphi$ だ。ここでの「有理数」近似が無理数とならざるをえず、これで証明終。

これで黄金比は最初の「ごちゃごちゃ」無理数に分類される。つま

り、q^2 にかける数を $\sqrt{5}$ より大きくすることができない最初の数だ。そうなるのはこれだけだろうか。これや、もしかすると他にもあるものを「ごちゃごちゃ」として省くことによって、好きなだけ q^2 にかける数を大きくすることで許容差を小さくできるか。どちらに対する答えもノーで、黄金比と同じごちゃごちゃ度の数は無限個あり、さらに無限個の無理数が、それより低いごちゃごちゃ度を共有している。実に複雑な話だ。どれほど複雑かを見るためだけに、分母でのかける数のリストから始める。これは「ラグランジュ・スペクトル」という名を与えられている。

$$\{\sqrt{5}, \sqrt{8}, \frac{\sqrt{221}}{5}, \frac{\sqrt{1517}}{13}, \dots\}$$

そしてこれを対応するごちゃごちゃ数と突き合わせる。

$$\{\frac{-1+\sqrt{5}}{2}, -1+\sqrt{2}, \frac{-9+\sqrt{221}}{14}, \frac{-23+\sqrt{1517}}{38}, \dots\}$$

それとともに、次のことがわかる。

- φ 以外のすべての無理数 α について、$c > \sqrt{5}$ として $|\alpha - p/q| < 1/(cq^2)$ となるような有理数 p/q が無限個ある。
- φ と $-1+\sqrt{2}$ 以外のすべての無理数 α について、$c > \sqrt{8}$ として、$|\alpha - p/q| < 1/(cq^2)$ となるような有理数 p/q が無限個ある。
- φ と $-1+\sqrt{2}$ と $(-9+\sqrt{221})/14$ 以外のすべての無理数 α について、$c > \sqrt{221}/5$ として、$|\alpha - p/q| < 1/(cq^2)$ となるような有理数 p/q が無限個ある。
- φ と $-1+\sqrt{2}$ と $(-9+\sqrt{221})/14$ と $(-23+\sqrt{1517})/38$ 以外のすべての無理数 α について、$c > \sqrt{1517}/13$ として、$|\alpha - p/q| < 1/(cq^2)$ となるような有理数 p/q が無限個存在する。……

平方根や2次無理数がたくさんあることはすぐわかるものの、それ

以外には、パターンがわかりにくいことも言っておこう。そのパターンを明らかにしても、それはほとんど変わらないことも言っておく。その目的のためには、実数直線を次のような四つの区間に分けるのがよい。

{$x: x < \sqrt{5}$}　これはスペクトルの成分をまったく含んでいない。

{$x: \sqrt{5} \leq x < 3$}　ここにはスペクトルの成分が可算無限個含まれ、それぞれは次の指定で与えられる。

　この数列の一般項は、w を、ディオファントス方程式

$$u^2 + v^2 + w^2 = 3uvw$$

の正の整数解による三つの組を順に並べた $\{u, v, w\}$ のうち最も大きいものと定義したときの、$(\sqrt{9w^2-4})/w$ である。

　すぐにわかることではないが、方程式の解（順番に）は、

$$(u, v, w) \in \{(1,1,1), (1,1,2), (1,2,5), (1,5,13), (2,5,29), \ldots\}$$

で、マルコフ数〔先のディオファントス方程式の解の一部がこう呼ばれる〕w

$$\{1, 2, 5, 13, 29, 34, \ldots\}$$

ができる。それを式に代入すると、先の許容差数列ができる。

{$x: 3 \leq x < \theta$}　これは、今さかんに研究されている主題の領域で、そのいくつかの成果を挙げると、

- $\theta = 4 + \frac{253589820 + 283748\sqrt{462}}{491993569}$ であることが、G. フライマン[*5]によって証明され、それにちなんでフライマン定数と呼ばれる。
- α が2次無理数ではないときは、対応する c は、≥ 3 となる。
- $c = 3$ のとき、不可算無限個の α がある。

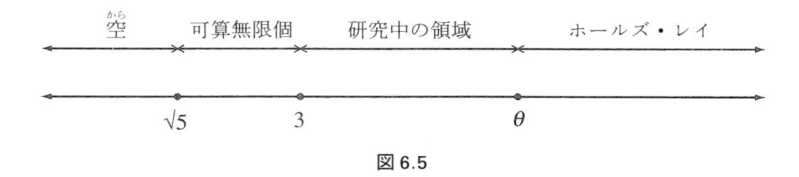

```
  空    可算無限個    研究中の領域        ホールズ・レイ
←——————•——————•———————————•—————————————————→

←——————•——————•———————————•—————————————————→
       √5     3           θ
```

図 6.5

- オスカー・ペロンは、$(\sqrt{12}, \sqrt{13})$ と $(\sqrt{13}, \dfrac{65+9\sqrt{3}}{22})$ は、最大のギャップである、つまり $c \in (\sqrt{12}, \sqrt{13})$ あるいは $c \in (\sqrt{13}, \dfrac{65+9\sqrt{3}}{22})$ となる α は存在しないことを証明した（たとえば、$(\dfrac{\sqrt{480}}{7}, \sqrt{10})$ のように、他にもある）。

- $\alpha = (-1+\sqrt{13})/2$（あるいはそれと等価数）のときだけ $c = \sqrt{13}$ だが、$c=\sqrt{12}$ については、等価ではない α が不可算無限個ある。

{x: x ≥ θ} スペクトルには半直線がある。その領域は、そのことを証明したマーシャル・ホール[6]にちなんでホールズ・レイ〔レイ=ray は半直線のこと〕と呼ばれる。図 6.5 に状況を図示する。

最後に、今触れた「等価」という概念は何だろう。これは以下の定義にまとめられる。

　二つの実数 α と β は、$|ps - qr| = 1$ で、$\beta = (p\alpha + q)/(r\alpha + s)$ となるような整数 p, q, r, s が存在するなら、等価と言われる。

わかりやすくなったわけではないが、これが専門的な意味での等価関係[7]の定義であり、したがってこれは実数を無限個のばらばらの等価クラスに分割し、そのクラスの一つが有理数の集合であり、任意の二つの等価の数は同じ程度の有理数近似になれる。

第 6 章　有理数から超越数へ

2次無理数

　私たちは今、言われていることがほとんど信じられず、証明がほとんど理解できない数学の深海で溺れかけている。浅瀬に近づいて、これらの思想が特殊な無理数に適用されたときの形が見えれば、問題をもっとしっかりつかむことができる。それが2次無理数、つまり、整数係数の2次方程式の根となる無理数だ。

　そこで、α を2次無理数とし、それを定める方程式は $ax^2 + bx + c = 0$ だとすると、この方程式の判別式は $\Delta_x = b^2 - 4ac$ となる。

　まず、α が無理数で、2次式の係数が整数だと、Δ_x にはいくつか制約がある。完全平方数ではありえない。$4n + 2$ の形でもありえない。もしそうだったら、b^2 が偶数となり、b が偶数とならざるをえず、これを $b = 2m$ とすると、$4n + 2 = 4m^2 - 4ac$、つまり $1 = 2m^2 - 2ac - 2n$ となって、これは明らかに整数の範囲ではありえない〔整数の範囲では右辺は偶数〕。同様に、$4n + 3$ でもありえない。$\Delta_x = 4n$ あるいは $\Delta_x = 4n + 1$ だと、そのような矛盾はないので、判別式の可能性は、$4n$ または $4n + 1$ の形で完全平方数でない正の整数ということになる。つまり、

$$\{5, 8, 12, 13, 17, 20, 21, \ldots\}$$

さて、変形した変数 $w = (px + q)/(rx + s)$ での2次方程式の判別式にしても、やはり Δ_x になることを示そう。

　この合成（双一次）変換が、三つのもっと単純な変換

$$x \to rx + s, \quad x \to \frac{1}{x}, \quad x \to \frac{p}{r} - \frac{ps - qr}{r}x$$

に分解できることは簡単に確かめられる。$|ps - qr| = 1$ という条件を加えると、

$$x \to rx+s, \quad x \to \frac{1}{x}, \quad x \to \frac{p}{r} \pm \frac{1}{r}x$$

となる。さて、それぞれの変換は、もとの2次方程式の判別式に対して、それぞれはどんな作用をし、したがって組み合わせるとどんな作用をするか考えよう。

最初の変換では、2次方程式を、$y = rx+s$ と書き、したがって $x = (y-s)/r$ として代入すれば、

$$a\left(\frac{y-s}{r}\right)^2 + b\left(\frac{y-s}{r}\right) + c = 0$$

つまり、$a(y-s)^2 + br(y-s) + cr^2 = 0$ で、最後には

$$ay^2 + (br-2as)y + (as^2 - brs + cr^2) = 0$$

となる。これはやはり2次方程式なので、判別式があって、

$$\begin{aligned}\Delta y &= (br-2as)2 - 4a(as^2 - brs + cr^2)\\ &= b^2r^2 - 4abrs + 4a^2s^2 - 4a^2s^2 + 4abrs - 4acr^2\\ &= b^2r^2 - 4acr^2 = r^2(b^2-4ac) = r^2 \Delta x\end{aligned}$$

2次方程式について、$z = 1/y$、従って $y = 1/z$ の変換をすると、やはり2次方程式

$$a\left(\frac{1}{z}\right)^2 + (br-2as)\frac{1}{z} + (as^2 - brs + cr^2) = 0$$

つまり $(as^2 - brs + cr^2)z^2 + (br-2as)z + a = 0$ で、係数は整数で、判別式が $\Delta_z = \Delta_y$ となるのは簡単に確かめられる。

最後の $w = p/r \pm (1/r)z$ は、最初の変換の繰り返しで、最終的に、整数係数で判別式が $\Delta_w = (1/r^2)\Delta_z$ となる2次方程式ができる。この最後の2次方程式の判別式は、もとの判別式から合成変換で得られ、したがって、

第6章 有理数から超越数へ

$$\Delta_w = \frac{1}{r^2}\Delta_z = \frac{1}{r^2}\Delta_y = \frac{1}{r^2}r^2\Delta_x = \Delta_x$$

となる。このきれいな事実はここでの話とどんな関係があるのだろう。

α を定義する 2 次関数を、もう一つの（無理）根を β として、$f(x) = ax^2 + bx + c = a(x - \alpha)(x - \beta)$ と書き直す。

p/q は $|\alpha - p/q| < 1/(cq^2)$ となるような、α に対する有理数近似だとすると、三角不等式を使って、

$$\left|f\left(\frac{p}{q}\right)\right| = \left|a\left(\frac{p}{q} - \alpha\right)\left(\frac{p}{q} - \beta\right)\right| = \left|\left(\frac{p}{q} - \alpha\right)\right|\left|a\left(\frac{p}{q} - \beta\right)\right|$$

$$= \left|\alpha - \frac{p}{q}\right|\left|a\left(\beta - \frac{p}{q}\right)\right|$$

$$= \left|\alpha - \frac{p}{q}\right|\left|a\left(\beta - \alpha + \alpha - \frac{p}{q}\right)\right|$$

$$= \left|\alpha - \frac{p}{q}\right|\left|a\left(\beta - \alpha\right) + a\left(\alpha - \frac{p}{q}\right)\right|$$

$$< \left|\alpha - \frac{p}{q}\right|\left\{\left|a\left(\beta - \alpha\right)\right| + \left|a\left(\alpha - \frac{p}{q}\right)\right|\right\}$$

$$= \left|\alpha - \frac{p}{q}\right|\left\{\left|a\left(\alpha - \beta\right)\right| + \left|a\left(\alpha - \frac{p}{q}\right)\right|\right\}$$

基本的な関係 $\alpha + \beta = -b/a$、$\alpha\beta = c/a$ を使って判別式を二つの根で書き換えると次のようになる。

$$\Delta = b^2 - 4ac = a^2\left(\frac{b^2}{a^2} - 4\frac{c}{a}\right) = a^2((\alpha + \beta)^2 - 4\alpha\beta) = a^2(\alpha - \beta)^2$$

これはつまり

$$\left|f\left(\frac{p}{q}\right)\right| < \frac{1}{cq^2}\left(\sqrt{\Delta} + \frac{|a|}{cq^2}\right)$$

ということだが、

$$\left|f\left(\frac{p}{q}\right)\right| = \left|a\left(\frac{p}{q}\right)^2 + b\left(\frac{p}{q}\right) + c\right| = \left|\frac{ap^2 + bpq + cq^2}{q^2}\right|$$

$$= \frac{|ap^2 + bpq + cq^2|}{q^2} \geqslant \frac{1}{q^2}$$

でもある。分子が整数でなければならないからだ。

この二つの不等式を $|f(p/q)|$ について組み合わせると、

$$\frac{1}{cq^2}\left(\sqrt{\Delta} + \frac{|a|}{cq^2}\right) > \frac{1}{q^2}$$

となり、したがって、$\sqrt{\Delta} + |a|/(cq^2) > c$ で、結局、$cq^2(c - \sqrt{\Delta}) < |a|$ となる。

さて、$c > \sqrt{\Delta}$ なら、q が際限なく増加するとしたら、不等式の左辺も限界はないが、右辺の値は一定の $|a|$ で、これは端的にありえない。唯一ありうる折り合いは、q に上限があって、近似分数の分母には有限個の可能性しかなくなり、それによって、先に見たように、分子も有限個しかなくなることだ。

要するに、

α が 2 次無理数で、対応する 2 次方程式の判別式も Δ とすると、$c > \sqrt{\Delta}$ のとき、$|\alpha - p/q| < 1/(cq^2)$ を満たす有理数は有限個しかない。

先に 2 次無理数根の場合の判別式の値をいくつか特定した。$\sqrt{5}$ と $\sqrt{8}$ は最初の空ではない区間にあり、$\sqrt{12}, \sqrt{13}, \sqrt{17}, \sqrt{20}$ は、次の区間にあり、残りはホールズ・レイにある。

もちろん、この判別式を使って、対応する「ごちゃごちゃ」無理数を生成することもできる。$\Delta = b^2 - 4ac = 5$ の場合、b は奇数でなければならない。$b = 1$ とすると、$ac = -1$ で、ありうる 2 次方程式として 2 通り、$x^2 - x - 1 = 0$ と $x^2 + x - 1 = 0$ が得られる。最初の方

程式は、正の解として黄金比 $\varphi = (1 + \sqrt{5})/2$ をもち、第2の方程式は、逆数の

$$\frac{1}{\varphi} = \frac{-1+\sqrt{5}}{2} = \frac{\varphi - 1}{0\varphi + 1}$$

となる。これは φ と（先ほど定義した）等価である。他の b の奇数値は、他の、等価な「ごちゃごちゃ」無理数を生む。

225頁で触れた $c = \sqrt{13}$ について言えば、$\Delta = 13$、したがって $b^2 - 4ac = 13$ をとると、やはり b は奇数でなければならず、$b = 1$ をとると $ac = -3$ となり、$a = 1, c = -3$ を選ぶと、2次方程式 $x^2 + x - 3 = 0$ ができて、正の解は $(-1 + \sqrt{13})/2$ となる。ここでも、他の可能性はすべてこれと等価になる。

最も目の細かいふるい

かける数を 2 から $\sqrt{5}$ へ、またさらにその先へ増やす手は、それとともに大きな帰結をもたらし、すばらしく複雑な臨界係数のラグランジュ・スペクトルに具現されている。今度は有理数近似の許容差を細かくするための最後の段階となるべきものをとろう。べき指数を2より大きくし、与えられた無理数 α について、ある $\varepsilon > 0$ について、

$$|\alpha - p/q| < 1/q^{2+\varepsilon}$$

となるような無限個の有理数近似があるかどうかを問う。実は、この追加の必要条件が、2次無理数を排除するのに十分であることを示せるだけのことはできている。

2次無理数について、$c > \sqrt{\Delta}$ で $|\alpha - p/q| < 1/(cq^2)$ を満たす有理数が有限個だけあることを思い出そう。これはつまり、c を数 c_1 にまで増やして、$|\alpha - p/q| < 1/(c_1 q^2)$ となるような有理数はないようにすることができるということで、そこから

α が2次無理数なら、任意の $\varepsilon > 0$ について $|\alpha - p/q| < 1/q^{2+\varepsilon}$ となるような有理数は有限個しかない

ことが言える。これを見るには、逆を仮定して、そのような p/q が無限個あるとする。これはつまり、q が際限なく増えることができ、$q_1^{\varepsilon} > c_1$ となるような $q = q_1$ を選べるということだ。しかしそうすると、

$$\left|\alpha - \frac{p_1}{q_1}\right| < \frac{1}{q_1^{2+\varepsilon}} = \frac{1}{q_1^{\varepsilon} q_1^2} < \frac{1}{c_1 q_1^2}$$

となり、矛盾が生じる。

この勢いで、3次無理数、4次無理数、さらに n 次の代数的無理数一般についてはどうなるか。整数係数の既約 n 次多項式方程式の根となる無理数だ。すでにしてきた準備で、2次無理数は簡単に陥落したが、どんなに注意深く構成しても、代数的数一般についても簡単に進むとは、どう見てもあてにできない。このことの最初の証明は学術雑誌の20頁を占め、深さも絶妙さも最大で、それを現代的に書き換えても、その明晰さと気持ちをそそる点でほとんど負けていない。その命題は、

2次以上の任意の代数的数 α と任意の $\varepsilon > 0$ については、$|\alpha - p/q| < 1/q^{2+\varepsilon}$ となるような有理数は有限個しかない。

2次無理数について証明したことは、代数的無理数一般にも言える。そのことを最初に証明したのはドイツのクラウス・ロートで、1955年のことだった[*8]。そしてそれに対してロートはフィールズ賞という、数学界でのノーベル賞のような賞を与えられた。イギリスの重要な数論家ハロルド・ダヴェンポートは、1958年、エジンバラの国際学会での授賞式でスピーチをしているが、その言葉がこの成果の水準を簡

潔に表している。

　この成果は明瞭に現れている。それは一つの章を閉じ、今や新たな章が開かれている。ロートの定理は根本的な性質と極度の難しさの双方を示す問題に決着をつける。数学が研究されるかぎり、数学の道しるべとして立つことになるだろう。

その新たな章は、とてもよく理解されているとは言えないとしても今やよく読まれていて、無数の成果と無数の予想を宿している——そのほとんどについて、ここでは触れられない。それでもこの最後の、最も細かいなふるいをくぐって残るのは、代数方程式の根ではない無理数——超越数だ。

註

＊1　H. J. S. Smith, 1965, *Report on the theory of numbers* (New York: Chelsea). (これは *Collected Papers of Henry John Stephen Smith*, vol .1. 1894 にもある (New York: Chelsea, 1965 で復刻)。

＊2　P. G. L. Dirichlet, R. Dedekind translation by John Stillwell: *Lectures on Number Theory* (American Mathematcal Society, 1999).

＊3　*Proc. Lond. Math. Soc*. 20: xlviii-liv (1922).

＊4　A. Hurwitz, 1891, Über die angenäherte Darstellung der Irrationalzahlen durch rationale Brüche, *Math. Ann*. 39: 279-84.

＊5　G. Freiman, 1975, *Diophantine approximations and the geometry of numbers (Markov's problem)* (Kalinin Gosudarstv. University).

＊6　Marshall Hall Jr, 1947, On the sum and product of continued fractions, *Ann. of Math*. (2) 48: 966-93.

＊7　367頁の付録Eを参照。

＊8　K. F. Roth, 1955, Rational approximations to algebraic numbers, *Mathematika* 2: 1-20.

第7章　超越数

> 方程式が数の風景を縫うように走る列車だとすれば、πに停車する列車はない。
> ————リチャード・プレストン

　前章では、超越数(トランセンデンタル)の国について、どんな住民がいるかをまったく確かめないまま、その国があることだけを確かめた。この章では、名もない民草から、π や e のような重要人物まで、あらゆる形の超越数を見ていく。

　超越数という概念は、1682年、$\sin x$ は x についての代数的関数ではない（つまり、x の有限個のべき乗、定数倍、和、根として書くことができない）ことを論じたライプニッツにさかのぼるらしい。1704年には、やはりライプニッツが

$a = \sqrt{2}$ として、数 $\alpha = 2^{1/a}$ はインターセンデンタルである

と述べているが、インターセンデンタルの定義はしていない。

　120頁に記したジョン・ウォリスの見解も思い出そう。オイラーの金字塔となる1744年の『無限解析序論』〔高瀬正仁訳『オイラーの無限解析』、海鳴社、2001年〕にはこうある。

> 底のべき乗ではない（有理）数の対数は、有理数でも無理数[*1]でもないので、超越量と呼ぶのがふさわしい。このため、対数は超越的であると言われる。

また、

> たとえば、半径 1 の円の円周を c と表すとすると、c は超越量となる……

この何よりもつかみにくい概念の参照例は、この二人をはじめ、17 世紀から 18 世紀の数学者によるものが、他にもいくつもある。だいたいはそう察せられているが、証明されたものはない。

最初の超越数

1844 年になるまで、また、もっと便利なところでは 1851 年になるまで、超越数であることが証明できる数は姿を見せなかった。やっと姿を現したのは、π でも e でもなく、また他の有名な定数でもなく、とことん作為的な数、リウヴィル数だった。

$d^{1/2}/dx^{1/2}(x) = 2\sqrt{x}/\sqrt{\pi}$ というのは、ライプニッツが 1695 年にロピタルに宛てた手紙で説いた驚きの事実だが、この「分数階微分」という結果に初めて厳密な根拠が与えられたのは、1832 年、ジョゼフ・リウヴィル（1809-1882）による。本人の関心は電気学にあり、それにふさわしく、その覚書には、分数階微分を使う方式につながる力学の問題が入っていた。またリウヴィルは、初等関数を組み合わせても、必ずしも初等的な反対微分〔不定積分〕を持たない、つまり、積分は本来的に難しいという心配な事実を明らかにしたことでも記憶されている。リウヴィルは物理学者でもあり、天文学者でもあり、純粋数学者でもあり、大きな影響力があった数学誌[*2]を創刊し、長く編集人も務め、政治家でもあった。また、長いあいだ存在するのではないかと言われながら見つからなかったもの、つまり超越数を提供した最初の人物でもあった。

リウヴィルは1844年、連分数の理論にあるアイデアを使って、明示的には超越数を一つも示さないまま、超越数をどう立てるかを明らかにしていたが[*3]、1851年、やっと、超越数であることが証明できる数を生み出し[*4]、しかも今ではリウヴィルの近似定理と呼ばれるものを使っていた。前章で述べたロートの成果は、リウヴィルの成果に仕上げを重ねた到達点で、そこで言われているのは、

　$α$ が整数係数の既約の多項式

$$f(x) = a_n x^n + a_{n-1} x^{n-1} + a_{n-2} x^{n-2} + \ldots + a_0$$

の無理根なら、任意の $ε > 0$ について、$|α - p/q| < 1/q^{n+ε}$ となるような有理数 p/q は有限個しか存在しない〔$α$ が代数的数であるための必要条件＝これが成り立たなければ $α$ は超越数〕。

これは、許容差が代数的無理数を定義する多項式の次数に依存していて、ロートの成果よりもずっと弱いことがわかる。リウヴィル自身が、この結果は、q のべき指数が減らせる可能性があるという点で、最適ではないのではないかと疑っている。それは段階を踏んで、次のように狭められていく。

・アクセル・トゥエ（1909）は、n を $\frac{1}{2}n + 1$ まで下げた。
・カール・シーゲル（1921）は、$\frac{1}{2}n + 1$ を、$2\sqrt{n}$ まで下げた。
・フリーマン・ダイソンとアレクサンドル・ゲルフォントは（1947年、それぞれ別に）$2\sqrt{n}$ を $\sqrt{2n}$ にまで下げた。

それからロートの究極の結果が出てきた。
　それでもリウヴィルの出した結果は比較的に弱いとはいえ、数が代数的数であるための「必要」条件、したがって、数が超越数であるた

第7章　超越数

めの「十分」条件を出していて、私たちは一般的結論を証明できる新たな位置にいるのだから、今度はそれをやってみよう。

先の命題を参照して、α の周囲に、$f(x)$ の根が α だけになるほど狭い区間 $(\alpha - \delta, \alpha + \delta)$ を選ぼう。p/q が α の有理数近似だとすると、これはこの区間内にあるか、そうでないか、いずれかとなる。

区間内にないとすると、$\delta < |\alpha - p/q| < 1/q^{n+\varepsilon}$ で、つまりは $q < 1/\delta^{1/(n+\varepsilon)}$ となる。

そうでなければ p/q は区間内にあり、

$$\left|f\left(\frac{p}{q}\right)\right| = \left|a_n\left(\frac{p}{q}\right)^n + a_{n-1}\left(\frac{p}{q}\right)^{n-1} + a_{n-2}\left(\frac{p}{q}\right)^{n-2} + \cdots + a_0\right|$$

$$= \left|\frac{a_n p^n + a_{n-1} p^{n-1} q + a_{n-2} p^{n-2} q^2 + \cdots + a_0 q^n}{q^n}\right|$$

となる。これはつまり、$|f(p/q)| \geq 1/q^n$ ということだが、平均値の定理[*5]から、α と p/q の間に、$f(p/q) - f(\alpha) = (p/q - \alpha)f'(c)$ となるような数 c が存在する。つまり、

$$\left|f\left(\frac{p}{q}\right)\right| = \left|\left(\frac{p}{q} - \alpha\right)\right||f'(c)| < \frac{1}{q^{n+\varepsilon}}|f'(c)|$$

したがって

$$\frac{1}{q^n} < \frac{1}{q^{n+\varepsilon}}|f'(c)|$$

となり、これを簡単にして、$q < |f'(c)|^{1/\varepsilon}$ となる。

いずれの場合にも、整数 q には上限があり、$|\alpha - p/q| < 1$ なので、$q(\alpha - 1) < p < q(\alpha + 1)$ でなければならず、したがって、それぞれの q について、p にとれる値はたかだか有限個で、やはり分数 p/q もたかだか有限個となる。

リウヴィルはこの結果を得たが、それをどう使って、最初の超越数を明らかにしたのだろう。

数 α をこんなふうに立てた。

$$\alpha = \sum_{r=1}^{\infty} \frac{1}{10^{r!}} = \frac{1}{10^{1!}} + \frac{1}{10^{2!}} + \frac{1}{10^{3!}} + \frac{1}{10^{4!}} + \cdots$$

$$= 0.110001000000000000000001\ldots.$$

もちろんこれは、小数に展開した数が有限でもなく、反復もしないので、有理数ということはありえない。そこで、もっと細かくこの数の性質を調べてみよう。

$k = 1, 2, 3 \ldots$ について、整数 p_k, q_k を

$$p_k = 10^{k!}\left(\frac{1}{10^{1!}} + \frac{1}{10^{2!}} + \frac{1}{10^{3!}} + \cdots + \frac{1}{10^{k!}}\right) \quad \text{および} \quad q_k = 10^{k!}$$

と定義すると、

$$\left|\alpha - \frac{p_k}{q_k}\right|$$

$$= \frac{1}{10^{(k+1)!}} + \frac{1}{10^{(k+2)!}} + \frac{1}{10^{(k+3)!}} + \frac{1}{10^{(k+4)!}} \cdots$$

$$= \frac{1}{10^{(k+1)!}} \times \left(1 + \frac{1}{10^{k+2}} + \frac{1}{10^{k+2}10^{k+3}} + \frac{1}{10^{k+2}10^{k+3}10^{k+4}} + \cdots\right)$$

$$< \frac{1}{10^{(k+1)!}}\left(1 + \frac{1}{10} + \frac{1}{10^2} + \frac{1}{10^3} + \cdots\right)$$

$$= \frac{(\frac{10}{9})}{10^{(k+1)!}} = \frac{(\frac{10}{9})}{10^{(k+1)k!}} = \frac{(\frac{10}{9})}{(10^{k!})^{k+1}} = \frac{(\frac{10}{9})}{(q_k)^{k+1}}$$

となる。これはつまり、正の整数 k のそれぞれについて、

$$\left|\alpha - \frac{p_k}{q_k}\right| < \frac{(\frac{10}{9})}{(q_k)^{k+1}}$$

となるということだ。今度は α が n 次の代数的数だとして、変数 k の不等式

$$\frac{(\frac{10}{9})}{(q_k)^{k+1}} < \frac{1}{(q_k)^{n+\varepsilon}}$$

を考えよう。$\varepsilon > 0$ とする。

これを解くと

$$(q_k)^{k+1-n-\varepsilon} > \frac{10}{9}$$

となる。n がどんな値をとろうと、k には最小値があり、すべての値はこれより大きく、この不等式は成り立ち、したがって、この無限個の k の値について

$$\left| \alpha - \frac{p_k}{q_k} \right| < \frac{1}{(q_k)^{n+\varepsilon}}$$

となり、これはリウヴィルの定理に反する。この数が代数的数でないなら、超越数とするしかない。

もっと一般的に言うと、リウヴィル数 α は不等式 $|\alpha - p/q| < 1/q^k$ が、すべての正の整数 k について、無限個の有理数 p/q によって満たされるという意味で、有理数近似の究極の正確さを認める数となる。ここでのリウヴィル数 $\sum_{r=1}^{\infty} 1/10^{r!}$ は、その特殊例にすぎない。

最初の超越数が発見された。この数はもちろん、リウヴィルの近似定理に合うように、最初から作為されたものだった。超越数であることが証明できることと（この技は見事とはいえ）、e や π といった数学で重要な定数の正体を決めるのとは、まったく別のことだ。こうした大問題を検討する前に、何年かさかのぼって 1840 年のリウヴィルの業績のところへもう一度行こう。リウヴィルは e について、おそるおそるながらすっきりとした一歩を進めていた。

e は 2 次無理数ではない

前章の最後で、2 次無理数となる数から言える重要な帰結を検討した。リウヴィルは、e は無理数だが、2 次無理数には入らないことを

証明した。

　やはり使われたのは背理法で、まず、$a \neq 0$ として
$$ae^2 + be + c = 0$$
となる整数 a, b, c があるとし、この等式を
$$ae + b + c/e = 0$$
と書き換える。e の標準的な級数展開を、先にもしたように、最初の $n+1$ 項と残りの項という二つの部分に分けると、
$$e = \sum_{k=0}^{\infty} \frac{1}{k!} = \sum_{k=0}^{n} \frac{1}{k!} + \sum_{k=n+1}^{\infty} \frac{1}{k!}$$
となる。これによって、$n!$ をかけると、数 $n!e$ が必ず整数部分と端数部分に分かれ
$$n!e = \sum_{k=0}^{n} \frac{n!}{k!} + \sum_{k=n+1}^{\infty} \frac{n!}{k!}$$
となる。そして、この端数部分の範囲も求められる。

　一方の側は
$$\sum_{k=n+1}^{\infty} \frac{n!}{k!} = \frac{n!}{(n+1)!} + \frac{n!}{(n+2)!} + \frac{n!}{(n+3)!} + \cdots$$
$$> \frac{n!}{(n+1)!} = \frac{1}{n+1}$$
で、もう一方は
$$\sum_{k=n+1}^{\infty} \frac{n!}{k!}$$
$$= \frac{1}{n+1} + \frac{1}{(n+2)(n+1)} + \frac{1}{(n+3)(n+2)(n+1)} + \cdots$$
$$< \frac{1}{n+1} + \frac{1}{(n+1)^2} + \frac{1}{(n+1)^3} + \cdots$$

$$= \frac{1/(n+1)}{1 - 1/(n+1)} = \frac{1}{n}$$

となり、合わせると

$$\frac{1}{n+1} < \sum_{k=n+1}^{\infty} \frac{n!}{k!} < \frac{1}{n}$$

となり、これを書き換えると、$0 < \alpha < 1$ として

$$\sum_{k=n+1}^{\infty} \frac{n!}{k!} = \frac{1}{n+\alpha}$$

となる。これは要するに、I_1 を整数、$0 < \alpha < 1$ として、

$$n!\mathrm{e} = I_1 + \frac{1}{n+\alpha}$$

と書いてよいということだ。

今度は同じことを $1/\mathrm{e}$ にも、したがって、$1/\mathrm{e} = \sum_{k=0}^{\infty}(-1)^k 1/k!$ として、$n!/\mathrm{e}$ についても行なう。

$$\frac{n!}{\mathrm{e}} = \sum_{k=0}^{n}(-1)^k \frac{n!}{k!} + \sum_{k=n+1}^{\infty}(-1)^k \frac{n!}{k!}$$

この $\sum_{k=n+1}^{\infty}(-1)^k n!/k!$ についても同様の式を探すが、今度の話はもっと微妙で、級数には、推定をもっと難しくする、交替の部分があるが、次のような実解析の標準的な結果を参照することができる。

$\{a_l\}$ を単調減少して 0 に向かう数列として、$S = \sum_{l=0}^{\infty}(-1)^l a_l$ が収束するとする。部分和をとって $S_N = \sum_{l=0}^{N}(-1)^l a_l$ とすると、$S_N < S < S_{N+1}$ となる。

この結果を正確に用いるために、式 $\sum_{k=n+1}^{\infty}(-1)^k n!/k!$ の和を取る際の変数を $l = k - (n+1)$ と変えて、

$$\sum_{k=n+1}^{\infty}(-1)^k \frac{n!}{k!} = \sum_{l=0}^{\infty}(-1)^{l+(n+1)} \frac{n!}{(l+(n+1))!}$$

$$= (-1)^{(n+1)} \sum_{l=0}^{\infty}(-1)^l \frac{n!}{(l+(n+1))!} = (-1)^{(n+1)} S$$

としよう。$N=1$ のときの上に挙げた結果を使えば、

$$\frac{1}{n+1} - \frac{1}{(n+2)(n+1)} < S < \frac{1}{n+1} - \frac{1}{(n+2)(n+1)} + \frac{1}{(n+3)(n+2)(n+1)}$$

が得られる。左辺は明らかに $1/(n+2)$ で、右辺は $1/(n+1)$ が上限となる。したがって、

$$\frac{1}{n+2} < S < \frac{1}{n+1}$$

で、$0 < \beta < 1$ として、

$$S = \frac{1}{n+1+\beta}$$

となるので、$0 < \beta < 1$ として、

$$\sum_{k=n+1}^{\infty} (-1)^k \frac{n!}{k!} = (-1)^{(n+1)} S = \frac{(-1)^{(n+1)}}{n+1+\beta}$$

これは、I_2 を整数、$0 < \beta < 1$ として、

$$\frac{n!}{e} = I_2 + \frac{(-1)^{(n+1)}}{n+1+\beta}$$

となる。

今度は変形した 2 次方程式に $n!$ をかけると

$$a(n!e) + bn! + c(n!/e) = 0$$

が得られ、したがって、

$$a\left(I_1 + \frac{1}{n+\alpha}\right) + bn! + c\left(I_2 + \frac{(-1)^{n+1}}{n+1+\beta}\right) = 0$$

で、これを

$$(aI_1 + bn! + cI_2) + \left(\frac{a}{n+\alpha} + \frac{c(-1)^{n+1}}{n+1+\beta}\right) = 0$$

と書き換える。最初の括弧は整数なので、次の括弧も整数でなければならない。また、n は好きなように選べて、とくにいくらでも大きくできるので、整数

$$\frac{a}{n+\alpha} + \frac{c(-1)^{n+1}}{n+1+\beta}$$

は、任意に小さくならざるをえない（必要なら絶対値を考えて）。すると得られる結論は、これは 0 でなければならないということだけである。

そこで、

$$\frac{a}{n+\alpha} + \frac{c(-1)^{n+1}}{n+1+\beta} = 0$$

が得られ、したがって、

$$a(n+1+\beta) + (-1)^{n+1}c(n+\alpha) = 0$$

となる。これはすべての n について成り立つので、とくに $n = 1, 3$ についても成り立ち、その場合は

$$a(2+\beta) + c(1+\alpha) = 0 \text{ かつ } a(4+\beta) + c(3+\alpha) = 0$$

ということになる。引き算すると、$a + c = 0$ となり、左の等式 $(2 + \beta) - (1 + \alpha) = 0$ に代入すると、$1 + \beta = \alpha$ となる。$0 < \beta < 1$ なので、これは $0 < \alpha < 1$ という大きさの制限と矛盾する。

リウヴィルは、この方法を拡張して、e^2 が 2 次無理数ではないことを簡単に示せたが、e をさらに高次にした一般化や、3 次無理数以上に一般化するのはすんなり行かないことがわかった。e が超越数であるかどうかの大問題には、新しい方法が必要で、それをもたらす仕事は、リウヴィルの学生の一人、シャルル・エルミートの手に落ちた。その方法が、ずっと後にアイヴァン・ニーヴンが効果的に使った方法の土台となる。

エルミートと e

　結局1873年、エルミートは $r \neq 0$ のすべての有理数について、e^r は超越数であることを証明した。ここではその立派な論証を、e についてだけ見ることにしよう。そのひらめきのわかりにくさは、エルミートの弟子の一人でたぶんいちばん有名なアンリ・ポアンカレによって、適切に見通されている。ポアンカレは師についてこんなことを言っている。

　しかしエルミートを論理学者と呼ぼうとは。私からすれば、これほど真相と正反対のことはなさそうだ。その頭の中では、方法がいつもどこか神秘的に生まれているようだった。

具体的な神秘的な方法を見てみよう。
　e は代数的数であると仮定して、次数が最低となる方程式

$$a_n x^n + a_{n-1} x^{n-1} + a_{n-2} x^{n-2} + \cdots + a_0 = 0$$

を満たすとしよう。係数は整数で、$a_0, a_n \neq 0$ とする。
　つまり、

$$a_n e^n + a_{n-1} e^{n-1} + a_{n-2} e^{n-2} + \cdots + a_0 = 0$$

となる。ある素数 p（大きさは後で目的に合わせて選ぶ）について、次数が $mp + p - 1$ の多項式 $f(x)$ を、区間 $0 < x < m$ で

$$f(x) = \frac{x^{p-1}(x-1)^p (x-2)^p \cdots (x-m)^p}{(p-1)!}$$

によって定義する。
　先に定めておいた約束ごと $f^{(k)}(x) = d^k y / dx^k$ によって、今度は、これをもとに次々と導関数をとって得られる和、スーパー関数

第7章　超越数

$$F(x) = f(x) + f^{(1)}(x) + f^{(2)}(x) + \cdots + f^{(mp+p-1)}(x)$$
$$= \sum_{k=0}^{mp+p-1} f^{(k)}(x)$$

を定義する。$mp + p - 1$ 次の多項式 $f(x)$ なら、$k > mp + p - 1$ については明らかに $f^{(k)}(x) = 0$ で、$F(x)$ の定義をここで止めるのは自然なことだ。

$F(x)$ の値を、$r = 0, 1, 2, ..., m$ というそれぞれの整数値について調べよう。$r > 0$ のときの $F(r)$ と、$F(0)$ とを別個に扱う。

まず、$f(x)$ の定義にある分子の括弧に入った項を考えよう。$r = 1, 2, ..., m$ について $f^{(k)}(r) \neq 0$ となるのは、$k = p$ のときだけで、この場合は、導関数の分子に因数 $p!$ があり、これが分母の $(p - 1)!$ と相殺されて、分子に p だけが残る。つまり、$r > 0$ について $F(r)$ は整数で、因数に p をもつということだ。

次は $f^{(k)}(0)$ を考えよう。これがゼロとはならないのは、$k = p - 1$ だけで、このときだけ $f^{(p-1)}(0) = (-1)^p ... (-m)^p$ であり、$p > m$ を選ぶと、この項が整数ではあっても p では割り切れない。つまり、$F(0)$ は p を因数としない整数である。

$$F'(x) = f^{(1)}(x) + f^{(2)}(x) + ... + f^{(mp+p-1)}(x)$$

は、$F(x)$ の最後の項のを微分すると 0 になるので、明らかに成り立ち、これは

$$F(x) - F'(x) = f(x)$$

ということである。そこで、次のことに注目しよう。

$$\frac{\mathrm{d}}{\mathrm{d}x}(\mathrm{e}^{-x}F(x)) = \mathrm{e}^{-x}F'(x) - \mathrm{e}^{-x}F(x)$$
$$= -\mathrm{e}^{-x}(F(x) - F'(x)) = -\mathrm{e}^{-x}f(x)$$

これはつまり、

$$\int_0^r e^{-x} f(x) \, dx = [-e^{-x} F(x)]_0^r = F(0) - e^{-r} F(r)$$

であることを意味する。この等式は、一般に「エルミートの恒等式」と呼ばれる。$a_r e^r$ をかけ、r について和をとると、

$$\sum_{r=0}^m a_r e^r \int_0^r e^{-x} f(x) \, dx$$

$$= \sum_{r=0}^m a_r e^r [F(0) - e^{-r} F(r)] = F(0) \sum_{r=0}^m a_r e^r - \sum_{r=0}^m a_r F(r)$$

$$= F(0) \times 0 - \sum_{r=0}^m a_r F(r) = - \sum_{r=0}^m a_r F(r)$$

$$= -a_0 F(0) - \sum_{r=1}^m a_r F(r)$$

が得られる。等式の右辺は整数であり、その後半は公約数として p をもつことがわかっている。$F(0)$ は p では割り切れず、$a_0 \neq 0$ であることもわかっているので、$p > |a_0|$ が確保されれば、a_0 は p で割り切れないこともわかり、すると式の前半部は p で割ると必ず分数となり、つまり式全体が 0 にはなれないことを意味する。それは 0 でない整数で、その絶対値は ≥ 1 である。

今度は等式のもとの左辺を見よう。x に対する制約を使うと、$f(x)$ の大きさについて、おおまかでも重要な上限が得られる。

$$|f(x)| \leq \frac{m^{p-1} m^{mp}}{(p-1)!} = \frac{m^{mp+p-1}}{(p-1)!}$$

したがって、

$$\left| \sum_{r=0}^m a_r e^r \int_0^r e^{-x} f(x) \, dx \right|$$

$$\leq \sum_{r=0}^m |a_r| e^r \int_0^r e^{-x} |f(x)| \, dx \leq \sum_{r=0}^m |a_r| e^r \int_0^r e^{-x} \frac{m^{mp+p-1}}{(p-1)!} \, dx$$

第 7 章 超越数

$$= \frac{m^{mp+p-1}}{(p-1)!} \sum_{r=0}^{m} |a_r| e^r (1-e^{-r}) = \frac{m^{mp+p-1}}{(p-1)!} \sum_{r=0}^{m} |a_r| (e^r - 1)$$

m を固定すると、分母にある階乗で式の値が 1 よりも小さい数になるように、p を増やすことができる。これは e が代数的だという仮定に反する。

このように論証を明らかにすると、ポアンカレの師に対する見方がもっともなことに見えてくるが、エルミートはすぐに、この成果をドイツの数学者、カール・ヴィルヘルム・ボルヒャルトに書き送ったとき、これについて気がかりな見通しをとっている。

あえて π が超越数であることを証明するつもりはありません。この試みを引き受ける人がいて、それが成功したら、私よりそれを喜ぶ人はいないでしょう。けれども信じていただきたいのは、それなりの手間がかかることは間違いないということです。

リンデマンと π

エルミートの感想は、π が超越数であることを確かめるのに必要な数学に懸賞金をかけるようなもので、その目的を達するためには新しい手法が必要となることをエルミートは想像したと思ってよいだろう。また、π は、多くの数学者によって、多くの整数係数多項式方程式に、矛盾を導くべく代入されたと思ってもよいだろう。結局——ここで言う「結局」とは 1882 年のことだが——必要だったのは、エルミート自身の方法を手直しすることだけで、それをもたらしたのは、やはりドイツのフェルディナント・リンデマン（1852-1939）だった。エルミートの名前は数学上のいろいろなアイデアにつけられて目を引くが、リンデマンが数学研究の世界で記憶されているのは、この成果だけだ。これは、他ならぬエルミートに相談した後に得られ、数学の世界では

いちばん美しい数式と広く見なされるものに訴えている。

$$e^{i\pi} + 1 = 0$$

これに付与されている名前は、リンデマンとは対照的に、他の誰よりも数学や科学のアイデアに付与された名で、これまたスイスの天才レオンハルト・オイラーだ。それでもオイラーの膨大な著作のどこにもこれは明示されていないようで、この結果を含意する結果は他の人が述べていたのも確かだが、式

$$e^{i\theta} = \cos\theta + i\sin\theta$$

は、1748 年の画期的な教科書『無限解析』に出てくる。ただし、$\theta = \pi$ を計算してはいない。

$i = \sqrt{-1}$ は代数的数なので ($x^2 + 1 = 0$ の根だから)、$i\pi$ が超越数であることを示せばよい。π が代数的なら、代数的数が乗法について閉じていることから、$i\pi$ は確実に代数的数になるからだ。

その目的のために、逆を仮定し、$i\pi$ を根に持つ多項式のうち最小次のものを考え、また $\alpha_1 = i\pi$, α_2, α_3, ..., α_N も根で、A はその先頭の係数とする。

$e^{i\pi} + 1 = 0$ なので、

$$(e^{\alpha_1} + 1)(e^{\alpha_2} + 1)(e^{\alpha_3} + 1)\cdots(e^{\alpha_N} + 1) = 0$$

この括弧をすべてかけあわせる必要があり、感触を得るために、$N = 3$ の場合を考えよう。$2^3 = 8$ 項できることになる。

$$\begin{aligned}
&(e^{\alpha_1} + 1)(e^{\alpha_2} + 1)(e^{\alpha_3} + 1) \\
&= e^{\alpha_1 + \alpha_2 + \alpha_3} + e^{\alpha_1 + \alpha_2} + e^{\alpha_2 + \alpha_3} \\
&\quad + e^{\alpha_1 + \alpha_3} + e^{\alpha_1} + e^{\alpha_2} + e^{\alpha_3} + 1 \\
&= 0
\end{aligned}$$

第 7 章 超越数

一般には、eのべき乗を2^N個足すことになり、その指数は、$\varepsilon_r \in \{0, 1\}$として、$\varepsilon_1\alpha_1 + \varepsilon_2\alpha_2 + \varepsilon_3\alpha_3 + ... + \varepsilon_n\alpha_n$の形をしている。この指数を$\varphi_1, \varphi_2, \varphi_3, ..., \varphi_{2^N}$と書く。複数のものがゼロになるので、最初の$n$個はそうではないとし、$q = 2^N - n$個の値が$0$になるとする。かけあわせた式は、

$$q + e^{\varphi_1} + e^{\varphi_2} + \cdots e^{\varphi_n} = 0$$

となる。今度は、中心となる多項式の関数を、先ほどとだいたい同じように定義しよう。

$A\varphi_i$は$i = 1, 2, 3, ..., n$について整数であることを思い出すと、積

$$(x - A\varphi_1)(x - A\varphi_2)(x - A\varphi_3)...(x - A\varphi_n)$$

は、整数係数の多項式である。したがって、

$$(Ax - A\varphi_1)(Ax - A\varphi_2)(Ax - A\varphi_3)...(Ax - A\varphi_n)$$
$$= A^n(x - \varphi_1)(x - \varphi_2)(x - \varphi_3)...(x - \varphi_n)$$

とならざるをえない。また、pをまだ特定されていない素数として、

$$[A^n(x - \varphi_1)(x - \varphi_2)(x - \varphi_3)...(x - \varphi_n)]^p$$
$$= A^{np}(x - \varphi_1)^p(x - \varphi_2)^p(x - \varphi_3)^p...(x - \varphi_n)^p$$

でもある。

ここでの多項式関数を

$$f(x) = \frac{A^{np}x^{p-1}(x - \varphi_1)^p(x - \varphi_2)^p \cdots (x - \varphi_n)^p}{(p - 1)!}$$

と定義し、スーパー関数

$$F(x) = f(x) + f^{(1)}(x) + f^{(2)}(x) + \cdots + f^{(np+p-1)}(x)$$

$$= \sum_{k=0}^{np+p-1} f^{(k)}(x)$$

を定義する。あらためて、

$$\frac{d}{dx}(e^{-x}F(x)) = -e^{-x}f(x)$$

で、これは

$$e^{-x}F(x) - F(0) = -\int_0^x e^{-y}f(y)\,dy$$

となる。右辺の積分に $y = kx$ を代入すると

$$\int_0^x e^{-y}f(y)\,dy = x\int_0^1 e^{-kx}f(kx)\,dk$$

が得られ、だから

$$e^{-x}F(x) - F(0) = -x\int_0^1 e^{-kx}f(kx)\,dk$$

となり、結局

$$F(x) - e^x F(0) = -x\int_0^1 e^{(1-k)x}f(kx)\,dk$$

ここでこの式を $\varphi_1, \varphi_2, \varphi_3, \ldots, \varphi_n$ で値を出し、それを合計すると

$$\sum_{j=1}^n [F(\varphi_j) - e_j^\varphi F(0)] = -\sum_{j=1}^n \varphi_j \int_0^1 e^{(1-k)\varphi_j}f(k\varphi_j)\,dk$$

が得られる。すると

$$\sum_{j=1}^n F(\varphi_j) - F(0)\sum_{j=1}^n e^{\varphi_j} = -\sum_{j=1}^n \varphi_j \int_0^1 e^{(1-k)\varphi_j}f(k\varphi_j)\,dk$$

で、

$$q + e^{\varphi_1} + e^{\varphi_2} + e^{\varphi_3} + \cdots + e^{\varphi_n} = q + \sum_{j=1}^n e^{\varphi_j} = 0$$

を思い出せば、次が得られる。

$$\sum_{j=1}^{n} F(\varphi_j) + qF(0) = -\sum_{j=1}^{n} \varphi_j \int_0^1 e^{(1-k)\varphi_j} f(k\varphi_j)\,dk$$

まず、等式の左辺を見てみよう。

$F(\varphi_j) = \sum_{k=0}^{np+p-1} f^{(k)}(\varphi_j)$ へのゼロでない寄与分は、$k \geq p$ から生じ、指数 p は分子に $p!$ を提供し、これが分母の $(p-1)!$ と相殺されて分子に p が残る。要するに、それぞれの $F(\varphi_j)$ は、p で割り切れる整数となる。

今度は $F(0) = \sum_{k=0}^{np+p-1} f^{(k)}(0)$ を考えよう。三つの場合がある。

$k < p-1$ のとき、$f^{(k)}(0) = 0$
$f^{(p-1)}(0) = A^{np}(-1)^{np}(\varphi_1\,\varphi_2\,\varphi_3\ldots\varphi_n)$
有限の数 $k > p-1$ について、$f^{(k)}(0) = p \times (\text{整数})$

すべての場合に整数が得られ、したがって $F(0)$ は整数であり、A あるいは q を割り切らず、十分大きくて $\varphi_1\,\varphi_2\,\varphi_3\ldots\varphi_n$ を割り切らないように p を選べば、p が $qF(0)$ を割り切れないようにすることができる。つまり、上の式の左辺は整数で、0 ではありえない。

最後に、右辺もまた下の $(p-1)!$ が優勢で、$f(x)$ は区間 $[0, 1]$ で一定の範囲内にあり、先程と同様、この式を、p を十分大きくすることで好きなだけ小さくすることができる。リンデマンはエルミートと同じ矛盾をもたらした。

初等的な観察

この苦労して手に入れた例の向こうにある超越数の世界に住みつくのは、いやになるほど難しい。

確かに、$x \neq 0$ が代数的数で y が超越数なら、$x + y$ や xy は超越数

となる。それによって、$\pi + \sqrt{2}$ や $\sqrt{2}\,e$ といった数が超越数であることは確保できる。けれども残念なことに、代数的数とは違い、超越数は加法と乗法について閉じていないので、π と e が超越数となっても、$\pi \pm e$ や πe、π/e、π^e、π^π、e^e などがどうなるかはまだわからない。

実は、$\pi + e$ と πe が無理数であるかどうかさえ、まだわかっておらず、単純な観察結果を用いて、少なくともどれか一つは無理数だということを示すことができるだけだ。根が π と e となる2次方程式は $x^2 - (\pi + e)x + \pi e = 0$ で、$\pi + e$ と πe の両方が有理数なら、π と e は代数的数になってしまうが、そうでないことはもうわかっている。

代数的数が閉じていることを使った他の初等的な観察を行なって、もう少し地歩を得ることができる。$\pi \pm e$ の両方は代数的数ではありえないということだ。そうだとしたら、その和の 2π が代数的になるからだ。πe と π/e の両方が代数的だということもありえない。もしそうなら、積 π^2 が代数的数になるが、π が超越数なら、その累乗も超越数でなければならない。このことを頭に入れて、第5章の ζ 関数の話で、C は有理数として、$\zeta(2n) = C\pi^{2n}$ だったことを思い出そう。奇数についての ζ 関数がどういう数になるかは悪夢だが、偶数については明らかに超越数だ。

超越数のカスケード

上記をはじめとする似たような観察から、数が超越数かどうかという問題にいくらか食い込めるが、意義の点で抜きん出た帰結が一つと、そこから導かれる帰結がある。読者は上で挙げた中に、e と π のある組合せが抜けていることに気づかれたかもしれない。e^π だ。それがないのは、それが超越数であることがわかっているからで、わかった

のは、ゲルフォント＝シュナイダー定理と呼ばれる有名な結果があるからだ。これは、これまで編まれた数学問題集でいちばん有名なものの中に収められているある問題への答えとしてもたらされた。

先にドイツのダーフィト・ヒルベルト（1862-1943）に触れた。この数学の巨人は、1900年、38歳のとき、広く史上でも傑出した講演に数えられるものを行なった。パリのソルボンヌ大学で開かれた第2回国際数学会でのことで、その『数学の諸問題』の構成は、それまでの確立していた伝統から離れ、過去の営為を要約するのではなく、未来の数学の課題に集中していた。その中心は23の問題にあり、いくつかは具体的で、いくつかは一般論だったが、すべて、ヒルベルトが未来の数学の前進にとって主要と考えたもので、この講演では、そのうちの10問について語られた。その誘惑的で刺激的な冒頭の言葉は次のようになっている。

　未来を隠しているベールを上げて、私たちの学問の次の前進を見やり、来るべき世紀でのその展開の要諦を見て、喜ばない者があるでしょうか。次代の先頭に立つ数学の精神が目指す特定の目標は何でしょうか。数学的思考の豊かで広い領域で、どんな新しい方法や事実を、新世紀は明らかにしてくれるのでしょうか。

序論でヒルベルトは、そのときはまだ成功していなかった「フェルマーの最終定理」を証明する試みの実り多さに、目を向けている。1928年には、一般の人々に向けた講演で、この大問題と、自分が挙げた中から他に二つの問題を挙げて難しさを比べた。問題8は、今では「リーマン予想」と呼ばれているもので、問題7は、$2^{\sqrt{2}}$ がどういう数か、もっと一般的には $\alpha \neq 0, 1$ となる α が代数的数で、β が代数的無理数だった場合の α^{β} がどうなるかという問題だった。とくに、そのような数が、必ず超越数になるか、少なくとも無理数になる

かが問われていた。

1928年の講演でのヒルベルトは、リーマン予想は自分が生きているうちに解決し、フェルマーの最終定理は聞いている人々のうち若い層が生きているうちに解決するが、そこに居合わせた人々が生きているあいだに問題7の証明を見ることはないと思っていることを明らかにした。この巨匠も間違っていた。本書の制作段階では、リーマン予想はまだ証明されていない。フェルマーの最終定理は1994年、アンドリュー・ワイルズが証明した。講演を聞いていた人も高齢になってから、その格別のドラマについて知ることができたかもしれない。問題7は講演からわずか6年後の1934年に解決した。ヘルマン・ワイルは後に、23問の一つを解いた人を「数学者の名誉クラス」に入ったと呼ぶことになり、ロシアのアレクサンドル・ゲルフォントとドイツのテオドール・シュナイダーの名は、その傑出した集団の一員に入ることになった。二人は同じ時期に独自に問題7の最初の完全な解決をもたらしたのだ。

実は、ヒルベルトが出題した問題7への最初の重要な攻撃は、その前に出たゲルフォントの成果を拡張したものだった。1929年、ヒルベルトの一般向け講演の翌年、ゲルフォントは

$\alpha \neq 0, 1$ が代数的数で、$b > 0$ を有理数、$i^2 = -1$ として $\beta = i\sqrt{b}$ とすると、α^β は超越数である

ことをはっきりさせた。これで $2^{i\sqrt{2}}$ が超越数であることが得られる。結果からiを除くことは、非公式にはドイツのカール・ジーゲルの手に落ちる（その成果は数論のいくつかの分野のもとになった）が、本人はその結果を発表しないことにした。すぐにゲルフォントが自分でその成果を拡張して見つけるだろうと見ていて、度量を示したのだ。実際には、この結果を最初に活字にして発表したのは、ロシアの数学者R.

O. クズマンで、1930年のことだったが、ゲルフォントは1934年に（シュナイダーとともに）

　$\alpha \neq 0, 1$ と β が代数的数で、$\beta \notin \mathbb{Q}$〔有理数〕なら、α^β は超越数である

というヒルベルトの問題7を完全に解決して復活する。さて、オイラーの等式 $e^{i\pi} + 1 = 0$ を使うと、

$$e^\pi = (e^{i\pi})^{-i} = (-1)^{-i}$$

が得られ、必要なものが得られた。これ以上の手間をかけずに、平方根も超越数であるというもっと限定した結果も得られる。

$$\sqrt{e^\pi} = e^{\pi/2} = (e^{i\pi/2})^{-i} = i^{-i}$$

だからである。リンデマンは、自分が上で証明したよりもさらに限定した結果について、証明はしていないが述べていて、前に使っていたのと同様の考え方を使って証明できると思っていると言った。その発言とは、

　相異なる代数的数 $\alpha_1, \alpha_2, \alpha_3, \ldots, \alpha_n$ が与えられていて、代数的数 $a_1, a_2, a_3, \ldots, a_n$ について $a_1 e^{\alpha_1} + a_2 e^{\alpha_2} + a_3 e^{\alpha_3} + \cdots + a_n e^{\alpha_n} = 0$ なら、$a_1 = a_2 = a_3 = \ldots = a_n = 0$ である。

同じ時代の同国人、カール・ワイエルシュトラスが、今ではリンデマン＝ワイエルシュトラス定理と呼ばれるものをもたらし、証明（とても易しいとは言い難い）をも与えることになった。これには広い帰結がある。

- e^α は、任意のゼロでない代数的数 α について超越数である。e^α が代数的数なら、何らかのゼロでない代数的数 a_1, a_2 について、$e^\alpha = -a_1/a_2$ と書くことができてしまい、したがって、$a_1 + a_2 e^\alpha = a_1 e^0 + a_2 e^\alpha = 0$ で、$\{\alpha_1, \alpha_2\} = \{0, \alpha\}$ を相異なる代数的数として、$a_1 e^{\alpha_1} + a_2 e^{\alpha_2} = 0$ が得られる。
- π は超越数である。$e^{i\pi} + 1 = 0$ なので、$i\pi$ が代数的数なら、二つの〔0 でない〕代数的数 $\{a_1, a_2\} = \{1, 1\}$ と $\{\alpha_1, \alpha_2\} = \{\pi, 0\}$ について、$a_1 e^{\alpha_1} + a_2 e^{\alpha_2} = 1 \times e^{i\pi} + 1 \times e^0 = 0$ となってしまう。$i\pi$ が超越数となれば、π は超越数とならざるをえない。
- 任意の 0 でない代数的数 α について、$\sin\alpha$, $\cos\alpha$, $\tan\alpha$, $\sinh\alpha$, $\cosh\alpha$, $\tanh\alpha$ は超越数である。逆関数も同様。これは定義、公式、結果の適用で片がつく。たとえば、$\sin^2\alpha + \cos^2\alpha = 1$ なので、どちらかが代数的数なら、もう一つもそうでなければならず、すると $\cos\alpha + i\sin\alpha = e^{i\alpha}$ も代数的数でなければならないが、これは超越数である。逆にこの公式から、$\sin\alpha = (e^{i\alpha} - e^{-i\alpha})/2i$ なので、$e^{i\alpha} - e^{-i\alpha} - 2i\sin\alpha = 0$ で、$\sin\alpha$ が代数的数なら、$\{a_1, a_2, a_3\} = \{1, -1, 2i\sin\alpha\}$ かつ $\{\alpha_1, \alpha_2, \alpha_3\} = \{i\alpha, -i\alpha, 0\}$ として、$1 \times e^{\alpha_1} + (-1) \times e^{\alpha_2} + (-2i\sin\alpha) \times e^{\alpha_3} = 0$ となってしまう。

そうでなかったら数学的無知のぬかるみのようなものだったところだが、そこで、この 1 個の結果からわかることが驚くほど強力であることがうかがえる。もっと多くのことがそこから得られるが、以上の発言で、その影響については十分伝わっていることを願う。

作図可能性の問題

π が超越数であることが確かめられると、きわめて頑強に抵抗して

いた数学の砦が崩れただけでなく、古代以来の幾何学の三つの問題も解決した。

1. 立方体倍積（デロスの問題）
2. 任意の角の三等分
3. 円積問題

この、2000 年以上前から立ちはだかっていた問題の簡潔な記述を展開すると、次のような作図が、定規とコンパスだけを使ってできるかということになる。

1. 与えられた（単位）立方体の 2 倍の体積を持つ立方体の辺の長さ、すなわち $\sqrt[3]{2}$ の長さの作図
2. 与えられた任意の角の三等分線の作図
3. 与えられた（単位）円の面積を持つ正方形の辺の長さ、すなわち $\sqrt{\pi}$ の長さの作図

これらの問題の詳細な歴史には立ち入らないが、その古さと名声は、第 3 のものがギリシアの劇作家アリストパネスによる喜劇『鳥』に出てきて、紀元前 414 年に演じられたことでも判断できるかもしれない[*6]。筋は、主人公ペイステタエロスによる空中都市創設の話で、鳥たちによる歓迎すべき助けと人間による歓迎すべからぬ介入とがある。そのような人間の一人が幾何学者メトンで（そういう人物は実在する）、この人物像は、定規とコンパスをもって、都市の設計について、図面を提供するというものだ。こんな台詞がついている[*7]。

> まっすぐな物差しで、それを当てて、その円が真四角になるよう測ろう。その中に市場を置き、まっすぐな道がそこに続くようにし、

中心には……

それに対してペイステタエロスは答える。

この人はタレスのような人だ。

円を正方形化できれば、第1章で見たこの賢人の名にふさわしい偉業だったことだろう。

実は、この三つの問題が解決するのには2200年かかり、50年ほど間を置いた2部構成で行なわれた。以下の何頁かには、有名な数学者の名がずらずらと並ぶ。ピエール・ヴァンツェル（1814-1848）だけが異質だが、このフランス人は、立方体倍積と任意の角の三等分がいずれも不可能であることの証明を最初に発表した人物という地位を有する。また、この人物がいなければ、知名度はともかく、特徴のある人物がいなくなる。何せこの人物は、その数学上の共同研究者、ジャン＝クロード・サンヴナンによれば、

ヴァンツェルは、用心と友情による助言に無頓着すぎた点で責められなければならなかった。たいていは夜に研究し、遅くまで横にならなかった。それから本を読み、眠るのはほんの2、3時間で、コーヒーとアヘンを交互に濫用して、結婚するまでは食事も不規則だった。生来丈夫で、自分の丈夫さに無制限の信頼を置き、それをありとあらゆるやりすぎによって、好き勝手におろそかにした

という人だったからだ。妻が何とかつりあいをとろうとしたものの、34歳手前で亡くなったのもまあ無理はないが、その23歳のときの成果がここでの関心の対象となる。権威ある『純粋および応用数学誌』(*Journal des Mathématiques Pures et Appliquées*) で二つの問題について分析

したものを発表したのは1837年のこと、それは本章でもすでに暗示しておいたものだ——それだけではない[*8]。後の1845年、5次方程式一般を累乗根で解くことができないことについて、新たな証明も出すことになる。

その方法は、今はガロア理論に包摂されているものの、定規とコンパスによる作図という広いほうの問題に取り組んでいるという点で、かなり一般的なものだが、ここでの特定の必要は、そこから引き出されるある観察結果によって提供される。有理数係数の3次方程式

$$x^3 + ax^2 + bx + c = 0$$

は、有理数である根をもつときにのみ、作図可能な数[*9]の根をもつということだ[*10]。その結果、有理数の根がないと、作図できる根がないということになる。

立方体を2倍にするには、$\sqrt[3]{2}$ の長さが作図可能でなければならず、これは $x^3 - 2 = 0$ で、これには有理数の根はないことがわかっている。

60度の角の三等分ができないことは、$3\theta = 60$ として、おなじみの公式

$$\cos 3\theta = 4\cos^3 \theta - 3\cos \theta$$

を必要とする。

$x = \cos 20°$ を等式に代入すると、

$\frac{1}{2} = 4x^3 - 3x$ で、$x^3 - \frac{3}{4}x - \frac{1}{8} = 0$、つまり、$8x^3 - 6x - 1 = 0$

となる。やはり有理数の根はなく、したがって作図可能な根はない。したがって、$\cos 20°$ は作図可能ではなく、したがって、60°という角度は三等分できない。

ついでに、やはり1837年の論文で、ヴァンツェルはガウスが残した隙間を埋めた。ガウスが p を $2^{2^n} + 1$ の形の素数とすると、正 p 角

258

形は作図できること（定規とコンパスで）を示したことは知られていた。ガウスは読者にこの形以外の素数について作図を試みないよう注意しているが、それができないことの証明は出さなかった。ヴァンツェルは、正七角形が作図できないことを証明した。これは、上の方式をもとに、3次方程式

$$x^3 + x^2 - 2x - 1 = 0$$

に容易に帰着できる7次方程式に置き換える。これには有理数根はない。

　ヴァンツェルの方法は、円を正方形化する問題には広がらず、πが超越数であることのリンデマンによる証明が出るまでは、他の誰にもできなかった。作図可能な数はすべて代数的なので、できないことは確実だ。古くからの大問題は、リンデマンによって解かれた。本人は

　　あなたのπに関する美しい研究は何の役に立つのですか。なぜそんな問題を研究するのですか。無理数は存在しないのに

と言われるのを腹立たしく思っただろうか。これは有力で無視できない同国人、レオポルト・クロネッカー（1823-1891）の見方で、その批判的な見解は、無理数の展開に対する次の貢献に対して、破壊的な影響を及ぼすことになった。

カントールと無限

　クロネッカーは、ドイツのゲオルク・カントール（1845-1918）を、「若者を堕落させる」と言い、ポアンカレはカントールの集合論を、超限数やその直感に反する性質や逆説について、「いずれ治療される病気」と言っていた。1874年、エルミートの証明が登場するほんの

1年前、カントールがその精密な様式で、超越数はひどくとらえにくいかもしれないが、それは代数的数よりもたくさんあることを示す論文を発表した。この特筆すべき結論に達するために、無限集合の相対的な大きさという概念を用いる必要があった。「可算集合」はいちばん小さくて、$\mathbb{N}^+ = \{1, 2, 3, …\}$ と一対一対応がつけられるものだ。可算集合は、各要素のリストの中での位置が一対一対応によって決まるリストとして書き出せると表すこともできる。

代数的数が可算で実数 $\mathbb{R}$ がそうではないことが示せれば、実数の中での代数的数の補集合は、代数的数よりもたくさんなければならないことになる。代数的数よりも超越数のほうが多い。

カントールの論証は、1874年の『クレレ誌』に掲載された、今では集合論と呼ばれる分野の始まりを告げる論文で発表され、カントールは目的を達するためにそれを二つ組み合わせた。ここでは補足はしているが、もとの論証の形をだいたい再現しよう。

まず、代数的数は可算である。

実数の代数的数はすべて、整数係数の多項式方程式

$$a_n x^n + a_{n-1} x^{n-1} + a_{n-2} x^{n-2} + … + a_0 = 0$$

の根である。この多項式の「高さ」h を、

$$h = n + |a_1| + |a_2| + |a_3| + … + |a_n|$$

と定義すると、$h \geq 2$ は整数である。すべて多項式は高さをもち、表7.1には高いほうからいくつか並べ、またその多項式からできる実根も並べた。明らかに、与えられた高さの多項式の数はたかだか有限で、そのそれぞれがたかだか有限個の根をもつ。つまり、与えられた高さの多項式から生じる代数的実数はたかだか有限個である。代数的数を定める多項式の高さによって代数的数を並べ、以下のように、高さごとに重複を省略して大きさ順に並べることができる。

高さ h	n の値	多項式	実根
2	1	$x = 0$	0
3	1	$2x = 0, x \pm 1 = 0$	$0, \pm 1$
	2	$x^2 = 0$	
4	1	$3x = 0, 2x \pm 1 = 0, x \pm 2 = 0$	$0, \pm\frac{1}{2},$
	2	$2x^2 = 0, x^2 \pm 1 = 0, x^2 \pm x = 0$	$\pm 1, \pm 2$
	3	$x^3 = 0$	
5	1	$4x = 0, 3x \pm 1 = 0,$	$0, \pm\frac{1}{3}, \pm\frac{1}{2},$
		$2x \pm 2 = 0, x \pm 3 = 0$	$\pm 1, \pm 3, \pm\frac{1}{\sqrt{2}},$
	2	$3x^2 = 0, 2x^2 \pm 1 = 0, x^2 \pm 2 = 0$	$\pm\sqrt{2}, \pm 2,$
		$2x^2 \pm x = 0, x^2 \pm 2x = 0,$	$\frac{\pm 1 \pm \sqrt{5}}{2}$
		$x^2 \pm x \pm 1 = 0$	
	3	$2x^3 = 0, x^3 \pm 1 = 0,$	
		$x^3 \pm x = 0, x^3 \pm x^2 = 0$	
	4	$x^4 = 0$	

表 7.1

$(0), (-1, 1), (-2, -\frac{1}{2}, \frac{1}{2}, 2),$

$(-3, \frac{-1-\sqrt{5}}{2}, -\sqrt{2}, -\frac{1}{\sqrt{2}}, \frac{1-\sqrt{5}}{2}, -\frac{1}{3}, \frac{1}{3}, \frac{-1+\sqrt{5}}{2}, \frac{1}{\sqrt{2}}, \sqrt{2}, \frac{1+\sqrt{5}}{2}, 3), \ldots$

この代数的数の列挙は、それが可算とならざるをえないことを意味する。さて、カントールは、実数の集合 $\mathbb{R}$ はそうでないとした。そのことを示すカントールの絶妙な方法によって、$\mathbb{R}$ が可算であるという前提との矛盾を引き出すだけでなく、無理数と超越数を生み出す精密な方法ももたらせた。それは実数の任意の区間 $[\alpha, \beta]$ に固有のいくつかの性質による。

- それは直線的に並ぶ。
- それは稠密である。つまりこの区間内の任意の二つの数の間には、別の数が存在する。

- それには隙間がない。つまり二つの空でない集合 A と B に分け、整序によって、A の要素はすべて B のすべての要素より小さくなるようにすると、境界点 x があって、x 以下の要素はすべて A にあり、x より大きい要素はすべて B にある。

さてカントールの命題とその証明を考えよう。

 任意の実数の列 S と、実数直線上にある任意の区間 $[\alpha, \beta]$ が与えられると、$[\alpha, \beta]$ にあって S に属さない数 η を求めることができる。したがって、そのような数 η を $[\alpha, \beta]$ に無限個求めることができる。

実数の列を

$$S = \{\omega_1, \omega_2, \omega_3, ...\}$$

とする。

 S 上を探して、$[\alpha, \beta]$ 内にある最初の二つの数を見つける。小さいほうを α_1、大きい方を β_1 とする。そこでこの二つを入れ子になった区間 $[\alpha_1, \beta_1]$ の両端とする。続けて S 上を探し、$[\alpha_1, \beta_1]$ にある最初の二つの数を見つけ、小さい方を α_2、大きいほうを β_2 として、これを入れ子区間 $[\alpha_2, \beta_2]$ の両端とするこの手順を続けて、次々と数列 S の数を両端とする入れ子区間を作る。可能性は二つ。有限回の反復で入れ子が終了するか、どこまでも続くか。

 第一の場合、最後の区間 $[\alpha_N, \beta_N]$ にある S の数が多くて一つ、ω だけになることが考えられるだけだ。η を $[\alpha_N, \beta_N]$ にある、α_N と β_N と ω 以外の任意の数とすると、この η は S にはないことが保証される。

 第二の場合には、S にある数による無限数列 $\{\alpha_n\}$ と $\{\beta_n\}$ をなす

```
————————————————————————————————————————
 α    α₁    α₂    α₃    …    β₃    β₂    β₁    β
```

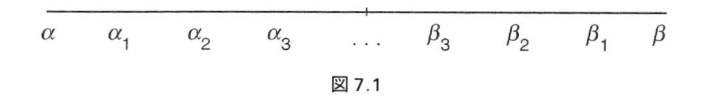

図 7.1

端点をもつ入れ子区間が無限個あり、$\{\alpha_n\}$ は増加して上限があり (β)、$\{\beta_n\}$ は減少して下限がある (α)。するとそれぞれの数列は、S の中に極限点をもたなければならず、カントールはそれぞれ α_∞, β_∞ と書いた。再び二つの場合がある。

$\alpha_\infty = \beta_\infty$ のとき、η はこの共通の極限とする。これは、その成り立ちからして S の中にはありえない。

$\alpha_\infty < \beta_\infty$ のとき、η は区間 $[\alpha_\infty, \beta_\infty]$ にある任意の数とすると、これもその成り立ちからして S の中にはありえない。

すべての場合において、区間 $[\alpha, \beta]$ には可算数列 S の中にはない数があることになる。

図解として図 7.1 が得られる。

実数は可算という前提のもとで、$S = \mathbb{R}$ とすると、そうでないことを示す矛盾が得られた。最後の二つの結果をまとめると、代数的数は不可算の実数の中の可算の部分集合となる。つまり超越数は不可算で、代数的数よりも「はるかに数が多い」ことになる。

カントールの課題は、非構成的論証で達成されていた。しかし、論証の根幹は、数列 S の一般的性質のところにある。それは実数による任意の（無限）数列であり、カントールの論証は、そのような数列には実数の一部が欠けていることを示す。この論証は、その論文にあった、代数的数の任意の列について、$\alpha_\infty = \beta_\infty$ が成り立つという追加の観察によって構成的なものとなる。そのような S をとると、その中に含まれない実数に達することが保証される。

たとえば、S が代数的数の（可算）集合とすると、カントールの論証は矛盾を生じないが、その数列の要素ではない実数、つまり代数的

数ではない実数——超越数——が生じる。目的に合わせるためには、代数的数の整序が必要だが、カントールはそれを最初の論証で提供していて、(たとえば) 区間 [0, 1] にあるものを順に並べて抽出すれば (その数列は $\{0, 1, \frac{1}{2}, \frac{1}{3}, \frac{-1+\sqrt{5}}{2}, \frac{1}{\sqrt{2}}, …\}$ から始まるということ)、この手順を用いて 0 と 1 の間にある超越数が生成できる。残念ながら、プログラミングの難易度は高いが、ロバート・グレイ[*11]はそれを、計算機学的にもっと計算しやすい代数的数を並べる方法を使って処理した。もとになる多項式の「高さ」によるのではなく、グレイが多項式の「サイズ」とよぶものによる。これは、標準的な表記では、$\max\{n, a_0, a_1, a_2, …, a_n\}$ と定義され、同じサイズをもつものを並べるための第 2 の順序がある。先の表記を使うと、

$$\alpha_7 = \omega_{1406370} = 0.57341146…$$

および

$$\beta_7 = \omega_{1057887} = 0.57341183…$$

となり、グレイのこの発見からすると、どれほど計算がやっかいかは明らかだ。生成される超越数の最初のほうの桁は、

$$0.573411…$$

となる。これら二つの代数的数近似のもとになる多項式は、それぞれ

$$x^6 - x^5 + 2x^4 + 3x^3 - x^2 + x - 1 = 0$$

および

$$x^6 - 4x^5 - x^4 + 5x^3 + 2x^2 + 3x - 3 = 0$$

であることを知るのも一興かもしれない。ささやかながら、有理数に適用された手順がわかりやすくしてくれるものと希望する。便宜的に

		分数		小数	
n	n	α_n	β_n	α_n	β_n
2	1	$\frac{1}{3}$	$\frac{1}{2}$	0.33333333...	0.5
8	18	$\frac{2}{5}$	$\frac{3}{7}$	0.4	0.42857142...
127	60	$\frac{7}{17}$	$\frac{5}{12}$	0.411176470...	0.41666666...
390	797	$\frac{12}{49}$	$\frac{17}{41}$	0.41379310...	0.41463414...
4794	2375	$\frac{41}{99}$	$\frac{29}{70}$	0.41414141...	0.41428571...
14,098	28,302	$\frac{70}{169}$	$\frac{99}{239}$	0.41420118...	0.41422594...
165,839	82,790	$\frac{239}{577}$	$\frac{169}{408}$	0.41421143...	0.41421568...
484,044	968,713	$\frac{408}{985}$	$\frac{577}{1393}$	0.41421319...	0.41421392...
5,651,234	2,824,861	$\frac{1393}{3363}$	$\frac{985}{2378}$	0.41421349...	0.41421362...

表7.2

分母によって並べる方式をとろう。

$\frac{1}{2}, \frac{1}{3}, \frac{2}{3}, \frac{1}{4}, \frac{2}{4}, \frac{3}{4}, \frac{1}{5}, \frac{2}{5}, \frac{3}{5}, \frac{4}{5}, \frac{1}{6}, \frac{2}{6}, \frac{3}{6}, \frac{4}{6}, \frac{5}{6}, \frac{1}{7}, \cdots$

区間 (0, 1) にあるすべての有理数が、一部重複しながら出てくる。

カントールの論証を使うと、この数列にはない0と1の間の実数に行き着かざるをえない。それが無理数だ。プログラムのための作業はささやかで、計算上の作業もきわめて扱いやすく、表7.2が得られる。読者は α_n と β_n にある分子と分母のつながりに気づくだろう。それが探求のきっかけになるかもしれない——また $\sqrt{2} - 1 = 0.41421356...$ であることも。また、整数列オンライン百科[*12]に記載されている数列 A084068 もおもしろいかもしれない。

α	μ_α
有理数	1
代数的数	2
リウヴィル数	∞
e	2
π	8.016045…
$\zeta(3)$	5.441243…

表 7.3

(無) 理性の階層

　本章の超越数の話は、とうてい終わりとは言えないが、ひとまずそこから離れることにする。それでも実数について、有理数、代数的数、超越数という 3 種類は得られた。また、超越数の相対的な超越度の違いもある。

　この違いはリウヴィルの近似の上下限を考えることにより、次のようにもたらされた。

　いつもの汎用的な不等式 $|\alpha - p/q| < 1/q^{\mu+\varepsilon}$ に戻ると、α が有理数なら、$|\alpha - p/q| < 1/q^{1+\varepsilon}$ に対する有理数近似は、任意の $\varepsilon > 0$ について、たかだか有限個である。α が代数的数なら、ロートの結果は、任意の $\varepsilon > 0$ について、$|\alpha - p/q| < 1/q^{2+\varepsilon}$ に対する有理数近似はたかだか有限個であることを示す。どちらの場合にも、数のタイプはその近似が可能な範囲で可能なかぎり押し込まれている。超越数の場合、私たちは、$\mu \geq 2$ について近似ができることだけがわかっていて、したがって、特定の数について、μ を 2 を超えてどれだけ増やしても、有理数近似は無限個あるかと問うのはもっともなことだ。

　そういうことを考えて、与えられた数 α の「無理数度」の尺度を、

任意の $\varepsilon > 0$ について、この不等式に無限個の解がある μ の上限 μ_α であると定義する。

いちばん極端な場合は、リウヴィル数、つまり $\mu_\alpha = \infty$ となる場合だ。他の数に移ると、事態は細かくまた難しくなる。特定の数についてはほとんど何も知られておらず、一般的な定理となるともっと少ない。表 7.3 は、本書の印刷段階での最新の上限をいくつか挙げている。$\mu_e = 2$ は矛盾を生じない（代数的→$\mu = 2$ だが、$\mu = 2$ →代数的とはならない）し、$\zeta(3)$ が出ていることは、この数がほぼ確実に超越数であることと整合する。

確立している一般定理は、よくある煮え切らないものだ。ロシアのアレクサンドル・ヒンチンの成果とともに超越数から離れよう。この人物は、ほとんどすべて〔「有限個あるいは可算無限個以外のすべて」を表す数学用語〕の実数が、無理数度 2 であることについて、非存在証明をした。カントールがこだましている。

註
* 1　「代数的」の意。
* 2　『純粋および応用数学誌』(*Journal de Mathématiques Pures et Appliquées*)
* 3　J. Liouville, 1844, Sur les classes très étendues de quantités dont la valeur n'est ni algébrique ni même réductible à des irrationelles algébriques, *Comptes Rendus Acad. Sci. Paris* 18: 883-85, 910-11.
* 4　J. Liouville, 1851, Sur des classes très-étendues de quantités dont la valeur n'est ni algébrique, ni même réductible à des irrationelles algébriques. *J. Math. Pures Appl.* 16: 133-42.
* 5　373 頁の付録 F を参照のこと。
* 6　少なくともこの著作の一部の訳で。正方形の中に円を入れるとするものもあ

るが、訳については定評のある立派な権威のものを選んだ。
* 7 W. J. Hickie 訳。Google Books で閲覧可能。http://books.google.com/books?id=Cm4NAAAAYAAJ&source=gbs_navlinks_s
* 8 Pierre Wantzel, 1837, Recherche sur les moyens de reconnaître si un problème de géométrie peut se résoudre à la règle et au compas, *Journal de Mathématiques Pures et Appliquées* 2: 366-72.
* 9 つまり、定規とコンパスで作図できるということ。
*10 読者が参照したいと思われるかもしれない証明については、たとえば、Craig Smorynski, 2007, *History of Mathematics: A Supplement* (Springer) を参照のこと。
*11 Robert Gray, 1994, Georg Cantor and transcendental numbers, *American Mathematical Monthly* 101: 819-32.
*12 http://www.research.att.com/~njas/sequences/index.html

第 8 章　連分数再び

　ものの見方を変えると、見ているものが変わる。

　　　　　　　　　　　　　　　　　——マックス・プランク

　第 3 章では、18 世紀の連分数の応用を取り上げ、それによって e と π が無理数であることの最初の証明が出てくるところを見た。とはいえ、無理数研究での連分数の役割は、とてもそれだけではすまない。これまでに得られた成果のいくつかは、暗黙のうちに連分数に基づいている。ここではその依存のいくつかを明らかにしよう。

　ここでも関心の対象は正則連分数〔分子がすべて 1 の連分数〕に限り、次のような形の有限あるいは無限の式に限る。

$$\alpha = a_0 + \cfrac{1}{a_1 + \cfrac{1}{a_2 + \cfrac{1}{a_3 + \cdots}}}$$

また、連分数の第 n 次近似分数は

$$\frac{p_n}{q_n} = [a_0; a_1, a_2, a_3, \ldots, a_n]$$

と書く。まず有限の場合を処理し、そうすることで有理数を片づけよう。次のような二つの結果が得られる。

1. 二つの正則連分数が等しい、つまり

$$[a_0; a_1, a_2, a_3, \ldots, a_n] = [b_0; b_1, b_2, b_3, \ldots, b_m]$$

で、$a_n, b_m > 1$ なら、$m = n$、かつ、$a_1 = b_1, a_2 = b_2, a_3 = b_3,$ ..., $a_n = b_m$ となる。
2. ある数の正則連分数展開が有限なら、その場合に限り、その数は有理数である。

これは証明しないが、その正しさは、初等的な理論に属する見やすい簡単な証明で、容易に確かめられる。

これをふまえて無理数へ移り、したがってそれを表すために使える無限連分数に移ろう。

まず、18世紀のオイラーと19世紀のラグランジュによる成果を組み合わせて、ある重要な区分が得られるが、これもここでは証明しない。

ある数が2次の不尽根数なら、その場合にかぎり、その数の連分数表記は循環する。

2次の不尽根数については第4章で論じた。循環連分数は、循環小数の場合と同じく、ある段階から同じことの繰り返しが始まる。たとえば、

$$[0; 1, 2, 3, 4, 5, 6, 4, 5, 6, 4, 5, 6, \ldots] = \frac{2557 - \sqrt{18229}}{1690}$$

すぐに2次無理数に戻ってくるが、まず、一般的な場合を見ておこう。無理数 α については、出てくる数字にパターンがあっても、必ず無限の連分数表示が得られる。

近似分数の序列

まず、連分数の進行は、行列の乗算を使って便利に表せる[*1]。現

代の確立した表記を用いれば、
$$\begin{pmatrix} p_n & p_{n-1} \\ q_n & q_{n-1} \end{pmatrix} = \begin{pmatrix} a_0 & 1 \\ 1 & 0 \end{pmatrix} \begin{pmatrix} a_1 & 1 \\ 1 & 0 \end{pmatrix} \begin{pmatrix} a_2 & 1 \\ 1 & 0 \end{pmatrix} \cdots \begin{pmatrix} a_n & 1 \\ 1 & 0 \end{pmatrix}$$
で、これは
$$\begin{pmatrix} p_n & p_{n-1} \\ q_n & q_{n-1} \end{pmatrix} = \begin{pmatrix} p_{n-1} & p_{n-2} \\ q_{n-1} & q_{n-2} \end{pmatrix} \begin{pmatrix} a_n & 1 \\ 1 & 0 \end{pmatrix}$$
ということだ。つまり、
$$p_n = a_n p_{n-1} + p_{n-2} \text{ および } q_n = a_n q_{n-1} + q_{n-2}$$
ここから、近似分数の分子も分母も n とともに増大することがわかる。

この関係は、次のような p_n と q_n の相互関係に展開することもできる。
$$p_{n+1} q_n - p_n q_{n+1} = (-1)^n$$
$$p_{n+1} q_{n-1} - p_{n-1} q_{n+1} = (-1)^{n+1} a_{n+1}$$
ここで関心を向けるのは二つのうちの前のほうで、これについてはだいたいの証明をする。

左辺は、n の関数として、$n-1$ を使って書ける。
$$\begin{aligned} p_{n+1} q_n - p_n q_{n+1} &= (a_{n+1} p_n + p_{n-1}) q_n - p_n (a_{n+1} q_n + q_{n-1}) \\ &= a_{n+1} p_n q_n + p_{n-1} q_n - a_{n+1} p_n q_n - p_n q_{n-1} \\ &= p_{n-1} q_n - p_n q_{n-1} \\ &= -(p_n q_{n-1} - p_{n-1} q_n) \end{aligned}$$
ここで $p_0 = q_0$, $q_0 = 1$, $p_1 = a_0 a_1 + 1$, $q_1 = a_1$ であることを見れば、手早く命題が出発点で成り立つことを確かめることができ、それこそが帰納法による証明にとって必要なことだ。他方では、行列式が掛け算できることを使えば、結果が得られる。

この結果は三つのことを明らかにする。

1. 最大公約数 $[p_n, q_n] = [p_{n+1}, p_n] = [q_{n+1}, q_n] = 1$
2. 式

$$\frac{p_{r+1}}{q_{r+1}} - \frac{p_r}{q_r} = \frac{(-1)^r}{q_r q_{r+1}}$$

は、近似分数が、α をその上下から交互に近似することを示す。

3. この式を足すと、

$$\sum_{r=0}^{n} \left(\frac{p_{r+1}}{q_{r+1}} - \frac{p_r}{q_r} \right) = \sum_{r=0}^{n} \frac{(-1)^r}{q_r q_{r+1}}$$

が得られ、左辺の級数は中間が次々と消去されて、

$$\frac{p_{n+1}}{q_{n+1}} - \frac{p_0}{q_0} = \sum_{r=0}^{n} \frac{(-1)^r}{q_r q_{r+1}}$$

となり、

$$\frac{p_{n+1}}{q_{n+1}} = \frac{p_0}{q_0} + \sum_{r=0}^{n} \frac{(-1)^r}{q_r q_{r+1}}$$

が得られる。

この最後の式と、q_n は単調増加であることがわかっていることから、次のことが言える。

$$\frac{p_2}{q_2} = \frac{p_0}{q_0} + \left(\frac{1}{q_0 q_1} - \frac{1}{q_1 q_2} \right) = \frac{p_0}{q_0} + \frac{1}{q_1} \left(\frac{1}{q_0} - \frac{1}{q_2} \right) > \frac{p_0}{q_0}$$

$$\frac{p_4}{q_4} = \frac{p_2}{q_2} + \left(\frac{1}{q_2 q_3} - \frac{1}{q_3 q_4} \right) = \frac{p_2}{q_2} + \frac{1}{q_3} \left(\frac{1}{q_2} - \frac{1}{q_4} \right) > \frac{p_2}{q_2}$$

そして、これを続けると、

$$\frac{p_0}{q_0} < \frac{p_2}{q_2} < \frac{p_4}{q_4} < \cdots$$

であることは明らかだ。同様に、奇数番の近似分数については、

n	p_n/q_n	n	p_n/q_n
0	3.0000000000000000	1	3.1428571428571428571
2	3.1415094339622641509	3	3.1415929203539823008
4	3.1415926530119026040	5	3.1415926539214210447
6	3.1415926534674367055	7	3.1415926536189366233
8	3.1415926535810777712	9	3.1415926535514039784
10	3.1415926535893891715	11	3.1415926535898153832
12	3.1415926535897926593	13	3.1415926535897934025
14	3.1415926535897931602	15	3.1415926535897932578
16	3.1415926535897932353	17	3.1415926535897932390
18	3.1415926535897932383	19	3.1415926535897932384

表 8.1

$$\frac{p_3}{q_3} = \left(\frac{p_0}{q_0} + \frac{1}{q_0 q_1}\right) + \frac{1}{q_2 q_3} - \frac{1}{q_1 q_2} = \frac{p_1}{q_1} + \frac{1}{q_2 q_3} - \frac{1}{q_1 q_2}$$

$$= \frac{p_1}{q_1} + \frac{1}{q_2}\left(\frac{1}{q_3} - \frac{1}{q_1}\right) < \frac{p_1}{q_1}$$

で、これを続けると、

$$\frac{p_1}{q_1} > \frac{p_3}{q_3} > \frac{p_5}{q_5} > \cdots$$

となる。最後に奇数番の近似分数と偶数番の近似分数を

$$\frac{p_{2n+1}}{q_{2n+1}} = a_0 + \sum_{r=0}^{2n} \frac{(-1)^r}{q_r q_{r+1}} \quad \text{および} \quad \frac{p_{2n}}{q_{2n}} = a_0 + \sum_{r=0}^{2n-1} \frac{(-1)^r}{q_r q_{r+1}}$$

によって結びつけると、

$$\frac{p_{2n+1}}{q_{2n+1}} - \frac{p_{2n}}{q_{2n}} = \left(a_0 + \sum_{r=0}^{2n} \frac{(-1)^r}{q_r q_{r+1}}\right) - \left(a_0 + \sum_{r=0}^{2n-1} \frac{(-1)^r}{q_r q_{r+1}}\right)$$

$$= \frac{(-1)^{2n}}{q_r q_{r+1}} = \frac{1}{q_r q_{r+1}} > 0$$

が得られて、序列全体

$$\frac{p_0}{q_0} < \frac{p_2}{q_2} < \frac{p_4}{q_4} < \cdots < \alpha < \cdots < \frac{p_5}{q_5} < \frac{p_3}{q_3} < \frac{p_1}{q_1}$$

が得られる。つまり、偶数番の近似分数はαに近づく単調増加数列をなし、奇数番の近似分数は、αに収束する単調減少数列をなす。表8.1は、$\alpha = \pi$のふるまいを示している。

とくに進み方に注目しよう。左、右、左……と見ていくと、振動する数列ができる。また、偶数番近似分数がいくら大きくても、最小の奇数番近似分数よりは小さい──πはそのあいだにあるし、どの連続する近似分数の対のあいだでもある。

有理数近似再び

第6章では、与えられた無理数に対する有理数近似の精度がどんどん増すことを繰り返し確かめて、$|q\alpha - p| < |q'\alpha - p'|$であれば、近似値$p/q$は$p'/q'$よりもよいと判断した。許容差の範囲を狭めるにつれて、無理数を絞り込み、最後には「ブレークポイント」のラグランジュ・スペクトルになった。これは、数のマルコフ・スペクトルという風変わりなものと密接につながっている。私たちの証明は非存在証明で、連分数がたいていその中心にあるという事実を隠蔽していた。そこでここではあらためてそれをいくつか取り上げ、この別の言語に乗せることにしよう。

近似分数p_n/q_nは、pとqが整数で$q < q_n$なら、$|q\alpha - p| \geq |q_n\alpha - p_n|$であるという意味で、ある数についてありうる最善の近似値である。

これからこのことを証明し、それを逆の、$q < q_{n+1}$として$|q\alpha - p| < |q_n\alpha - p_n|$を仮定して行なう。

二つの数 u, v を

$$p = up_n + vp_{n+1} \text{ および } q = uq_n + vq_{n+1}$$

という式によって定義すると、u と v は整数となる。それは、

$$\begin{pmatrix} p \\ q \end{pmatrix} = \begin{pmatrix} p_n & p_{n+1} \\ q_n & q_{n+1} \end{pmatrix} \begin{pmatrix} u \\ v \end{pmatrix}$$

であり、ゆえに

$$\begin{pmatrix} u \\ v \end{pmatrix} = \frac{1}{p_n q_{n+1} - p_{n+1} q_n} \begin{pmatrix} q_{n+1} & -p_{n+1} \\ -q_n & p_n \end{pmatrix} \begin{pmatrix} p \\ q \end{pmatrix}$$

$$= (-1)^{n+1} \begin{pmatrix} q_{n+1} & -p_{n+1} \\ -q_n & p_n \end{pmatrix} \begin{pmatrix} p \\ q \end{pmatrix}$$

だからだ。つまり、

$$u = (-1)^{n+1}(pq_{n+1} - p_{n+1}q) \text{ および } v = (-1)^{n+1}(-pq_n + p_n q)$$

となる。さらに、$v \neq 0$ でもある。もし 0 だったら、$p = up_n$, $q = uq_n$ となり、

$$|q\alpha - p| = |uq_n\alpha - up_n| = |u||q_n\alpha - p_n| \geq |q_n\alpha - p_n|$$

という矛盾になるからだ。

また $u \neq 0$ でもある。もし 0 なら、$q = |v|q_{n+1}$ となり、これは $q < q_{n+1}$ に矛盾する。

さらに、u と v の符号は逆でなければならない。$v < 0$ なら、$up_n = p - vp_{n+1} \Rightarrow u > 0$ だし、$v > 0$ なら $q < vq_{n+1} \Rightarrow uq_n < 0 \Rightarrow u < 0$ だからだ。

また、

$$\alpha q_n - p_n = q_n\left(\alpha - \frac{p_n}{q_n}\right), \text{ および } \alpha q_{n+1} - p_{n+1} = q_{n+1}\left(\alpha - \frac{p_{n+1}}{q_{n+1}}\right)$$

の符号も逆でなければならない。272 頁の第 3 項から、α は p_n/q_n と

p_{n+1}/q_{n+1} の間にあるからだ。これらの結果をまとめると、

$$u(\alpha q_n - p_n) \text{ と } v(\alpha q_{n+1} - p_{n+1})$$

の二つは同じ符号でなければならないことがわかる。ところがそうなると

$$\begin{aligned}|q\alpha - p| &= |\alpha(uq_n + vq_{n+1}) - (up_n + vp_{n+1})| \\ &= |u(\alpha q_n - p_n) + v(\alpha q_{n+1} - p_{n+1})| \geq |\alpha q_n - p_n|\end{aligned}$$

で、これはやはり矛盾する。

任意の無理数は、$|\alpha - p/q| < 1/(2q^2)$ となるように近似できることも論じた。次の二つの結果が、どういうことかを正確に示している。

$|\alpha - p/q| < 1/(2q^2)$ なら、p/q は α の連分数の近似分数である。

これを明らかにするために、p_n/q_n は、α の何らかの近似分数とし、先の最善の近似の結果とともに、

$$\begin{aligned}\left|\frac{p}{q} - \frac{p_n}{q_n}\right| &= \left|\left(\frac{p}{q} - \alpha\right) + \left(\alpha - \frac{p_n}{q_n}\right)\right| \leq \left|\frac{p}{q} - \alpha\right| + \left|\alpha - \frac{p_n}{q_n}\right| \\ &= \frac{1}{q}|\alpha q - p| + \frac{1}{q_n}|\alpha q_n - p_n| \\ &\leq \frac{1}{q}|\alpha q - p| + \frac{1}{q_n}|\alpha q - p| \\ &= \left(\frac{1}{q} + \frac{1}{q_n}\right)|\alpha q - p| < \left(\frac{1}{q} + \frac{1}{q_n}\right)\frac{1}{2q}\end{aligned}$$

を考えよう。α の近似分数の分母の範囲を $\{q_1, q_2, q_3, \ldots\}$ と書き、$q_n \leq q < q_{n+1}$ となるように n を選ぶ。この場合、$1/q \leq 1/q_n$ で、

$$\left|\frac{p}{q} - \frac{p_n}{q_n}\right| < \frac{2}{q_n} \times \frac{1}{2q} = \frac{1}{qq_n}$$

が得られる。つまり、正の整数 $|pq_n - qp_n| < 1$ で、したがって、$p/q = p_n/q_n$ でなければならない。

無理数 α、および α の任意の連続した近似分数 p_n/q_n, p_{n+1}/q_{n+1} については $|\alpha - p_n/q_n| < 1/(2q_n^2)$ であるか、$|\alpha - p_{n+1} + 1/q_{n+1}| < 1/(2q_{n+1}^2)$ であるか、両方であるかいずれかである。

これで
$$\left|\frac{p_n}{q_n} - \frac{p_{n+1}}{q_{n+1}}\right| = \frac{|p_n q_{n+1} - p_{n+1} q_n|}{q_n q_{n+1}} = \frac{1}{q_n q_{n+1}}$$
が得られる。α は二つの連続する近似分数の間にあるという結果を使うと、
$$\left|\alpha - \frac{p_n}{q_n}\right| + \left|\frac{p_{n+1}}{q_{n+1}} - \alpha\right| = \left|\frac{p_{n+1}}{q_{n+1}} - \frac{p_n}{q_n}\right| = \frac{1}{q_n q_{n+1}}$$
となり、したがって、
$$\left|\alpha - \frac{p_n}{q_n}\right| + \left|\alpha - \frac{p_{n+1}}{q_{n+1}}\right| = \frac{1}{q_n q_{n+1}}$$
である。ところが、
$$(a-b)^2 = a^2 + b^2 - 2ab > 0$$
なので、
$$ab < \frac{1}{2}(a^2 + b^2)$$
$a = 1/q_n$ で $b = 1/q_{n+1}$ とすると
$$\frac{1}{q_n}\frac{1}{q_{n+1}} = \frac{1}{q_n q_{n+1}} < \frac{1}{2}\left(\frac{1}{q_n^2} + \frac{1}{q_{n+1}^2}\right) = \frac{1}{2q_n^2} + \frac{1}{2q_{n+1}^2}$$
なので、

$$\left|\alpha - \frac{p_n}{q_n}\right| + \left|\alpha - \frac{p_{n+1}}{q_{n+1}}\right| < \frac{1}{2q_n^2} + \frac{1}{2q_{n+1}^2}$$

で、これは、

$$\left|\alpha - \frac{p_n}{q_n}\right| < \frac{1}{2q_n^2} \text{ と、} \left|\alpha - \frac{p_{n+1}}{q_{n+1}}\right| < \frac{1}{2q_{n+1}^2}$$

という不等式のいずれか、または両方が成り立つということだ。さらに確かめるうちに、フルヴィッツの成果にも出会った。これは一部、2 が $\sqrt{5}$ に増やせることを示していた。その理由は、またしても、部分分数を使うことで、

無理数 α の任意の連続する三つの近似分数 p_n/q_n, p_{n+1}/q_{n+1}, p_{n+2}/q_{n+2} について、少なくとも一つは、$|\alpha - p/q| < 1/(\sqrt{5}\,q^2)$ を満たさなければならない

という結果とともに明らかになる。それは、そうでないとすると、

$$\left|\alpha - \frac{p_n}{q_n}\right| \geqslant \frac{1}{\sqrt{5}q_n^2} \text{ かつ、} \left|\alpha - \frac{p_{n+1}}{q_{n+1}}\right| \geqslant \frac{1}{\sqrt{5}q_{n+1}^2}$$

となり、

$$\frac{1}{q_n q_{n+1}} = \left|\alpha - \frac{p_n}{q_n}\right| + \left|\alpha - \frac{p_{n+1}}{q_{n+1}}\right| \geqslant \frac{1}{\sqrt{5}q_n^2} + \frac{1}{\sqrt{5}q_{n+1}^2}$$

となって

$$\frac{1}{\sqrt{5}}\left(\frac{q_{n+1}}{q_n}\right) + \frac{1}{\sqrt{5}}\left(\frac{q_n}{q_{n+1}}\right) \leqslant 1$$

となるからで、$\lambda = q_{n+1}/q_n$ と書くと、$\lambda + 1/\lambda \leq \sqrt{5}$ となる。λ は有理数なので、$\lambda + 1/\lambda < \sqrt{5}$。つまり、

$$\lambda^2 - \sqrt{5}\lambda + 1 = (\lambda - \tfrac{\sqrt{5}+1}{2})(\lambda - \tfrac{\sqrt{5}-1}{2}) < 0$$

となる。これは $(\sqrt{5}-1)/2 < \lambda < (\sqrt{5}+1)/2$ となり、とくに $\lambda <$

$(\sqrt{5}+1)/2$ から、$1/\lambda > (\sqrt{5}-1)/2$ となる。

$\mu = q_{n+2}/q_{n+1}$ と書くと、$\mu < (\sqrt{5}+1)/2$ だが、$q_{n+2} = a_{n+2}q_{n+1} + q_n$ なので、$q_{n+2}/q_{n+1} = a_{n+2} + q_n/q_{n+1} \geq 1 + q_n/q_{n+1}$ となる。つまり、

$$\mu \geq 1 + \frac{1}{\lambda} > 1 + \frac{\sqrt{5}-1}{2} = \frac{\sqrt{5}+1}{2}$$

となって、矛盾する。

さて、今度は連分数とこのフルヴィッツの結果を使うと、その組合せで無理数度が得られることを見よう。

世界一無理な数

この形のフルヴィッツの定理から、すべての無理数それぞれについて、$|\alpha - p/q| < 1/(\sqrt{5}q^2)$ を満たす有理数近似は無限個あり、その中でも最善のものについては、α の連分数展開に求めるのがよいということがわかる。この無限個のどんどん正確になる近似値の中から、フルヴィッツの誤差限界が近似値の実際の誤差と比べて大きいものを探すことができる。たとえば、表8.2〔次頁〕を考えよう。π の近似分数でフルヴィッツが定めた誤差限界の中に収まるものを最初から四つまで挙げてある。データの2行目に注目しよう。近似値 355/133 の誤差は、保証された誤差限界よりもずっと小さく、このずれを、二つの数の比を使って数値化できて、それが表の最後の列に現れている。これとともに、ある数が別の数と比べて「無理数度が高い」というアイデアを正確にすることができる。α について E/H という比の最小値が β のそれよりも大きいとき、α は β よりも無理数度が高いと見なされる。E/H が0に近い近似値は、予想よりもぴったりに近いと判断されるが、1に近いものは、フルヴィッツの結果との合致にかろうじて滑り込む。表8.3〔次頁〕は e についてのデータ、表8.4〔次頁〕は黄金比についてのデータを示している。

n	p_n/q_n	誤差 (E)	$(1/\sqrt{5}q_n^2)(H)$	E/H
1	$\dfrac{22}{7}$	1.26499×10^{-3}	9.12681×10^{-3}	0.13854
3	$\dfrac{355}{113}$	2.66764×10^{-7}	3.50234×10^{-5}	0.0076167
5	$\dfrac{104348}{33215}$	3.31628×10^{-10}	4.05365×10^{-10}	0.818097
7	$\dfrac{312689}{99532}$	2.91434×10^{-11}	4.51429×10^{-11}	0.64558

表 8.2

n	p_n/q_n	誤差 (E)	$(1/\sqrt{5}q_n^2)(H)$	E/H
1	3	0.281718	0.447214	0.629941
4	$\dfrac{19}{7}$	3.99611×10^{-3}	9.12681×10^{-3}	0.437844
7	$\dfrac{193}{71}$	2.80307×10^{-5}	8.87153×10^{-5}	0.315963
10	$\dfrac{2721}{1001}$	1.10177×10^{-7}	4.46321×10^{-7}	0.246857

表 8.3

n	p_n/q_n	誤差 (E)	$(1/\sqrt{5}q_n^2)(H)$	E/H
1	3	0.381966	0.447214	0.854102
3	$\dfrac{5}{3}$	0.0486327	0.0496904	0.978714
5	$\dfrac{13}{8}$	6.96601×10^{-3}	6.98771×10^{-3}	0.996894
7	$\dfrac{34}{21}$	1.01363×10^{-3}	1.01409×10^{-3}	0.999547

表 8.4

eはπよりも近似が難しそうに見えている——黄金比はさらに抵抗しているようで、相対的な誤差は、1の上限の下にもぐり込み、見たところそれに近づいているらしい。口絵図〔15頁〕で、黄金比は確かに最も無理な数であることを示唆しておいた。今や舞台が整い、それを証明することにしよう。正確に言うと、連分数近似を使えば、

$$\left| \varphi - \frac{p_n}{q_n} \right| \xrightarrow{n \to \infty} 1 \times \frac{1}{\sqrt{5} q_n^2}$$

あるいは、言い方を換えると、

$$q_n^2 \left| \varphi - \frac{p_n}{q_n} \right| = q_n |q_n \varphi - p_n| \xrightarrow{n \to \infty} \frac{1}{\sqrt{5}}$$

ということだ。証明を始めるには、

$$p_n = F_{n+1} \text{ かつ、} q_n = F_n$$

をふまえる。また、φを用いてn番めのフィボナッチ数を求めるビネーの（あるいはオイラーの、あるいはド・モアヴルの）公式

$$F_n = \frac{\varphi^n - (1-\varphi)^n}{\sqrt{5}}$$

もわかっている。そこで次のことを考えよう。

$$q_n^2 \left| \varphi - \frac{p_n}{q_n} \right|$$
$$= q_n |q_n \varphi - p_n|$$
$$= \frac{\varphi^n - (1-\varphi)^n}{\sqrt{5}} \left| \left(\frac{\varphi^n - (1-\varphi)^n}{\sqrt{5}} \right) \varphi - \frac{\varphi^{n+1} - (1-\varphi)^{n+1}}{\sqrt{5}} \right|$$
$$= \frac{\varphi^n - (1-\varphi)^n}{\sqrt{5}} \left| \frac{\varphi^{n+1} - \varphi(1-\varphi)^n}{\sqrt{5}} - \frac{\varphi^{n+1} - (1-\varphi)^{n+1}}{\sqrt{5}} \right|$$
$$= \frac{\varphi^n - (1-\varphi)^n}{\sqrt{5}} \left| \frac{(1-\varphi)^{n+1} - \varphi(1-\varphi)^n}{\sqrt{5}} \right|$$

$$= \frac{\varphi^n - (1-\varphi)^n}{\sqrt{5}} |(1-\varphi)^n| \left| \frac{(1-\varphi) - \varphi}{\sqrt{5}} \right|$$

$$= \frac{\varphi^n - (1-\varphi)^n}{\sqrt{5}} |(1-\varphi)^n| \left| \frac{1-2\varphi}{\sqrt{5}} \right|$$

$\varphi = \frac{1+\sqrt{5}}{2}, 1 - 2\varphi = -\sqrt{5}$ なので、

$$q_n^2 \left| \varphi - \frac{p_n}{q_n} \right| = \frac{\varphi^n - (1-\varphi)^n}{\sqrt{5}} |(1-\varphi)^n| \left| \frac{-\sqrt{5}}{\sqrt{5}} \right|$$

$$= \frac{\varphi^n - (1-\varphi)^n}{\sqrt{5}} |(1-\varphi)^n|$$

$$= \frac{|[\varphi(1-\varphi)]^n| - (1-\varphi)^n|(1-\varphi)^n|}{\sqrt{5}}$$

φ を定義する等式は $\varphi^2 = \varphi + 1$ であることを思い出せば、$\varphi(1-\varphi) = -1$ なので

$$q_n^2 \left| \varphi - \frac{p_n}{q_n} \right| = \frac{|(-1)^n| - (1-\varphi)^n|(1-\varphi)^n|}{\sqrt{5}}$$

$$= \frac{1 - (1-\varphi)^n|(1-\varphi)^n|}{\sqrt{5}} \xrightarrow{n \to \infty} \frac{1-0}{\sqrt{5}} = \frac{1}{\sqrt{5}}$$

となって、証明できた。

マルコフ・スペクトル

フルヴィッツの結果の第2の部分は、根本的な境界に達して、たとえば φ がさらに細かい許容差内まで近似できないことを示した。そこから、境界無理数がつぎつぎと出てきて、そこからマルコフが調べた謎の数のスペクトル（とそれに相当するもの）が出てくる。このリストは

$$\frac{-1+\sqrt{5}}{2}, -1+\sqrt{2}, \frac{-9+\sqrt{221}}{14}, \frac{-23+\sqrt{1517}}{38}, \ldots$$

α	境界数
$[0; \overline{1}]$	$\sqrt{5}$
$[0; \overline{2}]$	$\sqrt{8}$
$[0; \overline{2_2, 1_2}]$	$\dfrac{\sqrt{221}}{5}$
$[0; \overline{2_2, 1_4}]$	$\dfrac{\sqrt{1517}}{13}$
$[0; \overline{2_4, 1_2}]$	$\dfrac{\sqrt{7565}}{29}$
$[0; \overline{2_2, 1_6}]$	$\dfrac{\sqrt{2600}}{17}$
$[0; \overline{2_2, 1_8}]$	$\dfrac{\sqrt{71285}}{89}$
$[0; \overline{2_6, 1_2}]$	$\dfrac{\sqrt{257045}}{169}$
$[0; \overline{2_2, 1_2, 2_2, 1_4}]$	$\dfrac{\sqrt{84680}}{97}$

表 8.5

と始まる。以前の結果から、2次無理数の連分数形は反復が生じることはわかっている。その最初の四つを見てみよう。

$$\frac{-1+\sqrt{5}}{2} = \{0; 1, 1, 1, 1, 1, 1, 1, 1, 1, 1, 1, 1, 1,$$
$$1, 1, 1, 1, 1, 1, 1, 1, 1, 1, 1, 1, 1, \ldots\}$$

$$-1+\sqrt{2} = \{0; 2, 2, 2, 2, 2, 2, 2, 2, 2, 2, 2, 2, 2,$$
$$2, 2, 2, 2, 2, 2, 2, 2, 2, \ldots\}$$

$$\frac{-9+\sqrt{221}}{14} = \{0; 2, 2, 1, 1, 2, 2, 1, 1, 2, 2, 1, 1, 2,$$
$$2, 1, 1, 2, 2, 1, 1, 2, 2, 1, 1, \ldots\}$$

$$\frac{-23+\sqrt{1517}}{38} = \{0; 2, 2, 1, 1, 1, 1, 2, 2, 1, 1, 1, 1, 2,$$
$$2, 1, 1, 1, 1, 2, 2, 1, 1, 1, 1, \ldots\}$$

不尽根数で表しているときには見られないパターンが識別される。確かに循環するが、目を引くのはその循環の特殊な性質だ。表8.5は、上記とさらにいくつかを連分数形式で挙げ、それぞれに対応する許容範囲を添えた。簡単のために、標準的な約束事に従い、たとえば、[0; 1, 1, 1, 1, 2, 2, 1, 1, 1, 1, 2, 2, 1, 1, 1, 1, 2, 2, …] = $[0; \overline{1_4, 2_2}]$ という書き方をとる。

これでマルコフ数の謎に迫っているが、それをすっかり明らかにするところまでは、まだ及んでいない。それでも、この理論に一つ、さらに踏み込むことができる。境界数は孤立しておらず、等価な関係をもつ等価クラスにまとめられる*2。

α と α' は、$|ad - bc| = 1$ として、$\alpha' = (a\alpha + b)/(c\alpha + d)$ となる整数があるなら等価である。

たとえば、次のものは等価となる。

$$\sqrt{8} = [2; 1, 4, 1, 4, 1, 4, 1, 4, 1, 4, 1, 4, 1, 4, 1, 4,$$
$$1, 4, 1, 4, 1, 4, 1, 4, 1, 4, 1, 4, \ldots]$$
$$\frac{7\sqrt{8}+5}{4\sqrt{8}+3} = [1; 1, 2, 1, 2, 1, 4, 1, 4, 1, 4, 1, 4, 1, 4, 1, 4,$$
$$1, 4, 1, 4, \ldots]$$
$$\frac{11\sqrt{8}+7}{8\sqrt{8}+5} = [1; 2, 1, 1, 1, 2, 1, 4, 1, 4, 1, 4\, 1, 4, 1, 4, 1,$$
$$4, 1, 4, 1, 4, 1, 4, 1, 4, 1, 4, 1, \ldots]$$

後の二つの展開が、最初の何項かを除いて最初のものと同じに見えることに気づくのにはものの1秒もかからない。実は、連分数命題は

α と α' の連分数展開があるところから先同一なら、そのときにかぎり $\alpha \sim \alpha'$ である

となり、さらに、

a/c と b/d は、$\alpha > 1$ かつ $c > d > 0$ の場合、α' の連続する展開式の隣り合う近似分数である。

たとえば、最後の場合の近似分数の一覧は、こんなふうに始まる。

$$1, \ \frac{3}{2}, \ \frac{4}{3}, \ \frac{7}{5}, \ \frac{11}{8}, \ \frac{29}{21}, \ \frac{40}{29}, \ \cdots$$

無理数の研究には、連分数を通じて紹介すべきものがもっと——ずっとたくさん——あるが、読者には、この最も有益な相互作用に対する感覚をいくらか得てもらえるよう希望する。次章では、まったく異なる無理数の側面に移ろう——それについて連分数は明瞭な限界があることが明らかになる。

註
*1　帰納法で証明できる。
*2　367 頁の付録 E を参照のこと。

第9章　ランダムさについての疑問と問題

> ランダムな数字を生み出す算術的な方法を考えている人は、もちろん、罪深い状態にある。
> ——ジョン・フォン・ノイマン

　無理数はどれほど「無理」なのかという問いを離れて、別の問いに移ろう。無理数を小数に展開したものはどれだけ「ランダム」かということだ。得られた尺度で無理の程度の比較は行なえるようになるが、ランダムさについてはどんな尺度があるだろう。冒頭の引用では、天才フォン・ノイマンが、ランダムさを利用しようとすることにからむ複雑さをうかがわせており、ここでは以下でその難しさをいくらか明らかにする。まず、あらためて有理数を除いておこう。

小数展開による有理数の特徴調べ

　これは三つの結果の組合せで行なわれる。

- ある数の小数展開が有限なら、その数は有理数である。

　たとえば、

$$3.14159 = 3\frac{14159}{1000000}$$

で、一般に

$$a_0.a_1a_2a_3\ldots a_n = a_0\frac{a_1a_2a_3\cdots a_n}{10^n}$$

となる。

- ある数の小数展開が循環するなら、その数も有理数である。たとえば、

$$3.\overline{14159} = 3 + 0.14159 + 0.0000014159$$
$$\qquad\qquad + 0.000000000014159 + \cdots$$
$$\qquad = 3 + 14159(10^{-5} + 10^{-10} + 10^{-15} + \cdots)$$
$$\qquad = 3 + 14159 \times \frac{10^{-5}}{1 - 10^{-5}}$$
$$\qquad = 3 + \frac{14159}{10^5 - 1} = 3\frac{14159}{99999}$$

一般に、

$$a_0.\overline{a_1 a_2 a_3 \ldots a_n}$$
$$\qquad = a_0 + a_1 a_2 a_3 \cdots a_n (10^{-n} + 10^{-2n} + 10^{-3n} + \cdots)$$
$$\qquad = a_0 + a_1 a_2 a_3 \cdots a_n \times \frac{10^{-n}}{1 - 10^{-n}}$$
$$\qquad = a_0 \frac{a_1 a_2 a_3 \cdots a_n}{10^n - 1}$$

となる。

- 逆に、ある数が有理数なら、その小数展開は、有限か循環するか、いずれかとなる。$a < b$ かつ $b > 1$ として a/b の小数展開を求めるには、$r_0 = a$ として、

$$r_0 = b \times a_1 + r_1, \, 0 \leq r_1 \leq b - 1$$
$$r_1 = b \times a_2 + r_2, \, 0 \leq r_2 \leq b - 1$$
$$r_2 = b \times a_3 + r_3, \, 0 \leq r_3 \leq b - 1$$
$$\vdots$$

$a_1, a_2, a_3, \ldots$ は a/b を小数で表した各桁の数字である。余りがどこかで 0 になると、展開は有限となるし、$0 \leq \{r_0, r_1, r_2, \ldots\} \leq b - 1$ なので、鳩の巣原理を使って、整数 $r_0, r_1, r_2, \ldots, r_b$ の中には、r_i

$= r_j$ となるものが出てこざるをえない。その場合には、

$$a_{i+1} = a_{j+1}, r_{i+1} = r_{j+1}, a_{i+2} = a_{j+2}, r_{i+2} = r_{j+2}, \ldots$$

なので、循環小数になる。

ランダムさとの格闘

こうして、無理数については、小数にすると無限に続き、循環もないことが保証された。しかし「乱数(ランダム・ナンバー)」の列をなすのだろうか。「乱数小数展開」という言葉にどんなに注意して意味を与えようと、その例に 0.01001000100001000001... が入るのは、あまりうれしくない。0 の数が一つずつ増えていくので、小数展開は有限でも循環でもない。この数は無理数と言わざるをえない。それでも、ランダムなところは何もない。作り方が明らかで、数字も二つしか使われていない。この列の一部を使って、1, 2, 3, ..., 9 から数字をランダムに選んだ数を作ったと言っても、とても納得はいかないだろう。

この数は異様に逸脱した例で、論点を明らかにするためにこしらえたものだ。そのようなものを除外するには、もちろん、少なくとも 1, 2, 3, ..., 9 が均等に混じっていなければならない。ところがそうなると、

0.123456789112233445566778899111222333444555666777888999...

はそれに該当するが、やはり面倒な逸脱となる。これも無理数ではあるが、直観的に理解されている「ランダム」の性質は確かにない。

つまり、必要なのはたぶん、10 種類の数すべてが均等に出てきて、しかもその並び方が……「ランダム」になったものだ。

自然な無理数の例として π をとってみよう。これを小数で表したものの最初の 650 桁はこうなる。

3.1415926535 8979323846 2643383279 5028841971 6939937510
5820974944 5923078164 0628620899 8628034825 3421170679
8214808651 3282306647 0938446095 5058223172 5359408128
4811174502 8410270193 8521105559 6446229489 5493038196
4428810975 6659334461 2847564823 3786783165 2712019091
4564856692 3460348610 4543266482 1339360726 0249141273
7245870066 0631558817 4881520920 9628292540 9171536436
7892590360 0113305305 4882046652 1384146951 9415116094
3305727036 5759591953 0921861173 8193261179 3105118548
0744623799 6274956735 1885752724 8912279381 8301194912
9833673362 4406566430 8602139494 6395224737 1907021798
6094370277 0539217176 2931767523 8467481846 7669405132
0005681271 4526356082 7785771342 7577896091 7363717872

以下、「パターンなし」で永遠に続く[*1]。e を小数で表記したものも同じと想像される。この二つの数は、まったく同じ意味でパターンがないのだろうか。つまり、π を小数に展開すると、その終わりのほうは e を小数に展開したものになるのか。もちろんそれはありえない。もしそうなると仮定すると、

$$\pi = 3.14159\ldots a_n 27181828\ldots$$
$$= 3.14159\ldots a_n + 10^{-(n+1)} \times 2.7181828\ldots$$

となり、したがって、

$$\pi = \frac{p}{q} + 10^{-(n+1)} \times e \quad \text{つまり、} \quad \pi - 10^{-(n+1)} \times e = \frac{p}{q}$$

これは要するに $10^{(n+1)} \pi - e = p/q$ ということだ。先に、$\pi \pm e$ は有理数かどうか、今のところわかっていないと言った。実は、私たちの無知の度合いはもっと大きい。$m\pi + ne$ が無理数かどうかわかって

いるような整数 m, n の組はない。賭けようとは思わないかもしれないが、π が e で終わるという想定に反することは、今のところはない。

実際がどうあれ、π の各桁が出てくるとき、その列の次の数字が何になるかについて、直観的にランダムと思えるようなことが起きているという感覚はない。各桁は正確に決められており、たとえば第 100 万位[*2] が 1 になることに、疑いはない。ところが桁数字どうしには、見た目にもきれいなバランスがあるようだ。この小数は、ランダムに「見える」。そうだとしたら、小数に展開すると、どんな数の並びでも、それが何桁であろうと、必ずどこかに現れるだろう。もちろん、そのことを確かめようとすれば、途中で打ち切った（おそらくものすごく長い）近似値を調べなければならないし、小数展開がランダムと仮定されるなら、$N > n$ 桁までの中に長さ n 桁の何らかの数列が現れる確率は、二項確率のささやかな練習問題で、

$$1 - (1 - 0.1^n)^{N-n+1}$$

となる。これからすると、10 桁の列（たとえば 0123456789 でもこの本の ISBN コード 10 桁でも）が 90％ の確率で出てくるには、$N \approx 2.4 \times 10^{10}$ 桁が必要となる。実際、0123456789 が初めて出てくるのは、17387594880 桁のところだ。0691143420〔原書の ISBN コード〕のほうは、まだ見つかっていない[*3]。

こういう考えでいつまでも遊ぶことはできるが、要するにまさしくそういうこと、つまり遊びでしかない。ランダムさというのは実に微妙な概念で、それを適切に調べることは、数学者というより統計学者の仕事に入る。1951 年、計算機学と計算機による数論の先駆者ディック・レーマーは、指針となる見解を抱いていた。

乱数列とは、各項が素人目には予測がつかず、その数字は統計学者にとっては昔からあるいくつかのテストに合格し、どこかその列の

使い方にも依存する、漠然とした概念である。

そのようなテストの近代的な基準となる例がとくに二つある。それぞれ数が二進数で書かれていることを前提にしている。米国立標準技術研究所（NIST）の検定スイート、つまり 16 の統計学的検定ソフトのセットはこうなっている。

1. 頻度（単ビット）検定
2. ブロック内頻度検定
3. 連検定
4. ブロック内最長連検定
5. 二進数行列ランク検定
6. 離散フーリエ変換（スペクトル）検定
7. 重なりなしテンプレート適合検定
8. 重なりありテンプレート適合検定
9. マウラーのユニバーサル統計検定
10. LZ 圧縮検定
11. 線形複雑度検定
12. 系列頻度検定
13. 近似エントロピー検定
14. 累積和検定
15. ランダム回遊検定
16. 変形ランダム回遊検定

もう一つ認められているやり方は、ジョージ・マルサリアのダイハード検定スイートで

1. 誕生日間隔

2. 重なりあり順列
3. 行列ランク
4. 猿検定
5. 1の数
6. 駐車場検定
7. 最小距離検定
8. ランダム球検定
9. スクイズ検定
10. 重なりあり総和検定
11. 連検定
12. 拍手検定

ここには謎めいたものが多くて、好きなだけ事態を解明することは、関心のある読者に委ねる。単純なところを言えば、乱数列の定義はちゃんとしたものは存在せず、存在するのは、それに合格しても数に乱数という名を与えることはできず、乱数であるらしい——それがどういう意味であれ——とするだけの妥当な基準集だけだ。

正規性

1909年、フランスの数学者エミール・ボレルが、数を展開したものに、ある直観的なランダムさの観念を規定する精密な数学的手段として、「正規」数という概念を世に出した。ここでの関心は、これまでもこれからも小数展開だが、この概念は何進数をとるかに左右され、当然、三つの部分に分かれる[*4]。

- ある数 x の b 進展開での各桁数字が、$1/b$ の頻度で出てくるなら、x は「単正規」数である。

数字	頻度
0	5000012647
1	4999986263
2	5000020237
3	4999914405
4	5000023598
5	4999991499
6	4999928368

表 9.1

- ある数 x は、b 進展開での各桁数字が、桁数によって決まる頻度、つまり、1桁なら $1/b$、2桁の組なら $1/b^2$、3桁の組なら $1/b^3$ などの頻度で出てくるなら、x は「b 進正規」数である。
- ある数が、$b \geq 2$ のすべてで正規なら、その数は「正規」数である。

この考え方は、ランダムの定義としてではなく、ランダムという性質を付与するための必要条件として、直観に合うことがわかる。

単正規数は、その桁数字が等しい頻度で出てくる数で、任意の頻度分布の任意の長さの列を排除するものではない。表9.1には、π の最初の500億桁での、当然の桁数字分布が示されている。それでも、単正規だけでは無理数かどうかを決めるのには足りない。たとえば、有理数

$$0.0123456789012345678901234567 89\ldots$$

を考えよう。ある○○進数では単正規でも、別の××進数ではそうはならない数を立てることもできる。たとえば、次の二進法では単正規の数は、十進数の有理数に換算できる。

$$0.10101010\ldots = 2^{-1} + 2^{-3} + 2^{-5} + \cdots$$

$$= \frac{2^{-1}}{1-2^{-2}} = \frac{2}{3} = 0.6666\ldots$$

となる。b 進正規の概念は、もっときつい概念で、どんな並びの桁でも、その数の展開の中に無限回出てこなければならない。したがって、そのような数は有理数ではありえない。また、ある数が b 進正規数なら、あらゆる $k \geq 1$ について、b^k 進正規数にもならざるをえない（逆も言える）。狭い意味での正規数は、ランダムの概念を具現している。

では、使える精密な定義があれば、正規数は見つけられるだろうか。イエスと答えることはできるが、望まれるようなイエスではない。最初の例はヴァツワフ・シェルピンスキーが 1916 年に出したもので、1975 年にグレゴリー・チャイティンが出したものも重要な正規数だ。どう控えめに言っても変わっていて、作為的に構成されている。π などの「自然な」超越数は、一般に正規数だと予想されているが、この予想は証明にまでは達していない。よくある定数のいずれかがともかくも単正規であるかどうかさえわかっていない。具体的に言うと、π を小数に展開した場合に、2 が無限個あるかどうかもわかっていない。とはいえ、カントールは、つかみにくい超越数でも、それが不可算であることを明らかにしていたことを思い出そう。それと平行して、例の 1909 年の論文で、ボレルは実数のほとんどが正規数である！ことを証明していた。

とはいえ、十進正規数となる有名な数がある。これはイギリスのデイヴィッド・チャンパーノウン（1912-2000）が考えたもので、1933 年、ケンブリッジの学部学生だった頃に書かれた論文[*5]に登場する。チャンパーノウンは、数学のトライポスで一等（ファースト）を取り、同じ年度に科目を変えて、経済学部のトライポス第 2 回で一等をとるという成績をあげたが、ケンブリッジ大学のトライポス制度についてよく知らなければ、それがどれだけすごいのかはわからない。たぶん、チャンパーノウンに数学から経済学へ転じる気をおこさせたのはケインズだった

こと、また、アラン・チューリングとは親友だっただけでなく、知的にいい勝負だったと言えば十分かもしれない。

この数は、小数展開が負でない整数をすべて順に並べたものになる数、つまり

0.1 2 3 4 5 6 7 8 9 10 11 12 13 14 15 16 17 18 19 20 21 …

で、この数はさらに、超越数であることもわかっている。

前章では、無理数を調べるのに連分数表記が便利であることを見たが、チャンパーノウンの定数は、その分析をはねつける無理数の例となってくれる。その連分数形は[*6]

[0; 8, 9, 1, 149083, 1, 1, 1, 4, 1, 1, 1, 3, 4, 1, 1, 1, 15, 457540
1113910310 7648364662 8242956118 5996039397
1045755500 0662004393 0902626592 5631493795
3207747128 6563138641 2093755035 5209460718
3089984575 8014698631 4883359214 1783010987,
6, 1, 1, 21, 1, 9, 1, 1, 2, 3, 1, 7, 2, 1, 83, 1, 156, 4, 58, 8, 54, …]

となる。数字の間のカンマの位置をちゃんと確かめていただきたい。15 の次の数は 166 桁あり、54 の次の数は 2504 桁続く。つまり、この特異な無理数は有理数〔近似分数〕によって、とてもよく近似されるということだ[*7]。たとえば、ほどほどに大きい 149083 をとると、非常に正確な有理数近似が得られる。

$$0.1234567891011\cdots - \frac{1490839}{12075796} \sim 4.4 \times 10^{-15}$$

それから A. S. ベシコヴィッチが立てた数がある。ベシコヴィッチは 1934 年、整数の 2 乗を並べて作ったベシコヴィッチ数という無理数が、十進正規数であることを証明した。

$$0.14916253649648110012114416919 6\ldots$$

チャンパーノウンはさらに十進正規数となる数を予想していて、これは素数を並べてできる。

$$0.23571113171923293137414 3\ldots$$

A. H. コープランドと、無類のポール・エルデシュが証明を行なって、数学の世界にコープランド＝エルデシュ数をもたらすのには、1946年までかかった。

　そしてエルデシュは、H. ダヴェンポートとともに再登場してきて、$P(x)$ が、x が正の整数のとき必ず正の整数となる多項式だとすると、$x = 1, 2, 3, \ldots$ のときの多項式の十進数値を並べてできる

$$0.P(1)P(2)P(3)\ldots$$

という数は、十進正規数であることを証明した。

　ランダムな十進小数展開を定義するよりも、第 2 章のウォリスのプロテウスを捕らえようとするほうがよいかもしれない。そして相手にすべき精密な式が得られると、それを計算することは、今のところ非現実的なほど難しい。現段階では、実験的に得られた証拠はすべて、数学によく出てくる無理数の定数を小数に展開すれば「ランダム」だということを指し示していて、そのことが証明できないのは、ランダムという言葉を定義できないことによるということを受け入れなければならない。

　それでも、楽しい空想を許されるならば、この章を前向きな調子で終えることができる。

　アルファベットとスペースと 0 から 9 までの整数と、普通に使われる句読点を何らかの形で符号化し（ASCII コードでもよい）、それから何かの文章を選んでそれを 1 字ずつその符号方式を使って、1 個

の巨大な整数に符号化することを考えよう。十進正規数には、この整数が何度でも無限に登場するので、たとえば、チャンパーノウン数には聖書のあらゆる節が入っているし、シェイクスピアの全著作も、英国図書館にあるすべての本も、ボルヘスのバベルの図書館も入っていることになる。実は人間が過去、現在、未来において書く物すべてが入っている。理性ある者＝有理数にはできないことだ。

註
*1　本書を書いている段階ではπを小数で表した最長記録は、ファブリス・ベラールが持っていて、2兆7000億桁近くまで行っている。
*2　小数点以下。
*3　この長さの打ち切りでは、13桁のISBNコードが現れる可能性は0.2%ほどになる。
*4　別の定義もいくつかある。
*5　D. G. Champernowne, 1933, The construction of decimals normal in the scale of ten, *J. Lond. Math. Soc.* 8: 254-60.
*6　http://www.research.att.com/~njas/sequences/A030167
*7　この数と$\frac{10}{81} - \frac{3340}{3267}10^{-9}$を比べてみてもよいかもしれない。

第10章　一つの問いに三つの答え

確かに、$\sqrt{2}$ は文句なくあたりまえのものと見なしても、$\sqrt{-1}$ には顔をしかめる人がいる。それはその人たちが、$\sqrt{2}$ は物理的な空間の中にある何かとして思い浮かべられるが、$\sqrt{-1}$ ではそれができないと思っているからだ。実際には、$\sqrt{-1}$ のほうがずっと単純な概念なのだが。
　　　　　　——エドワード・ティッチマーシュ（1899-1963）

　第4章では、前途有望な大学生に、π^2 が無理数であることの証明という問題を出した、メアリー・カートライトにお目にかかった。エドワード・ティッチマーシュは、オックスフォードでカートライトと同期で、後に、ジョン・ウォリスから280年ほどを経て、「わずか」32歳のときに、サヴィリア幾何学講座教授となった。冒頭のティッチマーシュの言葉は、$\sqrt{-1}$ の物理的な正体についての疑問を呼ぶかもしれないが、確かに、$\sqrt{2}$ はわかりやすく $\sqrt{-1}$ は深遠な概念だという誤解は昔から広まっている。それでも、第2章でも見たように、無理数がないと、解析幾何学や極限の考え方は、それがもつ微積分学にとっての意味とともに、重大な困難に陥っていた。そこで19世紀に集中して、あらためて、この時期でも有数の数学者、ニールス・アーベルの言葉から入ることにする。アーベルについては先に、累乗根では表せない代数的数があることを示したことを見ている。

　ごく単純な事例を無視すれば、数学全体の中には、総和が厳密に求められた無限級数は一つもない。つまり、数学の最も重要な部分がまだ基礎なしで立っているということだ。

実数の正体については、頼りない直観的な把握しかなく、それでは適切な支配権を行使するには足りず、何よりも把握力を緩めた問題点は、何が無理数を構成するかという精密な定義だった。それがなければ、数論の正確な本性、極限と連続性の正確な性質は理解しようがなかった。

土台の準備

18 世紀の初めには、無理数に意味を与えようとする試みがあれこれ行なわれた。ドイツのアウグスト・クレレは、当時の数学の才能がある若者を励まし、『純粋・応用数学誌』（むしろ『クレレ誌』と呼ばれてきた）を出して、19 世紀の厳密さを建てる先頭に立ったカール・ワイエルシュトラスや、アーベルなどの綺羅星のごとき人たちの若い頃の研究を広く世に知らしめたことで有名だ。すでに本書の 260 頁では、カントールの論文もここに掲載されたことに触れた。クレレの家は学問的な議論のための集会場となり、無理数の歴史ではとくにマイナーな登場人物の一人と出会う。アーベルは、師に当たる天文学者クリストファー・ハンステーンに手紙を書いている。

> クレレの家では毎週、数学者の集まりがありましたが、マルティン・オームという人物のせいでクレレは会を中断しなければなりませんでした。あまりに傲慢なせいで、誰もオームとはつきあいきれなかったのです。

この「地獄からの来客」は、ドイツの物理学者ゲオルク・オームの弟として記憶されている。もっと本人に即して言えば、いちばん無理な数 $\varphi = (1+\sqrt{5})/2$ に「黄金比」という言い回しを初めて与えたのが、どうやらこの人らしい。また、無理数の定義も試みている。1829 年

の「数学的分析の精髄——およびその論理体系との関係」という著作からすると、オームは次のような形で有理数の濃度を考えていた。

任意の正の整数 n について、$7n - 1 < 7n < 7n+1$ であり、$7/3 = 7n/3n$ なので、$(7n-1)/3n < 7/3 < (7n+1)/3n$ でなければならない。n が任意に大きくなるにつれて、差は任意に小さくできるので、三つの分数が「互いに連続」という定義を見いだし、そうしてこんな一節で、有理数と無理数のおぼろげな区別にも達する。

> 互いに連続して並ぶ分数の間では、圧倒的多数が大きい数は無限に大きい分母をもっていて、それに応じて無限に大きい分子ももっている（当の分数は、無限に大きくはなく、近くにあって有限の分子と分母をもつ他の二つの分数のあいだにある）。これが無理数と呼ばれ、有限の分子と分母による整数・分数は、（無理数の逆で）有理数と呼ばれる。

さらに有望なことに

> この十進小数の分け方は、正確に行なわれれば、無限級数をもたらし、一般に「無理小数」と呼ばれ、それについては、大きさの比較にかけるとき、近似値が代入されることがある。そのような無理小数においては、n 桁の数字の和が、n そのものは無限に大きいと考えられても、ある決まった、無限に大きくはない極限にどんどん近づく。すなわち、そのような無理小数は、以後、収束無限級数と呼ばれる。

オームだけではなかった。アイルランド生まれの国立天文台長にして四元数を考案し、複素数の公式の構成を初めて与えた人物である、万能の天才ウィリアム・ローワン・ハミルトンは、実数を、直線上の点としてではなく、順当に時間の各瞬間とする見方を提示した。1833

年と 1835 年に王立アイルランド・アカデミーで読み上げられ、「純粋時間の学としての代数学」として発表された 2 本の論文では、有理数を繰り返し二つのクラスに分け、その結果として生じる仕切りを無理数と定義したが、その研究を完成はさせなかった。ボヘミア生まれの数学者、論理学者、神学者、哲学者で、自説を発表していたら、その名がついた学問上の探求分野は多かったものと思われるベルナルド・ボルツァーノ神父は、1835 年の原稿で、無理数について受け入れられている形の定義の一つを先取りしている。発表はしていなくても、ボルツァーノの影響力は、オギュスタン＝ルイ・コーシー（1789-1857）の影響力に並ぶはずだ。コーシーは 1821 年の『解析学講義』で、こんなことを述べている。

> 無理数は、限りなく近づいていく近似値をもたらす、いろいろな分数の極限である。

コーシーは 19 世紀の偉大な厳格主義者の一人で、数列が何かの極限に収束することの精密な定義を与えた。

> ある変数に付与される値の列がどこまでも一定の値に近づいて、その差が望むだけ小さくなるとき、その一定値は他のすべての値の極限と呼ばれる。

記号で表すと、

> 任意の $\varepsilon > 0$ について、$n > N$ なら $|x_n - x| < \varepsilon$ になるような N が存在する

ならば、数列 $\{x_n\}$ は、極限 x をもつ。エウドクソスの「取り尽くし

法」が思い出される。ただ、コーシーの無理数に関する見解は、無理数の定義には使えない。この収束の定義には、極限が存在することが必要で、有理数しかなかったら、そうはならないかもしれない。

　無理数を定義する方法の一つとなったものに対するコーシーの不朽の貢献は、数列の収束についての別の表し方だった。

　数列 $\{x_r\}$ が何らかの極限に収束する必要十分条件は、十分に大きいすべての m, n について、$\{x_n\}$ と $\{x_m\}$ の差を、好きなだけ小さくできることである。

この条件は、連続した二項の差が好きなだけ小さくなるなら、数列は収束するということだ、というふうに弱めることはできない。調和級数 $\{x_n\}$ の部分和の列をとろう。$x_n = \sum_{r=1}^{n}(1/r)$ であり、これの連続する二つの差は、調和数列そのものとなる。調和数列は明らかに 0 に近づくが、180 頁で触れたように、調和級数は（それほど明らかではなくても）無限に発散することで知られているし、それが部分和の列を無限大に発散させる。

　確かに、「必要」条件の部分は収束の定義から出てくる。数列が収束すれば、

$$|x_n - x_m| = |(x_n - x) - (x_m - x)| \leq |x_n - x| + |x_m - x| < \varepsilon$$

だからである。けれども、「十分」条件の部分こそが、それとともに無理数の定義に必要なことをもたらす。これから見るように、極限の存在を前提にしないよう注意すれば。

　そして 1867 年の、ヘルマン・ハンケルによる「形式的法則の恒常性原理」（*Prinzip der Permanenz der formalen Gesetze*）が出てきた。ここでハンケルは、実数と基本的に同じ規則をもつ数の体系は他にあるかと問い、これはワイエルシュトラスの扱い方にはじめて活字で言及した

ものらしい。ワイエルシュトラスについては後で触れるが、ハンケルは懐疑論を明らかにしている。

> 無理数を形式的に、(幾何学的)量の概念抜きで扱おうとする試みはすべて、抽象的で困った人為性に行き着かざるをえず、完全な厳密さでしのいだとしても、われわれはいくらでも疑う権利があり、さらに高度な学術的価値はない。

無理数について初の一貫した理論を発表したのは、フランス人シャルル・メレー (1835-1911) だった。これは、1869 年版学術会議 (Congrès des Sociétés Savantes) 報告の一部として[*1]、1870 年に出てきた。アンリ・ポアンカレというこれ以上ない権威の言葉では、次のように言われるように、最初ではあっても最高ではなかった。

> 残念ながら、メレーは自分で作り出した特殊な言語を用いて読者の大半を退けているので、その影響力は実際には大したことはなかった。

三つの答え

すると、無理数とは何か。一部の人々にとっては、実数に算術的意味を付与し、それによって数を量から分離するための土台は、まだ論理的な穴はあちこちにあるにしても、十分に準備できていて、2000 年待った末に、ドイツで同じ年のうちに 4 点の発表が相次いだ。1872 年という年は、「無理の年」と見てもよい。

- エルンスト・コサック『算術原理』
- エドゥアルト・ハイネ『関数論原理』[*2]

- ゲオルク・カントール『三角級数の理論のある定理の拡張について』[*3]
- リヒャルト・デデキント『連続性と無理数』

ワイエルシュトラスは1860年代のベルリンで一連の講義を行ない、無限小数としての無理数について自分の研究の概略をまとめていて、最初の二つの発表は、それを広く世に伝えるものだった。そのワイエルシュトラスの助手を務めたのがゲオルク・カントールだった。コサックの貢献は素通りしてもかまわない。ワイエルシュトラスも、それはまとまりのない寄せ集めと見て、自分自身でも素通りした。ハイネの成果はワイエルシュトラスの成果についてカントールから習ったことに基づいていて、カントール自身のもっと一般的な取り組み方も出ている。このハイネの成果は、後にオットー・シュトルツによってさらに展開されることになった。

カントール自身の論文の題『三角級数の理論のある定理の拡張について』は、無理数の理論から離れているように見えるが、そこでは級数の収束という問題に関連して点の無限集合を検討していて、厳密に演算を行なうために、無理数の算術的理論を唱えている。数列の収束についてコーシーの考え方を取り入れ、循環論法を慎重に避けて、それによってワイエルシュトラスの扱い方を一般化した。

リヒャルト・デデキント（1831-1916）は、1858年、チューリヒ工科大学の職を得た。それによって微分の入門コースを教える義務が生じたが、この27歳の数学教授にとってはそんなことをするのは初めてだった——本人にとっては喜ばしくない努力で、英訳された当人の言葉によれば[*4]、

> 変量がある固定された極限値に近づくという概念を論じ、とくに連続的に増大するが極限は超えないすべての量は、ある極限値に近づ

かなければならないことを証明するに際しては、幾何学的な証拠に訴えざるをえなかった。……しかしこの形で微分へ導入することは、学問的とはとても言えないことは、誰にも否定できない。私自身、不満の感情が大きくなって、無限小解析の原理について、純粋に算術的で、文句なく厳密な基礎を見つけるまで、この問題を考え続けることを断固決意した。

それを実行したうえで、後にこう述べている。

　……そしてこのようにして私は、たとえば $\sqrt{2} \times \sqrt{3} = \sqrt{6}$ のような、いくつかの定理の本当の証明にたどりついた。私が知るかぎり、それ以前には確かめられていなかったことである。

デデキントは、立派に時期を正確に特定して、同じ本で、実直線に有理数が順に並び、それが隙間で隔てられており、その隙間が無理数だということを考えたのは、1858 年 11 月 24 日のことだと教えてくれている。数直線がそれぞれの隙間で二つに切られるというイメージとともに、「切断」という概念が生まれた。この考え方は、ハミルトンが独自にとった扱い方を思わせるが、今ではふつう、「デデキントの切断」と呼ばれる。ハイネとカントールのような他の人々が、それぞれなりの実数の厳密な定義を発表しようとしていることに気づいて、自分も自らの考えを発表すべきだと判断した。

　まもなくさらにいくつかの発表が続くが、これといった新しいものは出てこなかった。本質的には、カントールとデデキントの扱い方で、無理数の問題は解決していた。ここで簡単に、今の実数体系についての三つの標準的な表し方となっているものを見てみよう。第 1 のものは第 2 のものに包摂され、扱い方の違いは算術的か、解析的か、代数的かというところで考えてよいだろう。

ワイエルシュトラス゠ハイネ・モデル

実数は無限小数の集合
$$\mathbb{R} = \{a_0.a_1a_2a_3\ldots : a_0 \in \mathbb{Z}, a_r \in \{0, 1, 2, 3, 4, 5, 6, 7, 8, 9\}, r > 0\}$$
と定義され、これは無限級数の和
$$a_0 + \frac{a_1}{10} + \frac{a_2}{10^2} + \frac{a_3}{10^3} + \cdots$$
と解釈される。「無限」小数展開でなければならないことに注目しよう。それにより、たとえば $2.7000\ldots = 2.6999\ldots$ をめぐる微妙なところも出てくる。さらに、無限級数と小数形式は正の数については同じことになるが、0より小さい数についてはそうは言えない。たとえば、$-2.7 \neq -2 + \frac{7}{10}$ で、$-2.7 = -3 + \frac{3}{10}$ と書かなければならないからだ。基本的な算術演算を定義するのもきわめて細かい話になり、それぞれの演算は、無限に延びる数の列の対について行なわれ、繰り上がり繰り下がりは計算をややこしくする。結局のところ難点は克服され、有理数は小数展開が無限に循環するか、無限の9の並びで終わるかとして現れ、残りが無理数ということになる。この微妙な（そして非常に煩雑な）詳細を無視すれば、第一の実数体系の適切なモデルが得られる。実数は、

$$\mathbb{R} = 無限小数すべての集合$$

と定義される。

カントール゠ハイネ゠メレ・モデル

$3, 3.1, 3.14, 3.141, 3.1415, 3.14159, \ldots$ のようなわかりやすい並

第10章　一つの問いに三つの答え

び方の有理数列を考えるとすれば、それが無理数πに収束し、この数列の第 n 項を x_n とすれば、コーシーの厳密な極限の扱いを使うと、任意の有理数 $\varepsilon > 0$ が与えられれば、$|x_n - \pi| < \varepsilon$ になるような正の整数 n がある。πの定義を、この数列の極限と考えることもできようが、その論法は循環していることにもすでに触れた。極限を定義するために当の極限を用いていて、極限の存在を前提としないで無理数を無限数列の極限と定義する方法を知る必要がある。

コーシー数列（有理数の）という考え方に戻ろう。この数列 $\{x_r\}$ は、いずれすべての項が任意に小さい量だけ異なる数列である。記号で表すと、

任意の有理数 $\varepsilon > 0$ について、$r, s > N$ となるあらゆる r, s について、$|x_r - x_s| < \varepsilon$ となるような正の整数 N が存在する。

そこで、無限小数展開一般を考え、小数部分に注目しよう。$x = 0.n_1 n_2 n_3...$ をとると、途中で打ち切った有理数の列が得られる。

$$\{x_i\} = \{0.n_1 n_2 n_3 ... n_i\}$$
$$= \{n_1 \times 10^{-1} + n_2 \times 10^{-2} + n_3 \times 10^{-3} + ... + n_i \times 10^{-i}\}$$

すると、$j > i$ について

$$|x_i - x_j| = n_{i+1} \times 10^{-(i+1)} + n_{i+2} \times 10^{-(i+2)} + n_{i+3} \times 10^{-(i+3)} + ... + n_j \times 10^{-j} < 10^{-i}$$

となる。十分に大きな i（したがって j）については、これは任意に小さくできるので、$\{x_i\}$ はコーシー数列となり、それによってワイエルシュトラス方式が取り入れられる。

明らかに、q が任意の有理数なら、$x_r = \{q, q, q, ...\}$ はコーシー数列で、このコーシー数列を妥当に有理数と見る。他のコーシー数列は、

すべて実数と定義される。算術はこれまでのモデルよりもずっと易しく、たとえば、

$$0 = \{0, 0, 0, \ldots\}, 1 = \{1, 1, 1, \ldots\}$$

であり、二つの実数 $\alpha = \{x_r\}$, $\beta = \{y_r\}$ については、

$$\alpha + \beta = \{x_r + y_r\}, \alpha \times \beta = \{x_r y_r\}$$
$$-\alpha = \{-x_r\}, \frac{1}{\alpha} = \left\{\frac{1}{x_r}\right\}$$

が言えるし、不等式の自然な定義も得られる。

$\alpha < \beta$ となるのは、

$$n \geq N \text{ のときは必ず } x_n + \varepsilon < y_n$$

となるような有理数 $\varepsilon > 0$ と N が存在する場合で、そのときにかぎる。

驚くことに、等式の定義はもう少し微妙で、その微妙なところは、内在する曖昧さから出てくる。たとえば、二つのコーシー数列

$$x_r = \{q, q, q, \ldots\} \text{ と } y_r = \{0, 0, 0, \ldots, q, q, q, \ldots\}$$

を考えてみよう。0は有限個である。それぞれ有理数 q を表している。もっと一般的に言えば、任意のコーシー数列をとり、その有限個の項を変えて第2の数列を作る。どちらもコーシー数列で、どちらも同じ極限に収束する。逆に、コーシー数列の無限の部分数列をとると、同じことが言える。この曖昧さを処理しなければならず、等価性の観念を使ってそれを行なう。

二つのコーシー数列 $\{x_r\}$ と $\{x'_r\}$ は、すべての有理数 $\varepsilon > 0$ につ

いて、$r > N$ のとき、$|x_r - x'_r| < \varepsilon$ となるような正の整数 N が存在するなら、つまり、両者の差が0に近づくなら、そのときにかぎり、「等価」（$\{x_r\} \sim \{x'_r\}$ と書く）と言われる。

この条件は、確かに等価関係を定義し[*5]、必要なのは、すべての等価のコーシー数列が同じ極限に収束することを確かめることだけだ。それを見るために、$\{x_r\} \sim \{x'_r\}$ として、$x_r \xrightarrow{r \to \infty} x$、$x'_r \xrightarrow{r \to \infty} x'$ を仮定する。すると、

$$|x' - x| = |(x_r - x) - (x'_r - x') - (x_r - x'_r)|$$
$$< |x_r - x| + |x'_r - x'| + |x_r - x'_r|$$

右辺の3項はそれぞれ、十分に大きい r について任意に小さくできるので、左辺の二つの定数とのずれは任意に小さくなり、唯一、両者は実は同じだという選択肢だけが残る。

それとともに、もとの命題を修正し、実数は、この等価関係のもとでコーシー数列の等価クラスであると定義すると、これにより等式を、

$\alpha = \beta$ となるのは、$\{x_r\} \sim \{y_r\}$ のときで、そのときにかぎる

と定義できる。先と同じく、確かめるべきことは多く、とくに、対応する実数を表すためにどんな等価クラスのどんな要素でも使えるかどうかという問題は小さくない。次のことで満足しよう。

コーシー数列
$$\{x_r\} = \{\underbrace{1, 1, 1, \ldots, 1}_{r\text{項}}\} \quad \text{と} \quad \{x'_r\} = \{\underbrace{0.9, 0.99, 0.999, \ldots}_{r\text{項}}\}$$

は等価である。それは、
$$\{x_r - x'_r\} = \{\underbrace{(1 - 0.9), (1 - 0.99), (1 - 0.999), \ldots}_{r\text{項}}\}$$

$$= \underbrace{\{0.1, 0.01, 0.001, \ldots\}}_{r\text{項}}$$

で、$|x_r - x'_r| \xrightarrow{r \to \infty} 0$ だからである。これによって、$0.999\ldots = 1$ となる。

これで実数の第 2 の認識が得られる。

$$\mathbb{R} = \text{コーシー数列のすべての等価クラスの集合}$$

デデキント・モデル

デデキントの切断は、

(a) $L \cup R = \mathbb{Q}$
(b) すべての $a \in L$ と $b \in R$ について、$a < b$
(c) L には最大の元がない

を満たす、空でない、重なりもない二つの部分集合 $L, R \subset \mathbb{Q}$ の対である。

その結果、任意の有理数 q について、$L = \{r \in \mathbb{Q} : r < q\}$ と $R = \{r \in \mathbb{Q} : r \geq q\}$ となる。L の構成がわかれば、自動的に R の構成も明らかになり、したがって、第 1 の集合の文字で簡単に切断を表すことができる。たとえば、

$$\frac{22}{7} = \{r \in \mathbb{Q} : r < \frac{22}{7}\}$$

こうしたものを「閉じた」切断と考えてよいかもしれない。関心があるのは「開いた」切断だ。デデキントを引けば、

切断が有理数によって作られない切断が与えられるすべての場合に、私たちは新たに無理数という数を生み出す。無理数はこの切断によって完全に定義されると考える。数はこの切断に対応する、あるいは数は切断を生むと言おう。

たとえば、$\sqrt{2}$ をとると、これは

$$\sqrt{2} = \{r \in \mathbb{Q} : r \leq 0\} \cup \{r \in \mathbb{Q}_+ : r^2 < 2\}$$

という切断と定義される。もっと複雑な例でも

$$2^{2/3} = \{r \in \mathbb{Q} : r \leq 0\} \cup \{r \in \mathbb{Q}_+ : r^3 < 4\}$$

のようになる。

　二つの数の比較は、この定義で易しくなる。二つの実数 α と β について

$$\text{両者が集合として同じなら、}\alpha = \beta$$

不等式 $\alpha < \beta$ は、集合の包含関係 $\alpha \subset \beta$ によって定義される。

　もちろん、有理数であれば、

$$0 = \{r \in \mathbb{Q} : r < 0\} \text{ や } 1 = \{r \in \mathbb{Q} : r < 1\}$$

が得られる。加法は、

$$\alpha + \beta = \{a + b : a \in \alpha、b \in \beta\}$$

でできるかぎり自然になるし、乗法も、正の数について

$$\alpha \times \beta = \{r \in \mathbb{Q} : r \leq 0\} \cup \{a, b > 0 \text{ として } ab : a \in \alpha、b \in \beta\}$$

負の数を定義して考慮しなければならなくなると、事態はややこしくなってくる。

もちろん、数 $-3 = \{r \in \mathbb{Q} : r < -3\}$ だが、これは $3 = \{r \in \mathbb{Q} : r < 3\}$ の否定からも出てこなければならない。

3をその負の形 -3 とつなげるには、

$$-3 = \{r \in \mathbb{Q} : r < -3\} = \{r \in \mathbb{Q} : -r > 3\}$$

と進めるのがよく、これは切断の R 部分を生み出し、L 部分は

$$-3 = \{r \in \mathbb{Q} : -r \leq 3\}$$

となり、最大の要素があるので、これは切断ではない。事態を修正するには、等しくなる可能性を除去しなければならず、これは

$$-\alpha = \{r \in \mathbb{Q} : -r > \alpha \text{ かつ } -r \text{ が } \mathbb{Q} - \alpha \text{ の最小の要素ではない}\}$$
$$= \{r \in \mathbb{Q} : -r - x > \alpha \text{ となるような } x > 0 \text{ が存在する}\}$$

とすることによる。このぎこちなさは措くとして、乗法一般を、

$$|\alpha| = \begin{cases} \alpha: & \alpha > 0 \\ -\alpha: & \alpha < 0 \end{cases}$$

として、

$$\alpha \times \beta = \begin{cases} 0 & \alpha = 0 \text{ または } \beta = 0 \text{ のとき} \\ |\alpha| \times |\beta| & \alpha < 0 \text{ かつ } \beta < 0 \text{ のとき} \\ -(|\alpha| \times |\beta|) & \alpha > 0 \text{ かつ } \beta < 0 \text{ のとき、または } \alpha < 0 \text{ または } \beta > 0 \text{ のとき} \end{cases}$$

と定義することができる。最後に、乗法の逆演算に触れよう。これも先に述べた加法に関するときと同じ微妙なところにひっかかるからだ。$\alpha > 0$ を前提として、

$$\alpha^{-1} = \{r \in \mathbb{Q} : r \leq 0\} \cup \{\alpha > 0 \text{ かつ } 1/a > \alpha$$
$$\text{かつ } 1/a \text{ が } \mathbb{Q} - \alpha \text{ の最小の要素ではない}\}$$

$$= \{\,\alpha \in \mathbb{Q} : -1/a - b \notin \alpha \text{ になるような } b > 0 \text{ が存在する}\,\}$$

となる。$\alpha < 0$ なら、$\alpha^{-1} = -(|\alpha|)^{-1}$ である。

デデキントの $\sqrt{2} \times \sqrt{3} = \sqrt{6}$ となる定理については、

$$\sqrt{2} = \{r \in \mathbb{Q} : r \le 0\} \cup \{r_1 \in \mathbb{Q}_+ : r_1^2 < 2\}$$

および

$$\sqrt{3} = \{r \in \mathbb{Q} : r \le 0\} \cup \{r_2 \in \mathbb{Q}_+ : r_2^2 < 3\}$$

で、積の定義から、

$$\begin{aligned}\sqrt{2} \times \sqrt{3} &= \{r \in \mathbb{Q} : r \le 0\} \cup \{r_1 r_2 \in \mathbb{Q}_+ : r_1^2 < 2 \text{ かつ } r_2^2 < 3\} \\ &= \{r \in \mathbb{Q} : r \le 0\} \cup \{r_1 r_2 \in \mathbb{Q}_+ : r_1^2 r_2^2 < 6\} \\ &= \{r \in \mathbb{Q} : r \le 0\} \cup \{r_1 r_2 \in \mathbb{Q}_+ : (r_1 r_2)^2 < 6\} \\ &= \sqrt{6}\end{aligned}$$

この成果とともに、この問題を離れるが、次のことをおぼえておこう。

$$\mathbb{R} = \text{デデキント切断の集合}$$

宥和

では、実数はコーシー数列の集合か、それともデデキント切断の集合か。もちろん、両方とせざるをえないし、ここでは一方で定義された実数から他方で定義された実数へと移動するのに使えそうな橋を提起する。

まず、コーシー数列 $\{q, q, q, \ldots\}$ は、デデキントの切断 $\{r \in \mathbb{Q} : r < q\}$ に対応する。

今度は、無理数 $x = \{x_n\}$ をとると、デデキントの切断は次のよう

に作れる。

有理数 q それぞれについて、数列 $\{x_n - q\}$ を考えよう。十分に大きな数 n について $\{x_n - q\} \geq 0$ なら、$\lim_{n \to \infty} \{x_n - q\} \geq 0$ であり、したがって、$x - q > 0$ で $q < x$ となり、L の中に収まるはずで、そうでなければ $q > x$ で、したがって $q \in R$ となる。

逆に、

1. 切断 $\{L, R\}$ によって定義される無理数から始める。
2. 何らかの有理数 $x_L \in L$ と $x_R \in R$ を選ぶ。
3. $x_0 = x_L$ および $x_1 = x_R$ と定義する。
4. 数列の次の項を $a = (x_L + x_R) / 2$ とする。
5. 有理数 a が L にあれば、それを新しい x_L と呼び、そうでなければそれを新しい x_R と呼ぶ。
6. ステップ4に戻る。

$\{x_n\}$ がコーシー数列で切断に収束することは明らか。さらに、別の有理数から出発しても、等価のコーシー数列ができることも、容易に見てとれる。

抽象化

私たちの実数系について必要なことを、わかりにくいところを押さえて長々と見たことで、基本的に＋と×という、納得できる形でふるまい、組み合わされる二つの算術演算があること、数どうしに並ぶ方向があること、その数の完備性のさらなる意味が明らかになる。

この様々な性質は、1900年、ドイツの数学の巨人ダーフィト・ヒルベルトによって抽出され、実数の理論的モデルがもたらされた。実数をどう認識してもその物差しとして使えるモデルだ。この抽出を見

るが、まず、ポール・タネリの、有理数を初めて抽象化した先行する業績との関係で位置づけておこう。

クロネッカーの言う「神から与えられた」整数[*6]から始めることを認めてもらえれば、有理数は、$b \neq 0$ として、整数の対 (a, b) の、等価関係[*7]「〜」、つまり

$$ad = bc \text{ なら、そのときにかぎり } (a, b) \sim (c, d)$$

という関係の下での等価クラスとして定義できる。加法、乗法、順序は、

- $(a, b) + (c, d) = (ad+bc, bd)$
- $(a, b) \times (c, d) = (ac, bd)$
- $(a, b) < (c, d) \Leftrightarrow ad < bc$

で定められる。あらゆる面を確かめなければならないが、そうなれば、そこにあるのはおなじみの有理数の系で、全面的になじみの領域に置くには、表記のしかたを (a, b) から a/b に変える必要があるだけだ。さらに、戦術的に飛躍して、実数が満足のいくように定義されると仮定すれば、そこからだいたい同じようにして、複素数を組み立てることも容易にできる。

- $(a, b) + (c, d) = (a+c, b+d)$
- $(a, b) \times (c, d) = (ac - bd, ad+bc)$

で、$(a, b) = a + ib$ という対応がつく。ティッチマーシュの見解には鋭いところがあることを示す証拠が得られた。

舞台をこのように設定して、数学の要請の必要を満たせるほど豊かな数の系には何が必要か、注意深く見ていこう。その必要は、自然に

三つのカテゴリーに分かれる。

算術の公理

算術の公理は、二つの実数を加法＋または乗法×で組み合わせると、実数が得られ、次のようになることを言う。

加法については、

1. 加法の単位元 $0 \in \mathbb{R}$ が存在し、あらゆる $a \in \mathbb{R}$ について、$0 + a = a + 0 = a$ となる。
2. それぞれの $a \in \mathbb{R}$ について、加法の逆元が存在し、$-a$ と表され、$a + (-a) = (-a) + a = 0$ となる。
3. 結合法則が成り立つ。つまり、あらゆる $a, b, c \in \mathbb{R}$ について、$(a + b) + c = a + (b + c)$ となる。つまり、式 $a + b + c$ にまぎれはない。
4. 交換法則が成り立つ。つまり、あらゆる $a, b \in \mathbb{R}$ について、$a + b = b + a$ となる。

乗法については、

1. 乗法の単位元 $1 \in \mathbb{R}$ が存在し、あらゆる $a \in \mathbb{R}$ について、$1 \times a = a \times 1 = a$ となる。
2. それぞれの $a(\neq 0) \in \mathbb{R}$ について、乗法の逆元が存在し、a^{-1} と表され、$a \times a^{-1} = a^{-1} \times a = 1$ となる。
3. 結合法則が成り立つ。つまり、あらゆる $a, b, c \in \mathbb{R}$ について、$(a \times b) \times c = a \times (b \times c)$ となる。つまり式 $a \times b \times c$ にまぎれはない。
4. 交換法則が成り立つ。つまり、あらゆる $a, b \in \mathbb{R}$ について、

$a \times b = b \times a$ となる。

最後に分配法則があって、これにより加法と乗法が混在できる。

あらゆる $a, b, c \in \mathbb{R}$ について、$a \times (b+c) = a \times b + a \times c$ となる。つまり、括弧をはずして掛け算できる。

以上とともに、有限回の四則演算について必要なことはすべて得られ、そこから、0 には乗法の逆元がないことを意味する $0 \times a = 0$、「マイナスのマイナス倍はプラス」、つまり $(-1) \times (-1) = 1$ といった、おなじみの四則演算の結果が導ける。

まだ実数には手が届いていない。一般に、元についての二つの演算（加法と乗法という）が定義され、上記の公理を満たす集合は「体」と呼ばれ、体の例は豊富にある。とりわけ、実数は体をなすだけでなく、有理数と複素数もそうなる。もっと単純な系をふるい落とすには、もっと多くの条件を求めなければならない。

順序の公理

順序の公理は、$\mathbb{R}$ のすべての元について、次の規則をみたす、< という関係が定義されることを言う。

1. 三分割。任意の $a, b \in \mathbb{R}$ のあいだに、$a < b, b < a, a = b$ のうち一つの関係が成り立つことを言う。
2. 推移性。$a < b$ かつ $b < c$ なら、$a < c$ となることを言う。
3. 加法についての一貫性。すべての $c \in \mathbb{R}$ について、$a < b$ なら $a + c < b + c$ であることを言う。
4. 乗法についての一貫性。すべての $0 < c \in \mathbb{R}$ について、$a < b$ な

ら $a \times c < b \times c$ であることを言う。

もちろん、記号 $>$, $\geq$, $\leq$ も、その見ての通りの意味に合わせて使える。これを先の体の公理に加えると、「順序体」ができる。ただし、有理数は順序体だが、複素数は置き去りにされる。順序の公理からすると、すべての $a \neq 0$ について、$a \times a > 0$ であることが導かれるからだ。

もう一つ大きな段階が残っている。

完備性の公理

順序体のうち、空でない「上に有界」〔ある数より必ず小さい〕の部分集合がすべて「最小上界」〔＝上限〕をもつなら、その体は「完備順序体」と呼ばれる。これを拡張しよう。ここで取り上げている順序体の部分集合 S を考えると、すべての $s \in S$ について $s \leq b$ なら、b は S の上界で、S の任意の他の上界 c について、$b < c$ なら、b が「最小上界」である（それが一意であることが示せる）。この公理とともに、有理数が分かれる。たとえば、集合 $S = \{s \in \mathbb{Q} : s \times s < 2\}$ は、任意の数の上界をもつ（たとえば 2）が、最小上界はない——$\sqrt{2}$ は無理数だからだ。この最後の構造が完備順序体という名をもつ。

残ったのは何かと言えば、実数だ。完備順序体は一つだけあることが証明できる。それは実数を抽象化した構造である。すべての実数が無限小数として書けるということか、三角不等式が成り立つか（$|a+b| \leq |a| + |b|$）、第 1 章に出てきたエウドクソス（アルキメデス）の、$a, b > 0$ なら、$na > b$ となるような整数 $n > 0$ があるという公理が成り立つということか、いずれをとろうと、私たちが実数に結びつける特性すべては、その公理から確かめることができる。コーシー数列とデデキントの切断に関連する詳細が確かめられることを言ったとき、そ

の詳細は、そもそもこの完備順序体の公理のことだった。これとともに、この二つの認識は、同一の構成物の異なる見方にすぎないことになり、実数系は今や納得のいく形で定義されたという満足を宣言する。1898年のドイツの数学者カール・トーメの言葉で言えば、

> 数を形式的に概念化する場合の規程は論理的に概念化する場合ほどたいしたことではない。形式的な場合には、数とは何か、数はどういうものであるべきかは問わない。問うのは、算術においては数に対して何を求めるかである。

そうは言っても、この数学基礎論という深遠な領域は、関心を呼ぶぶん、議論も呼んだ。それについてはヒルベルトと同じ時代のドイツの大数学哲学者、ゴットリーブ・フレーゲに委ねよう。この人は、ヒルベルト、ワイエルシュトラス、カントール、デデキント（他）が構成したことは相手にせず、1903年にもなって、こう書いた。

> この作業[*8]は、本格的に取り上げられたこともないし、もちろん解決もしていない。

註
* 1　Remarques sur la nature des quantités défiines par la condition de servir de limites à des variables données（所与の変数について極限を用いる条件で定義される量の性質に関する見解）．
* 2　*J. De Crelle*, 74, 172-188
* 3　本来はフーリエ級数に関する論文で、*Math. Annalen* 5、pp. 123-132 に掲載された。
* 4　Richard Dedekind, 2003, *Continuity and Irrational Numbers. Essays on the*

Theory of Numbers (Dover) に所収。
* 5 　367 頁の付録 E を参照。
* 6 　「神は整数を作られ、それ以外はすべて人間のなせるわざ」という、晩餐会でのスピーチのときに言ったと言われる有名な意見。
* 7 　367 頁の付録 E を参照。
* 8 　実数の定義のこと。

第11章　無理数であることに意味はあるか

> 円周の直径に対する比が小数点以下35桁まで書ければどうなるか。目に見える宇宙全体の周の長さには、最高の性能をもった顕微鏡でやっと見えるほどごくわずかな長さほどの誤差しかなくなるだろう。
> ——サイモン・ニューカム（1835-1909）

　冒頭の引用は、ニューカムが1882年に出した著書『対数等の数表——その用例と計算術に関するヒント』から取った。顕微鏡も望遠鏡も、当時ニューカムが使えたものよりも大いに高性能になり、その結果、引用に言われていることが今でも成り立つには、小数点以下の桁数を増やす必要があるだろう。それでも成り立つことは成り立つし、さらに言えば、ニューカムは、「実用上の使途については」、小数点以下5桁の精度があればけっこう足りると断言している。米海軍航海暦局で用いられ、当人も使った対数表から、今日ではベンフォードの法則と呼ばれる事実に気づいた人物にとって、πは3.14159だった。

実用上の問題

　πとeを含むいろいろな式の長いリストから、それぞれについて四つずつ選んでみよう。

- 標準コーシー分布の密度関数、$\varphi(x) = 1/\pi(1+x^2)$
- 無作為に選ばれた整数が互いに素となる確率、$6/\pi^2$
- 単振子の周期 $T = 2\pi\sqrt{l/g}$
- アインシュタインの場の方程式、$R_{ik} - g_{ik}R/2 + \Lambda g_{ik} = (8\pi G/c^4)T_{ik}$

- 対数らせんの極座標表示 $r = e^{a\theta}$
- 懸垂線（カテナリー）のデカルト座標方程式 $y = (e^x + e^{-x})/2$
- 減衰調和振動子を支配する方程式 $x = e^{-t}\cos(\omega t + \alpha)$
- ポアソン分布の密度関数、$\varphi(k) = e^{-\lambda}\lambda^k/k!$

さらに、正規分布の密度関数、$\varphi(x) = (1/\sqrt{2\pi})e^{-x^2/2}$ がある。これには、無理数と言えばこれの定番トリオ、π、e、$\sqrt{2}$ が入っている。

こうした式でも他のものでも、すべて理論的に導こうとすると、何らかの基本定数が出てくる。π も e も $\sqrt{2}$ もそのような定数だ。そうした数は厳密な数として登場し、そのため、それを表す文字もあるが、それが無理数であることは、あまり大事なことではない。実用上の用途については、式に出てくるどんなにごちゃごちゃした定数でも、必要なだけ近似して、理論的な式が現実世界での問題について利用される。よく知られた数学「ジョーク」の一つが、そのことを屈託のない見方で表している。

　パイとは何ですか。
　数学者　パイは円周の直径に対する比。
　コンピュータ・プログラム　パイは倍精度で 3.141592653589。
　物理学者　パイは 3.14159 プラスマイナス 0.000005。
　技術者　パイはおよそ 22/7。
　栄養学者　パイはヘルシーでおいしいデザート。

第2章では、ヒンドゥーやアラビアの人々が示した不尽根数を取り扱う腕について述べたが、この人たちの近似の能力もまた見事だった。その際、天文学者で数学者のアル＝フワーリズミーにも触れたが、この人は π について3通りの近似を用いていた。$\dfrac{22}{7}$, $\sqrt{10}$, $\dfrac{62832}{20000}$ で、最初の値は「近似値」、第2の値は「幾何学者が用いるもの」、第3の

ものは「天文学者が用いるもの」とされていた。この三つの値はどれも新たに見つかったものではなく、ヒンドゥー世界で生まれ、その著作の翻訳を通じてアラビア世界に届いたものだった。謎めいた第3の値は、見事に小数点以下4桁まで正しい。これはヒンドゥーの碩学アールヤバタ1世（476-550頃）によるらしく、その著作『アールヤッバティヤム』に出てくる。

　100に4を加えたものの8倍と1000の62倍を合わせたものは、直径が20000の円の円周にほぼ等しい[*1]。

つまり、$\pi \sim \frac{8(100+4)+62\times 1000}{20000} = 3.1416$ というわけだが、アールヤバタがどうやってこの近似を見つけたかは、まったくの謎だ。

　何千年もの間、ギリシア人やその先駆者を含め、ヒンドゥーやアラビアの人々よりもずっと前からずっと後まで、無理数を近似する方法は学者の腕を試すもので、新しい等式ができるたびに、それとともにわかりやすい応用のためにそれが必要とされるようになった。現代の例を取り上げてみよう。アメリカ連邦標準・技術局のウェブサイト[*2]にある普遍定数のページを参照すれば、その一項に、真空の透磁率、またの名を磁気定数というものが挙げられている。この値は正確に $4\pi \times 10^{-7}$ (NA^{-2}) と定義される。この定数を計算で用いるときに与えられる値は、$12.566370614\ldots \times 10^{-7}$ であり、つまりこの場合は、$3.1415926533 \leq \pi \leq 3.1415926536$ ということだ。

　$\sqrt{2}$ と平均律音階とのかかわりの話もある。この20世紀式の音階の分け方では、オクターブを、ある音とその2倍の振動数をもつ音の間隔と定義し、その振動数の間隔を、たとえばCの音と、その上の2倍の振動数のCの音の間の12の部分区間（半音）に分ける。音楽らしく言うと、

A, A#, B, C, C#, D, D#, E, F, F#, G, G#

の 12 音となる。平均律は、中央の C のすぐ次の A の音の振動数を、ちょうど 435 ヘルツと定める。すると、オクターブを構成するそれに続く半音ごとの振動数は、

$$435 \times (1, 2^{1/12}, 2^{2/12}, 2^{3/12}, 2^{4/12}, 2^{5/12},$$
$$2^{6/12}, 2^{7/12}, 2^{8/12}, 2^{9/12}, 2^{10/12}, 2^{11/12}, 2)$$

ということになる。この場合、11 個の無理数倍の集合ができ、一般に用いられる小数第 2 位までの精度で表すと、

$$(435, 460.87, 488.27, 517.31, 548.07, 580.67, 615.18,$$
$$651.75, 690.52, 731.58, 775.08, 821.17, 870)$$

となる。この実用に耐える精度として認められている規格によって、$2^{1/12}$ の近似値を T とすると、いちばん厳しい精度の要求は、$821.165 < T^{11} \times 435 < 821.175$〔G# の振動数に相当する 821.17 ヘルツとみなしてよい誤差の範囲〕となり、これは

$$1.05946243 < T < 1.05946326$$

であることを意味する。実際の $2^{1/12} = 1.059463094...$ なので、$T = 1.059463$ という近似値を使っても問題はなく、小数第 6 位までというのは、十分使用に耐える。

　さらに今度は黄金比 $\varphi = (1+\sqrt{5})/2$ の話。縦が 1、横が φ の長方形は美しく、その調和は古くから現代に至るまで、建築家や画家が利用してきたと一般に思われている。ただ、建築家や画家のところへ、$\varphi \sim 1.6$、$1/\varphi \sim 0.6$ とする以上にやっかいな計算の仕事を持ち込んだとは、なかなか想像しにくい。この値でもパンテオンは崩れたりしないし、モナリザが美しくなくなるわけでもない。もっと精度が要

求されるのは、スピーカーの筐体のデザインに φ を用いるときだ。専門家は、直方体のスピーカーの場合、寸法を $1/\varphi : 1 : \varphi$ にすると、あまり望ましくない内部の定常波が大きく減ることを認めている。体積が 4 立方フィート〔100 リットル強〕のスピーカーの最適な寸法について、専門家[*3]が助言するとしたら、こんなふうに言うだろう。

　まず、望みの筐体の体積を考えて、それをもっと精密な（作業用の）単位に換算する——この場合はインチ。1 立方フィートは 1728 立方インチなので、4 立方フィートは 6912 立方インチとなる。

　次に、体積全体、つまり 6912 立方インチの立方根を考える。その結果が、筐体の作業用基本寸法となる。6912 立方インチの筐体については、これは 19.0488 インチ〔約 48 センチメートル〕となる。

　今度は 19.0488 インチを $(-1+\sqrt{5})/2$、つまり 0.6180339887 倍すると、もう一つの「最適」寸法が得られる。つまり筐体のいちばん小さい内のりは、11.7728 インチとするのがよい。

　最後に、最初の 19.0488 インチについて、これを $(1+\sqrt{5})/2$ 倍、つまり 1.6180339887 倍すると、もう一つの最適サイズが得られ、筐体の最長の内のりは 30.8216 インチとなる。

　この計算が正しいことを確かめるには、三つの寸法を掛けて、当初の筐体の体積と合えばよい。つまり、11.7728 × 19.0488 × 30.8216 で、これは 6911.9993 立方インチとなる。あらためて、上の寸法はすべて、筐体の内のりであることを忘れないように。

これで最適寸法が小数第 4 位までの精度で得られた。ただし、助言は次のような発言でしめくくられる。

　また、望むなら、導かれた寸法を、0.50 インチ幅で直近の数に丸めてもよい点にも留意のこと。それで質を落とす結果になることは

第 11 章　無理数であることに意味はあるか

ない。

　要するにスピーカーの筐体の最適サイズは、12 × 19 × 31 インチということになる。

　この最終的に許容される値では、必要な精度は次の連立不等式で定められる。

$$11.5 \leqslant \sqrt[3]{6912} \times \frac{1}{\varphi} < 12.5 \text{ かつ、} 30.5 \leqslant \sqrt[3]{6912} \times \varphi < 31.5$$

普通の電卓で体積の立方根を求めて φ の範囲を定めれば、

$$1.5239 < \varphi < 1.6564 \text{ かつ } 1.6011 < \varphi < 1.6536$$

となる。後半の結果のほうが狭いので、φ の値は $1.6011 < \varphi < 1.6536$ の範囲のどこかとしてよい。ごちゃごちゃした体積はやめて、もっと都合のよい、たとえば1000単位のような体積に置き換えて再計算すると、$1.55 < \varphi < 1.65$ という区間が生まれる。つまり、$\varphi \sim 1.61$ で十分間に合う。友人の音響技術者に、自分で計算するときには φ の値をいくらとするか、尋ねてみたところ、ただちに1.618という答えが返ってきた。これで十分すぎるほどらしい。

　つまり、無理数かどうかはどうでもよいということだ。そこで今度は逆に、それが重大になる場面を考えてみよう。

理論的な問題

　関数 $\chi(x)$ を、

$$\chi(x) = \begin{cases} 1: & x \text{ が有理数のとき} \\ 0: & x \text{ が無理数のとき} \end{cases}$$

と定義すると、ある数が有理数かそうでないかが値を左右する意味を

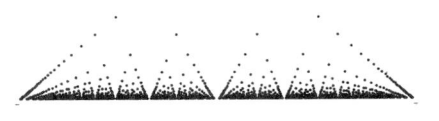

図 11.1

もつことに驚くことはないだろう。驚くとすれば、本書冒頭の 18 頁に示した関数

$$\chi(x) = \lim_{m\to\infty} \lim_{n\to\infty} \cos^{2n}(m!\pi x) = \begin{cases} 1: & x \text{ が有理数のとき} \\ 0: & x \text{ が無理数のとき} \end{cases}$$

とすると、先の式を解析的に表せるということだ。そのかぎりで、これは有理数（無理数）のインジケータとなり、（二重）極限が至るところで不連続となる関数の無限の列という衝撃的な例となっている。

　ディリクレは、そのような異常な例を考えた最初の人物だったらしく、またそれを、

$$f(x) = \begin{cases} 1/q & x = p/q \text{ が既約の有理数のとき} \\ 0 & x \text{ が無理数のとき} \end{cases}$$

に修正したのは、ドイツ人カール・トーメだったらしい。図 11.1 に示したこのトーメ関数（あるいはポップコーン関数、あるいはバビロンの星関数）も、明らかに有理数（無理数）であることに左右されていて、そのことから出てくるそれほど自明ではない帰結は、この関数があらゆる無理数で連続であり、あらゆる有理数で不連続だというところだ。

　この事実を略式に示すと楽しい。第 6 章に出てきた観察を利用する。つまり、実数の近似値を有理数で任意に近くとりたければ、その無理数の分母は任意に大きくならざるをえないということだ。このことを

第 11 章　無理数であることに意味はあるか

図 11.2

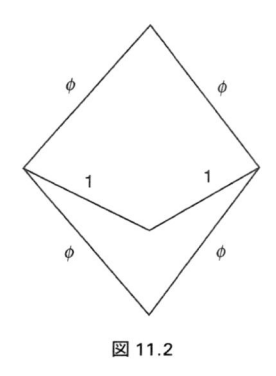

思い出しておいて、x を無理数とし、したがって $f(x) = 0$ とする。x_1 が x に任意に近ければ、x_1 は無理数で $f(x_1) = 0$ となるか、有理数で分母が任意に大きくなって $f(x_1) \sim 0$ となるか、いずれかとなる。これを組み合わせると、$f(x)$ は無理数の x の値について連続となるが、逆に x が有理数とすると、やはり任意に近い点 x_1 は無理数で $f(x_1) = 0$ になるか、有理数で $f(x_1) \sim 0$ になるかで、$f(x) = 1/q$ に任意に近くはならない。

無理数であるかどうかに左右される点は、図 11.2 に示した投げ矢(ダート)と凧によるペンローズ・タイルの場合では、もっとわかりにくくなる。これで平面を充填すると非周期的になるのは、黄金比が無理数だからで、そうでなければ充填は周期的になる。

今度は、力学系の研究から出てきた三つの帰結を取り上げてみよう。これはしばしば、円を使って表される。

周の長さが 1 単位の円 C をとり、任意の実数 α を選んで、各点を円周上で α ずつ繰り返し移動させるとする。距離 α は、周上で測るものとする。こうすると、どの点も円周上をきりなく周回することになるが、その挙動は、α が有理数か無理数かによって違う。

$\alpha = p/q$ が既約で有理数なら、どの点の行程も閉じて〔移動する先の点が限られ、それ以外の点には移らない〕、q 回繰り返すと、後は同じ繰り返しになる。

α が無理数なら、進行ははるかに複雑になって、任意の点の円周上の行程に関する結果は、

1. 円周上のどの点をとっても、その点に収束する行程の無限部分数列があるという意味で、行程は「円周を尽くす」。
2. 円周上の長さ l の任意の弧について、行程にある点のうち、弧に含まれる点の割合は漸近的にちょうど l となる。
3. 行程を有限個の点で打ち切ると、この点は円をせいぜい3種類の長さの区間に分け、長さが3種類あるときは、最大長は残り二つの和となる。

実は、1番の帰結は、第2章でお目にかかったニコル・オレームが、無理数を使って大年という不快な観念を崩そうとしたときに先取りしていた。オレームは、著書 *Tractatus de commensurabilitate vel incommensurabilitate motuum celi* [*4] の命題II.4で、通約不能の速さで等速円運動する二つの物体について、次のような見解を述べている。

円には、そのような運動体二つが将来のいずれかの時点で一緒に入れず、かついずれかの時点で(過去において)一緒に入れなかったほど小さい扇形はない。

この類の結果を続けることはできるが、無理数であることが枢要となる三つの場合に移ろう。最初の二つでは、ある意味で、実数についての結果を証明するために複素数が使われるときの、その役割を思わせるような形で登場する。現れ、問題を解き、消えるのだ。数学の世界

の魔法使いのおばあさんのようだ。第3の場合には、決しておろそかではない幾何学的な結果がある。

ヴァツワフ・シェルピンスキーは、1957年にフーゴ・シュタインハウスが立てた問題に暗号めいた答えを出したが、その答えとは、点 $(\sqrt{2}, \frac{1}{3})$ は、平面上のあらゆる格子点[*5]からの距離がすべて異なるということだった。

まず、それがなぜかを見てみよう。

整数座標を考え、点 $(\sqrt{2}, \frac{1}{3})$ からの距離が等しい2点 (a_1, b_1) と (a_2, b_2) があるとすると、

$$(a_1 - \sqrt{2})^2 + (b_1 - \frac{1}{3})^2 = (a_2 - \sqrt{2})^2 + (b_2 - \frac{1}{3})^2$$
$$a_1^2 + b_1^2 - a_2^2 - b_2^2 - \frac{2}{3}(b_1 - b_2) = 2\sqrt{2}(a_1 - a_2)$$

左辺は有理数で右辺は $a_1 = a_2$ でないかぎり無理数なので、左辺は0とならざるをえない。つまり、

$$a_1^2 + b_1^2 - a_2^2 - b_2^2 - \frac{2}{3}(b_1 - b_2) = 0$$

で、$a_1 = a_2$ を使うと、

$$b_1^2 - b_2^2 - \frac{2}{3}(b_1 - b_2) = (b_1 - b_2)((b_1 + b_2) - \frac{2}{3}) = 0$$

2点は別と考えられているし、a_1 と a_2 は同じであることがすでに示されているので、$b_1 \neq b_2$ となり、したがって、

$$(b_1 + b_2) - \frac{2}{3} = 0$$

b_1 と b_2 は整数なので、これはありえない。

シュタインハウスの問いはもともと、シェルピンスキーの答えとは無縁のように見える。その問いは、任意の正の整数 n について、ちょうど n 個の整数座標を含む円は存在するかということだったからだ。

力点は、「ちょうど」n 個の点があるということにあり、答えは「あ

る」で、次のような素敵な論証でわかる。

カントールはずっと前から、整数$\mathbb{Z}$と平面格子点(ラティス)$\mathbb{Z}\times\mathbb{Z}$はそれぞれ可算であることを証明していた。本書でも前のほうで、すでにこれは集合が列挙できるという意味であることは記した。そこで平面格子点を

$$\mathbb{Z}\times\mathbb{Z} = \{L_1, L_2, L_3, ...\}$$

と並べよう。順番は点$(\sqrt{2}, \frac{1}{3})$からの距離が小さいほうから大きいほうへと並ぶ順だ。すると、

$$|x-(\sqrt{2}, \tfrac{1}{3})| < |L_{n+1}-(\sqrt{2}, \tfrac{1}{3})|$$

は、円盤の中心$(\sqrt{2}, \frac{1}{3})$と半径$|L_{n+1}-(\sqrt{2}, \frac{1}{3})|$を定め、この円盤には、ちょうど、点$L_1, L_2, L_3, ..., L_n$が含まれる。

第2の例に移るが、こちらにはもっと長い話が必要となる。正の整数という集合を考え、それを無限の、空ではない、重なりもない二つの部分集合に分ける。この部分集合は、構造があることもあればないこともある。一方が素数の集合で、もう一方が合成数の集合なら、構造はあるが、パターンはない。一方が偶数の集合で他方が奇数の集合なら、構造もありパターンもある。無作為に選んだ数なら、どちらもない。明瞭な構造があり、それがパターンを生むこともあればそうでないこともあるようなものがある場合を見てみよう。

優れた数理物理学者の第3代レイリー男爵（レイリー卿）ジョン・ストラットによる1877年の著書『音の理論』には、振動する弦の高調波についての研究での観察結果が出ているが、これは無理数を使って純粋に数学の言葉で立てることができる。アメリカの数学者サミュエル・ビーティ[*6]が独自に再発見し、『アメリカン・マセマティカル・マンスリー』誌の問題欄に次のような言い方で登場した。

3173. サミュエル・ビーティ（トロント大学）出題。
x が正の無理数で y がその逆数なら、数列

$$(1+x), 2(1+x), 3(1+x), \ldots$$
$$(1+y), 2(1+y), 3(1+y), \ldots$$

には、連続する正の整数の各対の間の数が1個ずつだけ含まれる。

答えは翌年の同誌3月号で発表され[*7]、問題は1959年、その年のパトナムコンテストの問題A6として[*8]、少し形を変えて復活した。

x と y が正の無理数で、$1/x + 1/y = 1$ となるなら、$\lfloor x \rfloor, \lfloor 2x \rfloor, \cdots,$ $\lfloor nx \rfloor, \cdots$ と、$\lfloor y \rfloor, \lfloor 2y \rfloor, \cdots, \lfloor ny \rfloor, \cdots$ は、あわせてあらゆる正の整数を1回ずつだけ含むことを示せ[*9]。

ここではこの現象を、こちらの形で調べよう。

まず、x の有理数値ではだめだということを見よう。$p > q$ として ($x > 1$ なので)、$x = p/q$ と書くと、$\lfloor (p/q)n \rfloor = \lfloor (p/(p-q))m \rfloor$ のときに共通の項に達してしまい、$n = q$ と $m = p - q$ あるいはその倍数で、共通の整数 p とその倍数ができる。

この問題を考える前に、あらためてこれを、次のように言い直そう。

α を正の無理数とし、無理数 β を $1/\alpha + 1/\beta = 1$ となるように定め、二つの集合 A と B を、

$A = \{\lfloor n\alpha \rfloor : n = 1, 2, 3, \ldots\}$ および $B = \{\lfloor m\beta \rfloor : n = 1, 2, 3, \ldots\}$

と定義する。そうすると

$$A \cap B = \varnothing, \quad A \cup B = \mathbb{N} \quad [\varnothing は空集合]$$

これが成り立つなら、二つの数列 A と B は「相補的」と呼ばれることに注目のこと。

この結果が成り立つには、無理数であることが必要条件だということはわかっているが、十分条件であることを示す前に、次の四つの例を考えて、この先の進行について感触を得ておこう。

$\alpha = \sqrt{2}$ とすると、$\beta = \dfrac{\sqrt{2}}{\sqrt{2}-1} = 2+\sqrt{2}$ で、

$A = \{\lfloor 1\sqrt{2} \rfloor, \lfloor 2\sqrt{2} \rfloor, \lfloor 3\sqrt{2} \rfloor, \lfloor 4\sqrt{2} \rfloor, \lfloor 5\sqrt{2} \rfloor, \lfloor 6\sqrt{2} \rfloor,$
$\lfloor 7\sqrt{2} \rfloor, \lfloor 8\sqrt{2} \rfloor, \lfloor 9\sqrt{2} \rfloor, \lfloor 10\sqrt{2} \rfloor, \lfloor 11\sqrt{2} \rfloor, \lfloor 12\sqrt{2} \rfloor,$
$\lfloor 13\sqrt{2} \rfloor, \lfloor 14\sqrt{2} \rfloor, \lfloor 15\sqrt{2} \rfloor, \lfloor 16\sqrt{2} \rfloor, \lfloor 17\sqrt{2} \rfloor, ...\}$,

$B = \{\lfloor 1(2+\sqrt{2}) \rfloor, \lfloor 2(2+\sqrt{2}) \rfloor, \lfloor 3(2+\sqrt{2}) \rfloor, \lfloor 4(2+\sqrt{2}) \rfloor,$
$\lfloor 5(2+\sqrt{2}) \rfloor, \lfloor 6(2+\sqrt{2}) \rfloor, \lfloor 7(2+\sqrt{2}) \rfloor, \lfloor 8(2+\sqrt{2}) \rfloor,$
$\lfloor 9(2+\sqrt{2}) \rfloor, \lfloor 10(2+\sqrt{2}) \rfloor, \lfloor 11(2+\sqrt{2}) \rfloor, \lfloor 12(2+\sqrt{2}) \rfloor,$
$\lfloor 13(2+\sqrt{2}) \rfloor, \lfloor 14(2+\sqrt{2}) \rfloor, \lfloor 15(2+\sqrt{2}) \rfloor,$
$\lfloor 16(2+\sqrt{2}) \rfloor, \lfloor 17(2+\sqrt{2}) \rfloor, ...\}$,

単純化すると、

$A = \{1, 2, 4, 5, 7, 8, 9, 11, 12, 14, 15, 16, 18, 19, 21, 22, 24, ...\}$
$B = \{3, 6, 10, 13, 17, 20, 23, 27, 30, 34, 37, 40, 44, 47, 51, 54, 58, ...\}$

同様にして、$\alpha = \pi$ なら、数列は

$A = \{3, 6, 9, 12, 15, 18, 21, 25, 28, 31, 34,$
$37, 40, 43, 47, 50, 53, 56, 59, 62, ...\}$
$B = \{1, 2, 4, 5, 7, 8, 10, 11, 13, 14, 16, 17,$
$19, 20, 22, 23, 24, 26, 27, 29, ...\}$

$\alpha = e$ なら、

$A = \{2, 5, 8, 10, 13, 16, 19, 21, 24, 27, 29,$

$$32, 35, 38, 40, 43, 46, 48, 51, 54, \ldots\}$$
$$B = \{1, 3, 4, 6, 7, 9, 11, 12, 14, 15, 17, 18,$$
$$20, 22, 23, 25, 26, 28, 30, 31, \ldots\}$$

最後に、刺激的なところで、$\alpha = \gamma + 1$ [*10] とすると、

$$A = \{1, 3, 4, 6, 7, 9, 11, 12, 14, 15, 17, 18,$$
$$20, 22, 23, 25, 26, 28, 29, 31, \ldots\}$$
$$B = \{2, 5, 8, 10, 13, 16, 19, 21, 24, 27, 30,$$
$$32, 35, 38, 40, 43, 46, 49, 51, 54, \ldots\}$$

これらのことから結果は正しそうだが、証明にとりかかろう。

まず、$A \cap B = \emptyset$ を証明する。そのために、逆を仮定し、二つの数列に共通の元があるとしよう。そうであれば、$\lfloor n\alpha \rfloor = \lfloor n\beta \rfloor = N$ となる正の整数 m, n が存在することになり、これはつまり、二つの不等式

$$N < n\alpha < N+1 \text{ および } N < m\beta < N+1$$

が同時に成り立たなければならないということだ。念のために言うと、α と β は無理数なので、不等式は等号を含まない。この二つを整理しなおすと、

$$\frac{n}{N+1} < \frac{1}{\alpha} < \frac{n}{N} \text{ および } \frac{m}{N+1} < \frac{1}{\beta} < \frac{m}{N}$$

となる。結果を足し合わせると、

$$\frac{n}{N+1} + \frac{m}{N+1} < \frac{1}{\alpha} + \frac{1}{\beta} < \frac{n}{N} + \frac{m}{N}$$

が得られる。定義の条件を使うと

$$\frac{n+m}{N+1} < 1 < \frac{n+m}{N}$$

この二つの不等式を整理しなおすと

$$N < m+n < N+1$$

となる。これは、N と $N+1$ のあいだに整数 $m+n$ が、等号抜きで存在するということで、それはありえない。したがって、$A \cap B = \emptyset$ とならざるをえない。

さて、二つの有限数列を考えよう。いっぽうの最大の元を N とし、もう一つのほうの最大の元は、N より小さい整数とする。

$$A_N = \{\lfloor n\alpha \rfloor : \lfloor n\alpha \rfloor \leq N; n = 1, 2, 3, \ldots\}$$
$$B_N = \{\lfloor n\beta \rfloor : \lfloor n\beta \rfloor \leq N; n = 1, 2, 3, \ldots\}$$

たとえば、先の $\sqrt{2}$ の場合、$N = 12$ として

$$A_{12} = \{1, 2, 4, 5, 7, 8, 9, 11, 12\} \text{ および } B_{12} = \{3, 6, 10\}$$

少し考えると、それぞれの列の元の個数は、次のように計算されることがわかる。

$$|A_{12}| = 9 = \left\lfloor \frac{12+1}{\sqrt{2}} \right\rfloor \text{ および } |B_{12}| = 3 = \left\lfloor \frac{12+1}{2+\sqrt{2}} \right\rfloor$$

一般的に言えば、

$$|A_N| = \left\lfloor \frac{N+1}{\alpha} \right\rfloor \text{ および } |B_N| = \left\lfloor \frac{N+1}{\beta} \right\rfloor$$

すると、二つの列の元の個数総数は、

$$|A_N| + |B_N| = \left\lfloor \frac{N+1}{\alpha} \right\rfloor + \left\lfloor \frac{N+1}{\beta} \right\rfloor$$
$$= \left\lfloor \frac{N+1}{\alpha} \right\rfloor + \left\lfloor (N+1)\left(1 - \frac{1}{\alpha}\right) \right\rfloor$$
$$= \left\lfloor \frac{N+1}{\alpha} \right\rfloor + \left\lfloor (N+1) - \frac{N+1}{\alpha} \right\rfloor$$

そこで、床関数と天井関数の二つの特性が必要になる。Mは整数、θは任意として、

$$\lfloor M+\theta \rfloor = M + \lfloor \theta \rfloor \text{ および } \lfloor -\theta \rfloor = -\lceil \theta \rceil$$

これを使うと、

$$|A_N| + |B_N| = \left\lfloor \frac{N+1}{\alpha} \right\rfloor + (N+1) + \left\lfloor -\frac{N+1}{\alpha} \right\rfloor$$

$$= \left\lfloor \frac{N+1}{\alpha} \right\rfloor + (N+1) - \left\lceil \frac{N+1}{\alpha} \right\rceil$$

$(N+1)/\alpha$ は整数ではありえないので、$\lfloor (N+1)/\alpha \rfloor = \lceil (N+1)/\alpha \rceil - 1$で、これはつまり、

$$|A_N| + |B_N| = \left\lceil \frac{N+1}{\alpha} \right\rceil - 1 + (N+1) - \left\lceil \frac{N+1}{\alpha} \right\rceil = N$$

ということで、これで証明ができた。二つの数列を合わせると、任意の整数Nについて、正の整数の列 $\{1, 2, 3, ..., N\}$ となる。

そこで四つの例をふり返ってみよう。注意深い読者なら、$A \cup B$の後のほうの部分に抜けているところがあることに気づいているだろう。リストAもBも、どこかで止めなければならないことに制約されているからだ。さらに、このリストを作るために、数の有理数近似を使わざるをえない。要するに、結果を証明できても、実現はできない。

最後に、正の整数を分けるもっと一般的な構成を見てみよう。

1954年、レオ・モーザーとジョアキム（ジム）・ランベックという二人のカナダ人数学者が、相補的数列に関する次のような結果を確かめた[*11]。

$f(n)$を、自然数をそれ自身に写像する非減少関数とし、さらに、各自然数nについて、$f^*(n) = \lceil f(k) < n$ となる最大のk」という第2

の関数を定義する。そこでさらに二つの関数、$F(n) = f(n) + n$ および $G(n) = f^*(n) + n$ と定義すると、$F(n)$ と $G(n)$ でできる数列は相補的である。

一見すると、結果はつかみにくいので、個別的な事例 $f(n) = 2n$ を考えてみよう。この手順から、つぎのような表が得られる。

n	1	2	3	4	5	6	7	⋯
$f(n)$	2	4	6	8	10	12	14	⋯
$f^*(n)$	0	0	1	1	2	2	3	⋯
$F(n)$	3	6	9	12	15	18	21	⋯
$G(n)$	1	2	4	5	7	8	10	⋯

最後の2行は、自然数を分けたものになりそうだ。二つの集合は、

$$A = \{3, 6, 9, 12, 15, 18, 21, \ldots\}$$

と、

$$B = \{1, 2, 4, 5, 7, 8, 10, \ldots\}$$

ができる。3の倍数とそうでない数ということになる。

さらに、$F(n)$ については、$F(n) = f(n) + n = 2n + n = 3n$ という単純な式が得られ、これは意外なことではない。もっと刺激的なのは、3の倍数ではない数の列 B についても、つまり関数 $G(n) = f^*(n)+n$ についても、コンパクトな式が見つかるということだ。

f^* の定義をもっと丁寧に見るとすれば、その値を任意の n について求めるには、$2k < n$、つまり $k < n/2$ が成り立つ k の最大値を求める必要がある。これは、最大値 $k = \lfloor n/2 \rfloor$ の床関数を示唆するが、不等式は等号なしで、n が偶数だったら $\lfloor n/2 \rfloor = n/2$ となる。これを相手にして両方の場合を同時に処理するには、奇数の n について $n/2$

の分数部分はちょうど $\frac{1}{2}$ で、(たとえば) $\frac{1}{4}$ を引いても、事態は変わらず、床関数の値を求められる水準にもってくる。つまり、最大値 $k = \lfloor n/2 - \frac{1}{4} \rfloor$ なので、$f^*(n) = \lfloor n/2 - \frac{1}{4} \rfloor$ で、これにより、

$$G(n) = f^*(n) + n = \lfloor n/2 - \frac{1}{4} \rfloor + n$$

となり、数列 B について、つまり 3 の倍数でないすべての数について、簡潔な式が得られた。お試しあれ。読者は後で同じ手法を使って[*12]、n 番めの非平方自然数が

$$G(n) = \lfloor \sqrt{n} + \frac{1}{2} \rfloor + n$$

と書けること、それから難なく、n 番めの非三角数について

$$G(n) = \lfloor \sqrt{2n} + \frac{1}{2} \rfloor + n$$

となること、さらに他の可能性について示したいと思うかもしれない。

ここでの主たる関心は、無理数に関する先の結果を次のような形で構成できるということだ。

$$f(n) = \lfloor n\alpha \rfloor - n, \text{ したがって、} F(n) = \lfloor n\alpha \rfloor$$

と定義しよう。定義から、$f^*(n) = f(m) < n$、つまり「$\lfloor m\alpha \rfloor - m < n$ となる最大の m であり、したがって、$\lfloor m\alpha - m \rfloor = \lfloor m(\alpha-1) \rfloor < n$ となるような最大の m」である。さらにこれは、$\lfloor m(\alpha-1) \rfloor = n - 1$ ということであり、$n - 1 < m(\alpha - 1) < n$ ということになる。結局、m は $m < n/(\alpha-1)$ となる最大の整数で、$m = \lfloor n/(\alpha-1) \rfloor$ となる。以上から、$f^*(n) = \lfloor n/(\alpha-1) \rfloor$ で、それにより、

$$G(n) = \left\lfloor \frac{n}{\alpha-1} \right\rfloor + n = \left\lfloor \frac{n}{\alpha-1} + n \right\rfloor = \left\lfloor n\frac{1+\alpha-1}{\alpha-1} \right\rfloor$$
$$= \left\lfloor n\frac{\alpha}{\alpha-1} \right\rfloor$$

$$= \lfloor n\beta \rfloor$$

となる。なお、$\alpha/(\alpha-1) = \beta$、すなわち $1/\alpha + 1/\beta = 1$ である。無理数であることに意味がある理由がはっきりするだろう。

　正の整数を、無理数を使って、三つあるいはさらに多くの、重なりのない無限集合に分けることはできるだろうか。アヴィエズリ・S.フランケルが次のような結果について、喜ばしい証明を出しているとおり、それはできない*13。

　$m > 1$, $\alpha_1, ..., \alpha_m$ を正とする。すると $\{\lfloor n\alpha_i \rfloor : i = 1, ..., m; n = 1, 2, ...\}$ が相補的な系となるのは、
　1.　$m = 2$
　2.　$1/\alpha_1 + 1/\alpha_2 = 1$
　3.　α_1 が無理数
の場合にかぎる。

とはいえ、次のような似た例もある。
　$\{\{\lfloor \varphi \lfloor n\varphi \rfloor \rfloor\}, \{\lfloor \varphi \lfloor n\varphi^2 \rfloor \rfloor\}, \{\lfloor n\varphi^2 \rfloor\}, : n = 1, 2, 3, ...\}$
つまり、

$\{\lfloor \phi \lfloor n\varphi \rfloor \rfloor : n = 1, 2, 3, ...\}$
　　　　　　$= \{1, 4, 6, 9, 12, 14, 17, 19, 22, 25, 27,$
　　　　　　　　$30, 33, 35, 38, 40, 43, 46, 48, 51, ..\}$
$\{\lfloor \phi \lfloor n\varphi^2 \rfloor \rfloor : n = 1, 2, 3, ...\}$
　　　　　　$= \{3, 8, 11, 16, 21, 24, 29, 32, 37, 42, 45,$
　　　　　　　　$50, 55, 58, 63, 66, 71, 76, 79, 84, ...\}$
$\{\lfloor n\varphi^2 \rfloor, : n = 1, 2, 3, ...\}$
　　　　　　$= \{2, 5, 7, 10, 13, 15, 18, 20, 23, 26, 28,$

$$31, 34, 36, 39, 41, 44, 47, 49, 52, \ldots\}$$

これが相補的であることは、ノルウェーの数学者、トラルフ・スコレムによって証明された。この人は（とくに）2次元でこれに相当するものも出した。これは必ずしも無理数を含まないが、含むときは、

α_1 が無理数なら、

$$S(\alpha_1, \beta_1) = \{\lfloor \alpha_i n + \beta_i \rfloor : n = 1, 2, 3, \ldots; i = 1, 2, 3, \ldots\}$$

として、$\{S(\alpha_1, \beta_1), S(\alpha_2, \beta_2)\}$ が二分割されるのは、
$\dfrac{1}{\alpha_1} + \dfrac{1}{\alpha_2} = 1$ で、かつ $\dfrac{\beta_1}{\alpha_1} + \dfrac{\beta_2}{\alpha_2}$ が整数の場合で、その場合にかぎる。

ある数が無理数であることに意味があるという話を終えるにあたって、否定的な論調と見なされてしまいそうな話になった。ある数が無理数でないことが決め手になる例というわけだ。

最後に、正方形を正方形に分割するという問題（正積問題）を取り上げよう。これは意外に由来が新しいものの一つらしい。イギリスのパズルの天才、ヘンリー・デュードニーが、「レディ・イゾベルのカスケット」問題で、この考え方を示唆したのが最初だったようだ。この問題は、1902 年の『ストランド』誌に掲載された。実は、この問題は 20×20 の正方形を、いくつかの正方形と 1 個の $10 \times \dfrac{1}{4}$ の長方形に分割することを求めていたが、アイデアはすぐに想像力を集め、問題に関係するいくつかの結果が急速に現れて、今や大軍団となっている。ここでの関心は、1903 年に「長方形」は正方形化できるのは、辺の比が有理数のときに限られることを証明したマックス・デーンの貢献だ。図 11.3 は、そのような正方形化の例を示しており、この結果を最後の証明の機会としよう。

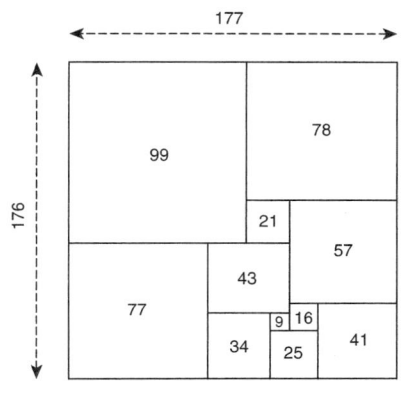

図 11.3

　まず、長方形の辺の比が有理数なら、長方形が正方形化できることを示す。確かにそれは、浴室の床のように、辺が 1 単位長の正方形で充填できる。長方形の辺 $a \times b$ がともに整数なら、単位正方形による充填は明らかだ。$a/b = p/q$ が有理数なら、長方形は $qa \times qb = pb \times qb$ の長方形と相似で、辺 b の正方形で充填できる。

　今度は長方形が正方形で充填できるとしよう。正方形の左下角を原点とし、辺を x 軸と y 軸とする座標系を立てる。すべての正方形のすべての角の両座標が整数なら、すべての正方形の辺は整数であり、長方形の辺は整数でなければならない。

　そこで、そうではないとして、第 6 章に出てきたディリクレの近似定理を思い出そう。

　α が実数だとすると、どんな正の整数 n についても、$q \leq n$ として $|q\alpha - p| < 1/(n+1)$ となる正の整数 p と q が存在する。

これは、どんな実数についても、適切な整数をかけて、何らかの整数

図 11.4

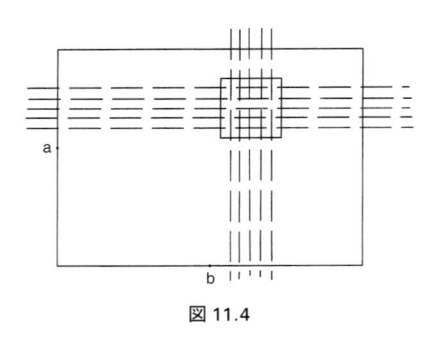

に好きなだけ近くすることができるということだ。

ところが、二つの実数 α と β があるとすると、先の結果は、適切な整数について

$$|q\alpha - p| < \frac{1}{n+1} \text{ かつ } |q_1\beta - p_1| < \frac{1}{n+1}$$

となることを言っているが、何らかの q について、$q_1 = q$ が選べるか、つまり不等式が同時に満たされるかというのは明らかではない。これを任意の有限個の実数に一般化すると、ディリクレの同時近似定理となり、これはそれが可能だとする。これは難しいので証明しないが、それを使うならきっと今がそうだ。

全体を通して図 11.4 を参照する。すべての正方形のすべての頂点のすべての座標が整数なのではないが、この定理を持ち出し、それぞれを同じ整数倍して、ほぼ整数座標の頂点の正方形で仕切られた相似の長方形を作る。さて、この長方形全体に、半単位長間隔の横線を引き、長方形内部のこれら直線の総延長 L_h を考える。まず、L_h の各成分は長さ a で、それが整数 n_a 個あり、したがって、$L_h = a \times n_a$ となる。同様に縦線も描いて、結果が $L_v = b \times n_b$ となる。

次に、格子の正方形それぞれの寄与分を数えることによって、成分となる L_h の線分を足し合わせる。正方形の辺の長さを s_i と書くと、

$L_h = \sum_i s_i \times n_{s_i}$ で、縦線についても繰り返すと、そこにほぼ整数座標がからんでくる。頂点は好きなだけ整数に近づけられるので、正方形が長方形の中のどこにあろうと、縦線はそれぞれの正方形を横線と正確に同じ回数交わるので、$L_v = \sum_i s_i \times n_{s_i}$ となる。つまり、$L_h = L_v$ であり、$a \times n_a = b \times n_b$ ということになり、$a/b = n_b/n_a$ は有理数である。

これでできた。本書の無理数性の話は最後の頁にたどりついた。それは長い苦闘、必死の楽観論、いやいやながらの受け入れ、何かが降りてきたかのような洞察、小さくはない論争の物語だった。私たちが手にしている21世紀の理解は、確固としたものであり、かつ、遠大なものだが、答えられていない問題に襲われもする。本書の読者のあいだから、問題をさらに先へ進める運命にある人（人々）が出てくることを願う。

註

* 1 Victor J. Katz (ed.), 2007, *The Mathematics of Egypt, Mesopotamia, China, India and Islam* (Princeton University Press).
* 2 physics.nist.gov/cgi-bin/cuu/Category?view-gif&Universal.x-117&Universal.y=10〔翻訳時点では、physics.nist.gov/cgi-bin/cuu/Category?view=html&Universal.x=55&Universal.y=9 の、「magnetic constant」の項〕
* 3 answers.yahoo.com/question/index?qid=20080406124528AAfNJia
* 4 「天体運動が通約可能か通約不可能かについて」。
* 5 平面上の二つの座標がともに整数となる点。
* 6 *American Mathematical Monthly*, March 1926, Problem 3173, 33(3): 159.
* 7 *American Mathematical Monthly*, March 1927, Solution 3177, 34(3): 159-60.
* 8 William Lowell Putnam Mathematical Competition: Problems and Solutions 1938-1964, 1980, *Math. Ass. Am.* pp. 513-14.

＊9　あらためて、⌊ ⌋は、床関数を表す。
＊10　オイラーの定数 γ =0.57721... は、無理数かどうかがまだ確定していない。また、使う数は1より大きくする必要がある。
＊11　J. Lambek and L. Moser, 1954, Inverse and complementary sequences of natural numbers, *American Mathematical Monthly* 61: 454-58.
＊12　今回は、$F(n) = n^2$ から始まる。
＊13　Aviezri S. Fraenkel, 1977, Complementary systems of integers, *American Mathematical Monthly* 84: 114-15.

付録 A　テオドロスのらせん

17 頁にテオドロスのらせんを示した。この付録では、作図に関心が向いた読者のために、その考え方を少し先へ進めてみる。まず、このらせんの別名が *Quadratwurzelschnecke*〔平方根カタツムリ〕だということを知るとうれしいかもしれない。これは 1980 年、オーストリアの数学者で、このらせんのいくつかの性質を調べた、故エドムント・フラウカが考えた名だ。

下にもとの図を再掲し、三角形の直角でない頂点の座標を表す式を求めてみる。そのためには複素数を用いると便利だ。

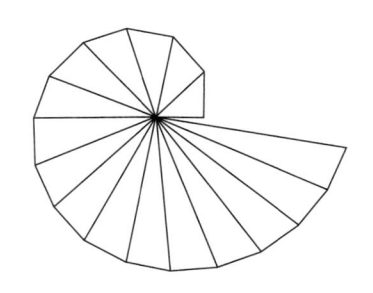

頂点 $z_1 = 1 + i$ から始め、複素数の加法によって、z_n から z_{n+1} を作る。

$$z_{n+1} = z_n + \text{「}z_n \text{ に対して直角で長さ 1 の複素数」}$$

複素数に i を掛けるのは、その複素数を反時計回りに 90° 回転させることで、複素数をその長さで割れば、結果として得られる複素数の長さは 1 となる。そこでこのらせんは、

図 A.1

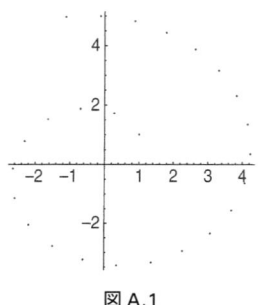

$$z_1 = 1 + i,$$

$$z_{n+1} = z_n + \frac{z_n}{|z_n|}i, \quad n = 1, 2, 3, \ldots$$

として表せる。$|z_n| = \sqrt{n+1}$ であることはわかっているので、生成する式を、

$$z_{n+1} = z_n + \frac{z_n}{\sqrt{n+1}}i = \left(1 + \frac{i}{\sqrt{n+1}}\right)z_n$$

と書き換え、これをたどっていくと、

$$\begin{aligned}
z_{n+1} &= \left(1 + \frac{i}{\sqrt{n+1}}\right)z_n = \left(1 + \frac{i}{\sqrt{n+1}}\right)\left(1 + \frac{i}{\sqrt{n}}\right)z_{n-1} \\
&= \left(1 + \frac{i}{\sqrt{n+1}}\right)\left(1 + \frac{i}{\sqrt{n}}\right)\left(1 + \frac{i}{\sqrt{n-1}}\right)z_{n-2} \\
&= \left(1 + \frac{i}{\sqrt{n+1}}\right)\left(1 + \frac{i}{\sqrt{n}}\right)\left(1 + \frac{i}{\sqrt{n-1}}\right)\cdots(1+i) \\
&= \prod_{k=1}^{n+1}\left(1 + \frac{i}{\sqrt{k}}\right)
\end{aligned}$$

となる。これで、頂点が

$$z_n = \prod_{k=1}^{n}\left(1 + \frac{i}{\sqrt{k}}\right), \quad n = 1, 2, 3, \ldots$$

となる。図 A.1 は、頂点を三角形抜きで示している。図形がらせんであることを浮かび上がらせるために、項の数をもとの図よりもう少し増やしている。点をつないで連続した曲線にしたくなる気持ちには、なかなか抵抗しがたい。しかし、つなごうとすると、もちろん、曲線上の点を、当初の離散的な場合以外では、三角形の頂点と解することはあきらめなければならない。それにしても、どうすればうまくつながるだろう。

とくに顕著な先例が案内役をしてくれる。離散的な階乗関数 $n! = n \times (n-1) \times (n-2) \times \ldots \times 3 \times 2 \times 1$ からの延長上で、ガンマ関数 $\Gamma(x)$ が考えられたことだ。$n = 1, 2, 3, \ldots$ について $n!$ をプロットすると、確かに目には、その点をつなぐなめらかな曲線が見えてくる。並ぶ者のないレオンハルト・オイラーは、1729 年から 1730 年にかけてこの問題に決着をつけて、正の整数では $n!$ に一致し、負の整数以外の他の数でも意味をなす関数を、私たちに残した。詳細を知らない読者は、これはこれでさらにたどってみたいかもしれない。本題のほうでやっかいなのは、n 項の積として与えられる n 番めの頂点を表す式にある。n は必ず正の整数でなければならない。このことを処理するために使う仕掛けは、オイラーが使ったものと遠くはない。有限個の積の代わりに、収束する無限個の積にするのだ。つまり、

$$z_n = \prod_{k=1}^{n} \left(1 + \frac{i}{\sqrt{k}}\right)$$

$$= \frac{\left\{\prod_{k=1}^{n} \left(1 + \frac{i}{\sqrt{k}}\right)\right\} \times \left(1 + \frac{i}{\sqrt{n+1}}\right) \times \left(1 + \frac{i}{\sqrt{n+2}}\right) \times \cdots}{\left(1 + \frac{i}{\sqrt{n+1}}\right) \times \left(1 + \frac{i}{\sqrt{n+2}}\right) \times \cdots}$$

$$= \prod_{k=1}^{\infty} \left\{\left(1 + \frac{i}{\sqrt{k}}\right) \bigg/ \left(1 + \frac{i}{\sqrt{n+k}}\right)\right\}$$

これを使うと、正の整数変数 n を、連続の変数 α に置き換えること

ができて、実変数 α についての複素数値をとる関数

$$T(\alpha) = \prod_{k=1}^{\infty} \left\{ \left(1 + \frac{i}{\sqrt{k}}\right) \middle/ \left(1 + \frac{i}{\sqrt{\alpha+k}}\right) \right\}$$

を考えることができる。分母の $k = 1$ の項は、 $\alpha > -1$ の制約をもたらすが、対数を使って積を和に変換して、基礎解析を使うと、この関数をもっとよく調べられるようになる。つまり、

$$\begin{aligned}
\ln[T(\alpha)] &= \ln\left[\prod_{k=1}^{\infty} \left(1 + \frac{i}{\sqrt{k}}\right) \middle/ \left(1 + \frac{i}{\sqrt{\alpha+k}}\right) \right] \\
&= \sum_{k=1}^{\infty} \ln\left[\left(1 + \frac{i}{\sqrt{k}}\right) \middle/ \left(1 + \frac{i}{\sqrt{\alpha+k}}\right) \right] \\
&= \sum_{k=1}^{\infty} \left[\ln\left(1 + \frac{i}{\sqrt{k}}\right) - \ln\left(1 + \frac{i}{\sqrt{\alpha+k}}\right) \right]
\end{aligned}$$

そこで α について微分し、結果として生じる複素数を実数部と虚数部に分けると、

$$\frac{d}{d\alpha} \ln[T(\alpha)] \left(= \frac{T'(\alpha)}{T(\alpha)} \right)$$

$$= \frac{d}{d\alpha} \left[\sum_{k=1}^{\infty} \ln\left(1 + \frac{i}{\sqrt{k}}\right) - \ln\left(1 + \frac{i}{\sqrt{\alpha+k}}\right) \right]$$

$$= 0 + \sum_{k=1}^{\infty} \frac{i}{2} \left(\frac{1}{(\alpha+k)\sqrt{\alpha+k}} \right) \middle/ \left(1 + \frac{i}{\sqrt{\alpha+k}}\right)$$

$$= \sum_{k=1}^{\infty} \frac{i}{2} \frac{1}{(\alpha+k)\sqrt{\alpha+k} + i(\alpha+k)}$$

$$= \frac{i}{2} \sum_{k=1}^{\infty} \frac{1}{(\alpha+k)(\sqrt{\alpha+k}+i)}$$

$$= \frac{i}{2} \sum_{k=1}^{\infty} \frac{\sqrt{\alpha+k}-i}{(\alpha+k)(\alpha+k+1)}$$

$$= \frac{1}{2} \sum_{k=1}^{\infty} \frac{1}{(\alpha+k)(\alpha+k+1)} + \frac{i}{2} \sum_{k=1}^{\infty} \frac{\sqrt{\alpha+k}}{(\alpha+k)(\alpha+k+1)}$$

$$= \frac{1}{2}\sum_{k=1}^{\infty}\frac{1}{(\alpha+k)(\alpha+k+1)} + \frac{\mathrm{i}}{2}\sum_{k=1}^{\infty}\frac{1}{\sqrt{\alpha+k}(\alpha+k+1)}$$

$$= \frac{1}{2}\sum_{k=1}^{\infty}\left(\frac{1}{\alpha+k} - \frac{1}{\alpha+k+1}\right) + \frac{\mathrm{i}}{2}\sum_{k=1}^{\infty}\frac{1}{(\alpha+k)^{3/2}+(\alpha+k)^{1/2}}$$

$$= \frac{1}{2}\frac{1}{\alpha+1} + \frac{\mathrm{i}}{2}\sum_{k=1}^{\infty}\frac{1}{(\alpha+k)^{3/2}+(\alpha+k)^{1/2}}$$

左側の級数は各項が打ち消しあって、$1/(\alpha+1)$ となる。

すると、

$$\frac{T'(\alpha)}{T(\alpha)} = \frac{1}{2}\frac{1}{\alpha+1} + \frac{\mathrm{i}}{2}\sum_{k=1}^{\infty}\frac{1}{(\alpha+k)^{3/2}+(\alpha+k)^{1/2}} \qquad (*)$$

この都合のよい式が得られたので、積分して戻すと、$T(\alpha)$ の別の式が求められる。

$$\int_0^\alpha \frac{T'(\alpha)}{T(\alpha)}\,\mathrm{d}\alpha$$
$$= \frac{1}{2}\int_0^\alpha \frac{1}{\alpha+1}\,\mathrm{d}\alpha + \frac{\mathrm{i}}{2}\int_0^\alpha \sum_{k=1}^{\infty}\frac{1}{(\alpha+k)^{3/2}+(\alpha+k)^{1/2}}\,\mathrm{d}\alpha$$
$$[\ln[T(\alpha)]]_0^\alpha$$
$$= \tfrac{1}{2}[\ln(\alpha+1)]_0^\alpha + \frac{\mathrm{i}}{2}\int_0^\alpha \sum_{k=1}^{\infty}\frac{1}{(\alpha+k)^{3/2}+(\alpha+k)^{1/2}}\,\mathrm{d}\alpha$$

となって、$T(0)=1$ なので、

$$\ln T(\alpha) = \tfrac{1}{2}\ln(\alpha+1) + \frac{\mathrm{i}}{2}\int_0^\alpha \sum_{k=1}^{\infty}\frac{1}{(\alpha+k)^{3/2}+(\alpha+k)^{1/2}}\,\mathrm{d}\alpha$$

で、結局、

$$T(0) = \sqrt{\alpha+1}\ \mathrm{e}^{\mathrm{i}\theta}$$

となる。θ は無限個の和と積分を含むごちゃごちゃした式で、ここでは気にしないことにする。

たしかに、この式は、望まれるとおり、$|T(\alpha)|=\sqrt{\alpha+1}$ であるこ

図 A.2

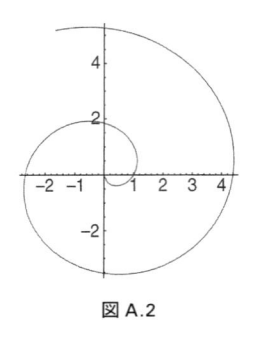

とを明らかにしており、次のようにして、らせんの漸近的な極座標形式の式を導くことができる。$r = \sqrt{\alpha+1}$ が得られ、漸近的に $\theta \sim 2\sqrt{\alpha+1} + K$ が示せる（下記参照）。これにより漸近的な極座標方程式 $r \sim \frac{1}{2}\theta - \frac{1}{2}k$ ができる、これは $r = a + b\theta$ という、アルキメデスのらせんを定義する方程式の形をしている。テオドロスのらせんは、漸近的にアルキメデスのらせんに近づいていく。原書表紙カバーにあしらわれているオウムガイの殻は対数らせんで、その式は $r = ae^{b\theta}$ なので、実物以上のものを見せていることを認めなければならない。

図 A.2 は、$T(\alpha)$ のグラフを複素数平面で描いたものだ。その挙動が、最初の $1 + i$ の点以前にも延長されているところに注目のこと。曲線は横軸と $\alpha = 0$ となる 1 のところで交わり、$\alpha \to -1$ とすると、上の結果から、原点に向かって渦巻く。

フィリップ・J. デイヴィスら[*1]は、この作図を調べ、先の θ の導き方もその論文に出ている。デイヴィスは、このらせんが 1 のところで横軸と交わるときの曲線の傾きを「基本的世界定数」として特定した。その値の求め方を見てみよう。

まず、$T(\alpha)$ は実数変数 α の複素数値をとる関数なので、$T(\alpha) = u(\alpha) + iv(\alpha)$ と書くと、$T'(\alpha) = u'(\alpha) + iv'(\alpha)$ となるのはよく知られたことで、それによって、曲線の傾きは $v'(\alpha)/u'(\alpha)$ となる。

さて、先の方程式 (*) に戻って $\alpha = 0$ を代入すると、
$$\frac{T'(0)}{T(0)} = \frac{T'(0)}{1} = T'(0) = \frac{1}{2} + \frac{i}{2} \sum_{k=1}^{\infty} \frac{1}{k^{3/2} + k^{1/2}}$$
が得られ、これが、曲線が横軸と交わるときの傾きは、
$$T = \frac{1}{2} \sum_{k=1}^{\infty} \frac{1}{k^{3/2} + k^{1/2}} \Big/ \frac{1}{2} = \sum_{k=1}^{\infty} \frac{1}{k^{3/2} + k^{1/2}} = \sum_{k=1}^{\infty} \frac{1}{\sqrt{k}(k+1)}$$
であることを教えてくれて、デイヴィスの「テオドロス定数」[*2]を定める。これはしぶしぶと小数に展開した形を明らかにしていて、

$T = 1.86002507922119030718069591571714332466652412152345\ldots$

となる——これは無理数となりそうだ。

註
*1 Philip J. Davis, 1993, *Spirals from Theodorus to Chaos*(A. K. Petres).
*2 一般にテオドロス定数と思われている $\sqrt{3}$ と混同しないこと。

付録 B　円の有理媒介変数表示

第 2 章では、円 $x^2 + y^2 = 5$ の有理式媒介変数表示
$$x = \frac{t^2 - 4t - 1}{1 + t^2}, \qquad y = \frac{2 - 2t - 2t^2}{1 + t^2}$$
を提示したが、ここではその導き方を明らかにする。

まず、ある定義を思い出していただき、また別の定義を述べる。

- 平面の「有理点」とは、両座標が有理数となるものである。
- 平面の「有理直線」とは、その方程式が、a, b, c を有理数として、$ax + by + c = 0$ と書けるものである。

円周上の有理点と、有理直線上の有理点とのあいだには、図 B.1 を参照して次のようにして一対一対応をつけられる。

- 円を描く。
- その円周上に有理点があるとして、周上の任意の有理点を固定された起点となるようにする。
- 適当な有理直線 L を引く。
- 円周上の他のすべての有理点 Q について、L との交点を R とする直線 PQR を引く。
- Q ↔ R は一対一対応である。

円周上の任意の有理点 Q について一対一対応を確かめる。P は有理点なので、PQ は有理直線である。2 本の有理直線が交わるなら、交

図 B.1

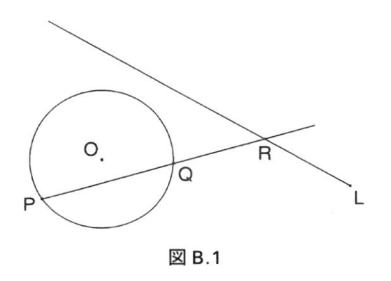

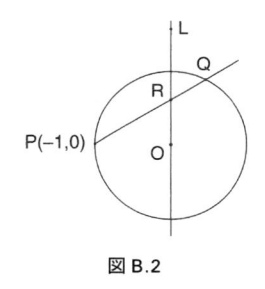

図 B.2

点が有理点になるというのは自明の事実で、これによって、PQ と L との交点である R は有理点となる。逆に、L 上に任意の点 R をとって、有理直線 PR を引く。この直線と円の交点は、有理数係数の 2 次方程式（x についてでよく、その場合、$ax^2 + bx + c = 0$ の形となる）ができて、その一つの根は、P の x 座標（有理数）となる。二つの根の和は $-b/a$ であり、これは有理数なので、もう一つの根も有理数でなければならず、円周上の有理点 Q の x 座標と、したがって y 座標が得られる。これによって一対一対応が確かめられた。2 本の直線の交点が確保できるには、両者が平行でないようにしなければならず、便宜のために、L は OP に垂直として、O を通るものとする。また、点 P そのものは、L の「無限遠点」に対応する。

一般論を扱ったうえで、まず、この方法が、標準的な単位円 $x^2 +$

図 B.3

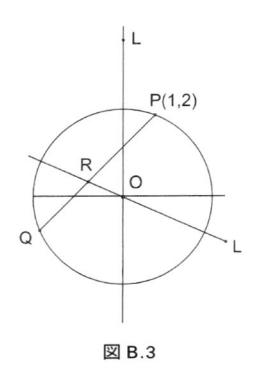

$y^2 = 1$ の予想される代数的媒介変数表示をどう生み出すかを見よう。

P = (−1, 0) と y 軸 L を、図 B.2 に示すようにとる。先の直線 PQR は、方程式 $y = t(1 + x)$ をとり、R = (0, t) となって、Q の座標は、方程式

$$1 - x^2 = [t(1+x)]^2 = t^2(1+x)^2$$

によって与えられ、因数 $(1 + x)$ を消去すると、$x = (1 - t^2)/(1 + t^2)$ が得られ、これを y の方程式に代入すると、$y = 2t/(1 + t^2)$ が得られ、標準的な有理媒介変数表示

$$x = \frac{1 - t^2}{1 + t^2}, \qquad y = \frac{2t}{1 + t^2}$$

が得られる。$x^2 + y^2 = 5$ については、P = (1, 2) をとり、L は方程式 $y = -\frac{1}{2}x$ で表されるものとする。図 B.3 を参照のこと。直線 PQR は方程式 $y - 2 = t(x - 1)$ で表され、これによって、

$$R = \left(\frac{2t-4}{2t+1}, \frac{2-t}{2t+1}\right)$$

となり、Q の x 座標は方程式 $5 - x^2 = [t(x-1)+2]^2$ で与えられ、これは 2 次方程式

$$(1 + t^2)x^2 + 2t(2 - t)x + (t^2 - 4t - 1) = 0$$

となる。$x = 1$ が根であることはわかっており、二つの根の和は $-(2t(2 - t))/(1 + t^2)$ であることもわかっているので、Q の x 座標は $-(2t(2 - t)/(1 + t^2)) - 1 = (t^2 - 4t - 1)/(1 + t^2)$ であり、代入によって、y 座標は $y = (2 - 2t - 2t^2)/(1 + t^2)$ となる。

つまり、円周上に1個の有理点Pがあれば、この手順で無限個の有理点が生まれるが、$x^2+y^2 = 3$ のように、できないものもある。これはPが存在しないからだ。この方法は、円錐曲線全般にあてはまる。

付録C 連分数の二つの性質

第3章での、ランベルトによる π が無理数であることの証明には、連分数の、とくに二つの性質が必要だった。これをここで確かめる。便宜のために、あらためて述べておこう。

連分数

$$y = b_0 + \cfrac{a_1}{b_1 + \cfrac{a_2}{b_2 + \cfrac{a_3}{b_3 + \cfrac{a_4}{b_4 + \cdots}}}}$$

については、

1. $\{\lambda_1, \lambda_2, \lambda_3, \ldots\}$ をゼロでない数の無限の数列とすると、連分数

$$b_0 + \cfrac{\lambda_1 a_1}{\lambda_1 b_1 + \cfrac{\lambda_1 \lambda_2 a_2}{\lambda_2 b_2 + \cfrac{\lambda_2 \lambda_3 a_3}{\lambda_3 b_3 + \cfrac{\lambda_3 \lambda_4 a_4}{\lambda_4 b_4 + \cdots}}}}$$

は、y と同じ近似分数をもち、収束するなら、y に収束する。

2. $b_0 = 0$ とすると、
   すべての $i \geq 1$ について、$|a_i| < |b_i|$ なら、
   (a) $|y| \leq 1$

(b)
$$y_n = \cfrac{a_n}{b_n + \cfrac{a_{n+1}}{b_{n+1} + \cfrac{a_{n+2}}{b_{n+2} + \cfrac{a_{n+3}}{b_{n+3} + \cdots}}}}$$

と書くと、

ある数以上の n について、$|y_n| = 1$ が成り立たないなら、y は無理数である。

どちらの結果も帰納法で証明できて、それをやってみるが、厳格にはしない。残念ながら、それぞれ厳格に行なうと、ともに歓迎されない形が出てくる。必要なら、形を整えるのは読者に委ねる。

1 の証明

単純に最初の三つの場合を書き出してみると、規則性が明らかになる。

第 1 段

$$b_0 + \frac{a_1}{b_1} = b_0 + \frac{\lambda_1 a_1}{\lambda_1 b_1}$$

第 2 段

$$b_0 + \cfrac{\lambda_1 a_1}{\lambda_1 b_1 + \cfrac{\lambda_1 \lambda_2 a_2}{\lambda_2 b_2}} = b_0 + \cfrac{\lambda_1 a_1}{\lambda_1 \left(b_1 + \cfrac{a_2}{b_2}\right)} = b_0 + \cfrac{a_1}{b_1 + \cfrac{a_2}{b_2}}$$

第 3 段

$$b_0 + \cfrac{\lambda_1 a_1}{\lambda_1 b_1 + \cfrac{\lambda_1 \lambda_2 a_2}{\lambda_2 b_2 + \cfrac{\lambda_2 \lambda_3 a_3}{\lambda_3 b_3}}} = b_0 + \cfrac{\lambda_1 a_1}{\lambda_1 b_1 + \cfrac{\lambda_1 \lambda_2 a_2}{\lambda_2 \left(b_2 + \cfrac{a_3}{b_3}\right)}}$$

$$= b_0 + \cfrac{\lambda_1 a_1}{\lambda_1 \left(b_1 + \cfrac{a_2}{b_2 + a_3/b_3}\right)}$$

$$= b_0 + \cfrac{a_1}{b_1 + \cfrac{a_2}{b_2 + \cfrac{a_3}{b_3}}}$$

これによって、よくわからなかった結果が明らかになったと期待する。

2 の証明

(a) $|a_{i+1}| < |b_{i+1}|$ なので、$\dfrac{|a_{i+1}|}{|b_{i+1}|} = \left|\dfrac{a_{i+1}}{b_{i+1}}\right| < 1$

したがって、

$$-1 < \frac{a_{i+1}}{b_{i+1}} < 1$$

となって、これは

$$b_i - 1 < b_i + \frac{a_{i+1}}{b_{i+1}} < b_i + 1$$

ということで、そこから、両辺とも正なので、

$b_i + \dfrac{a_{i+1}}{b_{i+1}} > b_i - 1$ となり、したがって、$\left|b_i + \dfrac{a_{i+1}}{b_{i+1}}\right| > |b_i - 1|$

三角不等式の別形、$|\alpha - \beta| \geq |\alpha| - |\beta|$ を使うと、

$$\left|b_i + \frac{a_{i+1}}{b_{i+1}}\right| > |b_i - 1| \geqslant |b_i| - 1$$

となる。さて、a_i と b_i は整数なので、$|a_i| < |b_i|$ として、$|b_i|-1 \geq |a_i|$ でなければならず、それはつまり、
$$\left| b_i + \frac{a_{i+1}}{b_{i+1}} \right| > |a_i|$$
ということになり、したがって、
$$\left| \frac{a_i}{b_i + a_{i+1}/b_{i+1}} \right| < 1$$
である。同じ論法を続けて、連分数の出発点に向かう。

すでに
$$\left| \frac{a_i}{b_i + a_{i+1}/b_{i+1}} \right| < 1$$
は得ているので、
$$-1 < \frac{a_i}{b_i + a_{i+1}/b_{i+1}} < 1$$
したがって、
$$b_{i-1} - 1 < b_{i-1} + \frac{a_i}{b_i + a_{i+1}/b_{i+1}} < b_{i-1} + 1$$
で、
$$\left| b_{i-1} + \frac{a_i}{b_i + a_{i+1}/b_{i+1}} \right| > |b_{i-1} - 1| > |b_{i-1}| - 1 \geq |a_{i-1}|$$
となり、これは、
$$\left| \frac{a_{i-1}}{b_{i-1} + \dfrac{a_i}{b_i + \dfrac{a_{i+1}}{b_{i+1}}}} \right| < 1$$
ということだ。この手順を連分数の最初まで続ければ、その第 $i+1$ 項までの展開の大きさが、すべての i について、つねに 1 より小さくなり、極限では、$|y| \leq 1$ ということにならざるをえない。

(b) y は有理数とすると、

$$y = \cfrac{a_1}{b_1 + \cfrac{a_2}{b_2 + \cfrac{a_3}{b_3 + \cfrac{a_4}{b_4 + \cdots}}}} = \frac{p_1}{p_0}$$

で、$|p_1/p_0| \leq 1$ でなければならないので、$|p_1| \leq |p_0|$ となる。そこで、$y = p_1/p_0 = a_1/(b_1+y_2)$ と書こう。すると、y_2 は有理数でなければならず、

$$y_2 = \frac{a_1 p_0 - b_1 p_1}{p_1} = \frac{p_2}{p_1}$$

であり、$|y_2| \leq 1$ だということは $|p_2| \leq |p_1|$ を意味する。この手順をどこまでも続け、$|y_n| < 1$ で、したがって $|p_{n+1}| < |p_n|$ となる n に達するところまで行くと、減少する正の整数の無限数列

$$|p_0| \geq |p_1| \geq |p_2| \geq \ldots \geq |p_n| > |p_{n+1}| > \ldots$$

ができて、これは明らかにありえない。唯一の解決策は、y を無理数とすることである。

付録D　ロジェ・アペリの墓所探訪

　パリは市内に三つの大きな墓地を擁する。北にモンマルトル、南にモンパルナス、東には、三つのうち、規模も評判も最大のペール・ラシェーズである。ラシェーズ墓地は、パリ20区の、パリに七つある丘陵の一つにあり、その名は、墓地がある土地のもとの所有者で、ルイ14世の聴罪司祭でもあったフランソワ・ド・ラ・シェーズ神父（1624-1709）の名による。1804年、ナポレオンが、この土地を墓地用に市が買い上げることを命じ、その土地が後に現在の119エーカー〔約48ヘクタール〕に広げられ、パリ市民が、「ラ・シテ・デ・モール」、つまり「死者の都市」と表現するのも十分うなずける。この地の複雑さを侮らないほうがよいだろう。長年のあいだに100万人の人が埋葬され、有名人だけでなく、「普通の」人々の墓地としても、今でも大いに用いられている。この「都市」に永住する人々の一部を挙げるだけでも実に印象深い[*1]。墓地の事務局が提供する冊子（無料）は、160人ほどの有力者の名と安息の地を挙げている。同様のリストである「バーチャルツアー」[*2]は、パンフレットと重なるもののまったく同じではない。両者に共通で、数学的な目を引くのは、ガスパール・モンジュとフランソワ・アラゴーだが、どちらのリストにも、ロジェ・アペリの名は挙がっていない。アペリは両親とともに眠り、三人の遺灰が、墓地の納骨棚（コロンバリオン）の壁に収まる同じ小さな墓に入れられている——とても見つかりやすい墓とは言えない。本書の読者がパリへ行って、この墓地とアペリの墓を訪ねることを考える場合に備えて、ここに簡単な文章を加えておこう。広大な墓地の大きな遺骨安置所（コロンバリオン）の壁に埋もれた小さな墓碑銘を探して長いこと迷うのを避けられるかも

しれない。

　墓地周辺に地下鉄駅が三つ（その一つはペール・ラシェーズという）と、バス停がいくつかあり、墓地の入り口も全部で5か所ある。お奨めはやはり主たる入り口で、ふさわしくも「正門(ポルト・プランシパル)」という名がついていて、メニルモンタン大通りとルポ通りとが交差するところにある。地下鉄のペール・ラシェーズ駅に降りて、墓地の角にあるアマンディエ門からは入らず、墓地の壁を左側にして歩いて行くと、正門になる。フィリップ＝オギュスト駅のほうが近いが、こちらからなら、ルポ門から入らないようにして、墓地の壁を右側にして歩くと正門に至る。もう一つの地下鉄駅はガンベッタ駅で、これは墓地の裏手にあって、他の二つよりも、ここで探す墓所にはぐっと近いが、その便利さと、目を引く正門からこの名所に入るという体験とは、よくよく天秤にかけて考えたほうがよい。

　墓地にはうまく目立たないようにしている建物があって、そこで冊子を手に入れることができる。「正門通り(アヴニュ・プランシパル)」から、最初の角を右に曲がり、すぐ次を左へ曲がると、目的の建物は右手にある。冊子の案内から、あるいはただの好奇心から、何に気を取られようと、そのうちコロンバリオンが見つかる。大きさ、高さともに、数少ないわかりやすいところだ。第87区画全体を占め、正門通りの延長上にあって、墓地の中央につながる道をたどると見つかる。途中半分くらいのところの礼拝堂を過ぎて、さらに進むとコロンバリオンの正面入り口に到る。

　コロンバリオンはさいころ形をした開放構造で、中央に火葬場がある。さいころ形には屋根も側面もほとんどなく、残った全体（2階建て）の内側が壁をなしていて、そこに火葬された人の——あるいはその一部の——墓が置かれている。この墓は一つ一つ番号が振られ、正面入口の右手から反時計回りに順次増えていく。それによって、左側の隅の数がいちばん大きくなり、7400ほどまで続いている。アペリ

図 D.1

の墓の番号は7971だ。

　壁のスペースはとっくに満杯になっていて、当局が、コロンバリオンの地下を掘って収容数を増やしているというのは、慣れていないとすぐにはわからない。そのことを知ってしまえば、地下2層の、さらに何万もの墓を収める増設部分を見つけるのはさほど難しくはない。残念ながら、そのどれも7971番の墓ではない。第1次の増設——そこにアペリの安息の場所がある——には、コロンバリオンの外側、左側裏側の隅の近くにある入り口しかついていない。外人部隊通りとシルキュレール通りとの交差点にあるこの隅まで行く。そこに小さな花壇があって、L字形の部屋の角に降りていく。左腕の部分の壁の端、右側の低いところに、7971番の墓がある。図D.1に捜索の成果を示す。

　ボーナスとして、この訪れる人の多い墓地でも有名な、たぶんいちばん訪れる人が多く、またきっといちばんキスされる墓[*3]が、近くの主埋葬地にある。それはオスカー・ワイルドの墓だ。しかしコロンバリオンを出る前に、16258番の墓探しに挑んでみるのもよいだろう。マリア・カラスの墓だが、骨壺は空だ〔遺志により、エーゲ海に散骨された〕。

付録D　ロジェ・アペリの墓所探訪

註
* 1　en.wikipedia.org/wiki/P%C3%A8re_Lachaise_Cemetery.
* 2　www.pere-lachaise.com/perelachaise.php?lang=en.
* 3　2011年、墓はその口紅を清掃され、正面にガラスの衝立が置かれた。

付録 E　等価関係

本書では4か所で、集合の「等価関係」に言及している。この構造の定義にかかわる特徴には、そのときの脈絡に応じて短く言及したが、ここではもう少し詳細に事態を見ておこう。

まず、等価関係は「等しい」の一般化と考えてよい。$x = y$ という一般的な表記[*1]が、標準的な表記はないものの、$x \sim y$（x は y に関係する）のようなものに置き換えられる。等式の場合、等号の両辺の二つの式は交換可能で、したがって、どんな操作についても、代入が可能だ。同じことは、$\sim$（チルダ）についてもそれなりに成り立つ。

まず集合がなければならない。数の集合でなくても、数学的であろうとなかろうと、きちんと定義される対象の集合だ。ここでの説明では、実数とその部分集合に話を限る。

集合の分割（パーティション）は、重なりのない部分集合の集まりで、全部合わせると、集合の元がすべてそろう。等号は、別々の（必然的に）元を、それぞれ1個の元を含む部分集合に分割し、チルダは、元どうしが等しくなくても、しかるべき意味で他と区別できないと考えてよい部分集合に分割する。任意の分割の任意の元は、必要な目的にとって、その分割の中のすべての元の代表である。

集合の元のあいだに定義される関係が、どうしてその集合の分割をもたらすことができるのか。いくつか例を考えよう。

整数の集合を選ぶことにして、その整数どうしの関係を、

$$x - y \text{ が 2 で割り切れるなら、} x \sim y$$

と言うことによって定義しよう。これは整数を偶数と奇数に分けるこ

とは明らかで、わかりやすい分割だ。他方、

$$x^2 = y^2 \text{なら、} x \sim y$$

は、整数を $\{\{0\}, \{-1, 1\}, \{-2, 2\}, \{-3, 3\}, ...\}$ に分割する。

最後に、次のように定義される関係をもつ実数の集合を考えよう。

$$x - y \text{が整数なら、} x \sim y$$

得られる実数の分割は、小数部分が等しい数の集合、たとえば、π, $\pi \pm 1$, $\pi \pm 2$, ... が集まったものになる。

もちろん、すべての関係が分割というわけではない。たとえば、

$$x < y \text{なら、} x \sim y$$

を考えればよい。

「等価」という形容を用いるときには、分割ができる関係とそうでない関係とを区別する――この形容は、三つの条件が満たされるときにのみ成り立つ。当該の集合のすべての元について、

1. $x \sim x$ ――反射性
2. $x \sim y$ なら $y \sim x$ ――対称性
3. $x \sim y$ かつ $y \sim z$ なら $x \sim z$ ――遷移性

ただちに、< は最初の 2 条件を満たさない（≤ は第 2 の条件のみ満たさない）が、それ以前の三つの例では、3 条件がすべて満たされていることがわかる。

集合上でこの三つの条件を満たすどんな関係でも、その集合を分割しなければならないことを示すのは簡単な問題で、そのためには、次のように論証する。

集合を S とする。反射性によって、S の元はすべてその等価クラス

に含まれ、すべての元について言える。x を含む等価クラスを X と書き、$X \cap Y \neq \phi$ とする。$z \in X \cap Y$ なら、$z \sim x$ および $z \sim y$ で、対称性を使って、$x \sim z$ かつ $z \sim y$ で、遷移性を使って $x \sim y$ となる。二つの等価クラスは同じである。

つまり、等価関係は、それが定義される集合を分割する。逆に、特定されていない等価関係を等価クラスで定義する集合の分割は、まさしくその等価関係による分割だと考えてよい。

そこでこの等価関係の使い方の詳細を見てみよう。

225頁では、またそれと「等価の」こととして284頁では、実数の集合について、

> 二つの実数 α と β が等価と言われるのは、$|ps - qr| = 1$ として、$\beta = (p\alpha + q)/(r\alpha + s)$ となる整数 p, q, r, s

が存在するときであると定義した。これが等価関係の条件を満たすことを示そう。

1. すべての α について、$\alpha \sim \alpha$ である。$\alpha = (1\alpha + 0)/(0\alpha + 1)$ で、$|1 \times 1 - 0 \times 0| = 1$ だからだ。
2. $\alpha \sim \beta$ なら、$|ps - qr| = 1$ として、$\beta = (p\alpha + q)/(r\alpha + s)$ となる。これは $\alpha = (s\beta - q)/(-r\beta + p)$ であり、$|ps - (-q)(-r)| = 1$ であることを意味する。したがって、$\beta \sim \alpha$ となる。
3. 最後に、$\alpha \sim \beta$ かつ $\beta \sim \gamma$ とすると、$\beta = (p\alpha + q)/r\alpha + s)$ かつ $\gamma = (t\beta + u)/(v\beta + w)$ で、$|ps - qr| = 1$ かつ $|tw - uv| = 1$ となる。

   したがって、
   $$\gamma = \frac{t(p\alpha + q)/(r\alpha + s) + u}{v(p\alpha + q)/(r\alpha + s) + w}$$

付録E　等価関係

$$= \frac{pt\alpha + qt + ru\alpha + su}{pv\alpha + qv + rw\alpha + sw} = \frac{(pt+ru)\alpha + (su+qt)}{(pv+rw)\alpha + (qv+sw)}$$

なお、

$$|(pt+ru)(qv+sw) - (su+qt)(pv+rw)| = |ps-qr||tw-uv| = 1$$

となる。

有理数が一つのクラスを占めることは明らかだ。β（$\sim \alpha$）が有理数なら、α も有理数でなければならないからだ。

309 頁では、二つのコーシー数列のあいだにこんな関係を定義した。

二つのコーシー数列 $\{x_r\}$ と $\{x'_r\}$ は、すべての有理数 $\varepsilon > 0$ について、$r > N$ のとき、$|x_r - x'_r| < \varepsilon$ となるような正の整数 N が存在するなら、つまり、両者の差が 0 に近づくなら、そのときにかぎり、「等価」（$\{x_r\} \sim \{x'_r\}$ と書く）と言われる。

1. 反射性は自明。
2. 対称性は自明。
3. $\{x_r\} \sim \{x'_r\}$ かつ $\{x'_r\} \sim \{x''_r\}$ とする、つまり十分に大きい r について、$|x_r - x'_r| < \varepsilon$ かつ $|x'_r - x''_r| < \varepsilon$ とすると、十分大きい r について、$|x_r - x''_r| = |(x_r - x'_r) + (x'_r - x''_r)| \leq |x_r - x'_r| + |x'_r - x''_r| < 2\varepsilon$ である。これで証明できた。

316 頁では、有理数を、

$$ad = bc \text{ なら、そのときにかぎり } (a, b) \sim (c, d)$$

という関係の下で、整数の対の等価クラスと定義した。

n	B_n
1	1
2	2
3	5
4	15
5	52
6	203
7	877
8	4,140
9	21,147
10	115,975
20	51,724,158,235,372

表 E.1

1. すべての (a, b) について、$ab = ab$ なので、$(a, b) \sim (a, b)$ である。
2. $(a, b) \sim (c, d)$ なら、明らかに $(c, d) \sim (a, b)$ である。
3. $(a, b) \sim (c, d)$ かつ $(c, d) \sim (e, f)$ なら、$ad = bc$ かつ $cf = de$ である。つまり、$a/b = c/d$ かつ $c/d = e/f$ で、したがって $a/b = e/f$ であり、$af = be$ となってできあがり。

これは、たとえば $2/3 = 4/6 = 6/9 = \ldots$ であるという概念を形式に乗せる。

最後に、ここでの関心は無限集合にあったが、等価の概念は、当該の集合が有限でも意味をもち、分割を用いることにして、等価関係の明示的な使用を控えれば、とくに魅力的になる。今やまっとうに問える問題ができた。n 個の元の集合に何個の分割があるか。

元が1個だけで、$S = \{a\}$ とすると、分割は一つだけ、その集合そのものだけがある。

元が2個で、$S = \{a, b\}$ とすると、二つの分割、$(\{a\} \{b\})$ および

図 E.1

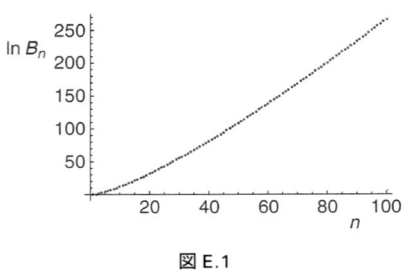

$\{a\ b\}$ がある。

元が 3 個で、$S = \{a, b, c\}$ とすると、分割は五つ、

$(\{a\}\ \{b\}\ \{c\}), (\{a\}\ \{b\ c\}), (\{b\}\ \{a\ c\}), (\{c\}\ \{a\ b\}), \{a\ b\ c\}$

ができる。読者は、n 個の元からなる集合 B_n についてありうる分割の（等価関係の）個数の一般公式の性質に驚かれるかもしれない。これはドビンスキの公式によって再帰的に与えられ、ベル数を定義する。

$$B_{n+1} = \sum_{k=0}^{n} \binom{n}{k} B_k \text{ かつ } B_0 = 1 : B_1 = 1$$

無理数を使って明示的に表せば、

$$B_n = \frac{1}{e} \sum_{k=0}^{\infty} \frac{k^n}{k!}$$

表 E.1 は、急速に増大する B_n の最初のいくつかの値を示し、図 E.1 は、さらにいくつかの値を対数グラフとして提示する。

註

*1　最初に記録されたのは、*The Whetstone of Witte*〔知恵の砥石〕という、ウェールズ人ロバート・レコードが 1557 年に出した本。

付録F　平均値の定理

　時代や場所を飛び回った第2章では、昔の数学者を多く割愛したが、その一人がインドのヴァタッセリ・パラメシュヴァラ（1360-1425）だった。本書で言及したバースカラ2世の著作に関してパラメシュヴァラが注釈をつけていて、そこに、1691年のロルの定理として表されることになる微積分学の成果の要点が見られる。現代の表記で言えば、この成果は、

　実数値の関数 $f(x)$ が、閉区間 $[a, b]$ で連続で、開区間 (a, b) で微分可能であり、$f(a) = f(b)$ とすると、$f'(c) = 0$ となる実数 $c \in (a, b)$ が存在する。

略図を書けば、この結論が正しいことは圧倒的な説得力でわかり、実際そうであることを示すのは、初歩的な実数解析のささやかな問題だ。236頁では最初の一般化、平均値の定理を、オギュスタン＝ルイ・コーシーが最初に出した形で用いた。

　実数値の関数 $f(x)$ が、閉区間 $[a, b]$ で連続で、開区間 (a, b) で微分可能とすると、$f(b) - f(a) = (b - a) f'(c)$ となる $c \in (a, b)$ が存在する。

この結果は、幅広い重みをもっているが、その証明は、ロルの定理を前提にすれば、微々たる手間だ。
　関数 $g(x)$ を、

$$g(x) = f(x) - \frac{f(b) - f(a)}{b - a}(x - a)$$

と定義する。すると $g(x)$ は、$g(a) = g(b) = 0$ という性質を付け加えると、$f(x)$ と同じ特性をもつ。ゆえに、ロルの定理の条件をみたす。$g'(x) = f'(x) - (f(b) - f(a))/(b - a)$ なので、$g'(c) = 0$ となる $c \in (a, b)$ となる点があるので、$f'(c) = (f(b) - f(a))/(b - a)$ となる。これで証明できた。

謝辞

　この場を借りて、以下の方々に御礼申し上げる。編集者のヴィッキー・カーンには、無条件の忍耐と理解をたまわった。ジョン・ウェインライトには、その専門の腕と細心の注意で版組を作っていただいた。ショーン・クレシ、アンドリュー・リー、ジョージ・ワトキンソンには、それぞれ、コンピュータによる図版、古代ギリシア語、音響技術者のφの例について専門知識を提供していただいた。最後にとくに、私の元学生アーダヴァン・アフシャーとアーチー・ボットには原稿を丁寧に読んでもらい、忌憚のない感想をもらったことを記して感謝する。それによって、はかりしれない助けが得られた。

訳者あとがき

　本書は Julian Havil, *The Irrationals. A Story of the Numbers You Can't Count On* (Princeton University Press, 2012) を訳したものです（文中〔　〕でくくった部分は訳者による補足です。参照されている文献に邦訳がある場合はできるかぎりその旨を補足しましたが、本書の訳文は、とくに断りのないかぎり——多くの場合、英訳からの——私訳です）。著者のハヴィルは、イギリスのウィンチェスター・カレッジというパブリック・スクール（学年的には日本の高校に相当）で数学の教師を務めた人物で、おおむね理系の高校生が勉強するレベルの数学（とその少し先）を土台にして、数学上のトピックを、数学を使って解き明かす著書を何冊か書いています。その著書は、『オイラーの定数ガンマ』（新妻弘監訳、共立出版、2009 年）、『反直観の数学パズル』（佐藤かおり他訳、白揚社、2010 年）、『世界でもっとも奇妙な数学パズル』（拙訳、青土社、2009 年）と、すべて翻訳されています。今回もその流儀に沿った、それでも本格的な数学史の本となっています。

　本書の原題（カバーのロゴの文字は ΠHe IRRATIΦNALS で、有名な三つの無理数、π, e, ϕ があしらわれている）が指し示すのはもちろん無理数で、中学生でも計算のしかたを教わり、たぶん計算できるようにもなる、現代ではもはや何の変哲もない「数」ですが、それが数であり、中学生が習うように計算してもよいことが、いちおう原理的に確立するまでの道のりをたどっています。つまり裏返せば、無理数が「数」であるとか、それが無理数としてひとまとまりになるというのは、自明の話ではないということです。数をアラビア数字も使わず、ほとんど言葉で表すような伝統の中では、2 の平方根が 1.414... であるというのもそう簡単に言えることではありません。いくつと指定できないものを、そもそも数と言えるのかというところからして、考えるべき問題になるということを、最初から $\sqrt{2}$ と書いて数扱いする現代人は、たいてい忘れてしまっています。

それでも、2の（正の）平方根は、まずもって辺の長さが1の正方形の対角線の長さで、そういうことなら、数を使わなくても把握できます。つまり図に表して指定したりはかりとったりすることができる「量」であって、数、つまり整数と、せいぜいその比で表せる有理数で構成されるものの範囲には入っていなかったというわけです。そこが本書の重要な出発点となっています。数として言い表せない量（本書ではsurdとも呼ばれ、これについては「不尽根数」——有理数に開けない累乗根——と訳していますが、本来は「何とも言えない」——今しがた$\sqrt{2}$について述べたような意味で——といった意味のようです）がどういうものか調べられていく物語ということができるでしょう。今ならあっさり無理数と言われてなんとなくわかっているように思う対象ですが、ギリシア人は数としては表せないものを、幾何学的な量として把握していました。ヒンドゥー人やイスラム圏の人々は代数を育て、方程式から入って、その根としてなら、わりあい自在に数として扱っていたようで、ヨーロッパ人は、そのヒンドゥー＝イスラム世界の数学の扱いを移入して、新たな数学、とくに解析的な世界を築いていきます。そして結局は、多項式による方程式の根の範疇の外にあるものを特定し、eやπがそこにあることや、またその中の身分を特定していって、結局、実直線の中に、本来の数である有理数との関係をつけて位置づけられて……というわけです（……の部分には、乱数との関係、工学的な実数との対照といった興味深い話も出てきます）。無理数あるいはそれを含めた実数という、ある意味で数学の基本的な要素とも思えるものも、逆に、数学を築き、それを駆使することで正体を明らかにしてやらなければならなかったことを、あらためて思い知らされます。

　数学でも何でも、高度になってくると、少しの進歩にも大いに手間がかかることになりますが、逆に言うと、最初のうちは、ちょっとしたことでも大進歩になります。つまり、高校レベルの数学というのはかなり高度なことをしているということで、長年パブリック・スクールで教えてきた著者ならではの道具立てで、本格的な数学史が論じられるというのは、胸がすくような思いもします。著者も自分が教えた生徒たちに、そこで勉強した内容の一歩か二歩先を示してみせ、数学とのつきあいを深めてもらおうとしているのでしょう。実際、その内容には、それだけの力も価値もあるということだと思

います。とはいえ、やはり歯ごたえのあることです。場合によっては著者や先人を信じてはしょることもしながら（著者自身も勧めるように）、めげずに一つの世界の構築や探索を楽しんでいただければと思います。

　本書の翻訳は、前著『世界でもっとも奇妙な数学パズル』の縁で、青土社の篠原一平氏からの勧めで手がけることになりました。このような機会を与えていただいたことに感謝します。数式が並ぶ、版組のやっかいな本を形にする実務は、同社編集部の渡辺和貴氏をはじめとするスタッフの方々に見ていただきました。装丁は桂川潤氏が担当してくれました。記して感謝します。いつものことですが、ネットや図書館にある様々な資料のお世話になっています。それらを利用できるように、これまた様々な形で用意していただいていることにも、通り一遍ながら、感謝いたします。

　二〇一二年九月

訳者識

索引

あ行

アブー・カーミル 81, 83-84
アベリ、ロジェ 180-181, 182, 183, 189, 195-197, 199, 363-365
アーベル、ニールス 171-173, 299, 300
アル＝カラジー 84-85
アルキメデス 56-57, 68-69
アル＝フワーリズミー 80-82, 324
岩本義和 156
ヴィエタ、フランソワ 96-97, 100
ウォリス、ジョン 113-114, 116-117, 119-121, 125, 126, 233, 299
ウマル・ハイヤーム 85-86, 89
エウクレイデス 31, 36, 55-57, 63, 70, 85, 104, 163
「エウデモス概史」 20, 55
エウドクソス 56-57, 63, 68-69, 302
エウドクソスの公理 58, 61, 68, 120, 214-215, 319
エルデシュ、ポール 149, 297
エルミート、シャルル 149, 153, 156, 242, 243, 246
円積問題 26, 109, 256
オイラー、レオンハルト 120, 129-138, 145, 180, 233, 247, 254, 270, 349
黄金比 42, 101, 213, 220, 222-223, 230, 279, 281, 300, 326, 330
オレーム、ニコル 92-93, 179, 331

か行

カントール、ゲオルク 259-265, 295, 305-306, 333
『原論』 20-22, 34, 36, 37, 53, 55-70, 80, 88, 102, 120-121, 214
コーシー、オギュスタン＝ルイ 302-303, 305, 308, 373
コーシー数列 308-311, 314-315, 319, 370
コンウェイ、ジョン・ホートン 173-176
コンウェイ定数 176

さ行

三角不等式 148, 201, 228, 319, 360
算術 52, 70, 317-318,
シェルピンスキー、ヴァツワフ 295, 332
シュリーパティ 77
ゼータ関数 179

た行

代数的（数） 172-173, 231
タレス 20, 27-28
チャンパーノウン、デイヴィッド 295-298
超越数 120, 233, 234-238, 242, 243, 246-247, 251-255, 260, 263-264, 266-267, 295-296
通約可能 24, 33, 37, 43, 69, 91
通約不能 10, 32, 34, 43, 45-47, 51-52, 55, 57, 59, 66-67, 69-70, 77, 85, 90, 92
ディオファントス近似 199, 209, 221
ディリクレ、ヨハン・ペーター・グ

スタフ・ルジューヌ 208-209, 217, 329, 343-344
テオドロス 45-48, 51, 163
テオドロスのらせん 17, 51, 347, 352
デカルト、ルネ 104-105, 108-112
デデキント、リヒャルト 57, 85, 305-306, 311
デデキント切断 306, 311, 314, 319
等価（関係） 225, 284, 310, 316, 367-372
ドゥンス・スコトゥス 89-92

な行
ニーヴン、アイヴァン 153, 156, 159-160, 242
ニーヴン多項式 153, 156, 158, 160, 162
2次無理数 105, 226, 231, 238, 242, 283

は行
バースカラ2世 78-79, 373
鳩の巣原理 208-210, 288
ハミルトン、ウィリアム・ローワン 301
ヒッパソス 33-34, 43
ピュタゴラス（派、教団） 9, 20, 22-25, 32-34, 36-39, 42-43, 47-48, 54-55, 57
ヒルベルト、ダーフィト 21, 252-254, 315
フィボナッチ 84, 87-88, 101

フェルマー、ピエール・ド 104-105, 111-112, 114, 253
不尽根数 34, 77-82, 115-116, 120, 164, 168, 171
プラトン 23, 26, 34, 43-47, 80
フーリエ、ジョゼフ 145-146
フルヴィッツ、アドルフ 217-218, 222, 278, 279, 282
プロクロス 20, 23, 25-27
平均律音階 325-326

ま行
マルコフ数 224, 284
マルコフ・スペクトル 274, 282
無理数の定義 10-12

ら・わ行
ライプニッツ、ゴットフリート 233, 234
ラグランジュ・スペクトル 223, 230, 274
ランベルト、ヨハン・ハインリヒ 120, 139-140
リウヴィル、ジョゼフ 234-236, 242, 266
リウヴィル数 234, 238, 267
リンデマン、フェルディナント 247, 254, 259
連分数 125, 126-129, 269, 296, 358-362
ワイエルシュトラス、カール 254, 300, 305

THE IRRATIONALS by Julian Havil
Copyright ⓒ 2012 by Princeton University Press

Japanese translation published by arrangement with Princeton University Press
through The English Agency (Japan) Ltd.
All rights reserved.

No part of this book may be reproduced or transmitted in any form or by any means,
electronic or mechanical, including photocopying, recording or by any information
storage and retrieval system, without permission in writing from the Publisher

無理数の話　√2の発見から超越数の謎まで

2012年11月 7日　第1刷印刷
2012年11月21日　第1刷発行

著者　　ジュリアン・ハヴィル
訳者　　松浦俊輔

発行者　清水一人
発行所　青土社
　　　　東京都千代田区神田神保町1-29　市瀬ビル　〒101-0051
　　　　電話　03-3291-9831（編集）　03-3294-7829（営業）
　　　　振替　00190-7-192955

印刷所　ディグ（本文）
　　　　方英社（カバー・表紙・扉）
製本所　小泉製本

装丁　　桂川　潤

ISBN978-4-7917-6675-8　Printed in Japan